Ernst P. Billeter

Grundlagen der erforschenden Statistik

Grundlagen der erforschenden Statistik

Statistische Testtheorie

Ernst P. Billeter

Springer-Verlag
Wien · New York

1972

Dr. Ernst P. Billeter
Ordentlicher Professor für Statistik, Operations Research
und Informatik an der Universität Freiburg/Schweiz
Direktor des Instituts für Automation und Operations Research
an der Universität Freiburg/Schweiz
Gastprofessor an der Pennsylvania State University, State College, Pa., U. S. A.

Mit 13 Abbildungen

ISBN-13: 978-3-7091-8290-1   e-ISBN-13: 978-3-7091-8289-5
DOI: 10.1007/978-3-7091-8289-5

Vorwort

Jede statistische Untersuchung bleibt Stückwerk, wenn sie nicht durch eine Wertung der erhaltenen statistischen Ergebnisse ergänzt wird. Aus diesem Grunde schließt sich das vorliegende Buch in natürlicher Weise den Ausführungen meiner beiden vorangegangenen Bücher über Grundlagen der Elementarstatistik und über Grundlagen der repräsentativen Statistik an.

Nach einer allgemeinen Einführung in die statistische Testtheorie werden einige der wichtigsten statistischen Tests in Theorie und Praxis dargestellt. Es wird dabei angestrebt, dem Statistiker die zur Wertung der Ergebnisse statistischer Untersuchungen notwendigen Grundlagen und Methoden an die Hand zu geben. Wiederum wurde, wie in meinen vorangegangenen Büchern, versucht, die Ableitungen nach Möglichkeit vollständig darzulegen, um dadurch das Verständnis auch des mathematisch weniger geschulten Lesers für die dargelegten Methoden zu erleichtern. Der behandelte Stoff beruht auf Vorlesungen für angehende Volks- und Betriebswirtschafter an der Universität Freiburg/Schweiz.

Ich möchte an dieser Stelle nicht versäumen, Herrn Dr. WLADIMIR VLACH, wissenschaftlicher Mitarbeiter am Institut für Automation und Operations Research der Universität Freiburg/Schweiz, für seine gewissenhafte und aufopfernde Arbeit bei der Drucklegung dieses Buches zu danken. Auch dem Verlag sei an dieser Stelle für seine Geduld und seine hervorragende Arbeit gedankt. Möge auch dieses Buch einem weiten Leserkreis die Welt der heute so wichtigen Statistik und ihrer Möglichkeiten eröffnen und damit das Interesse an statistischen Untersuchungen wecken.

Freiburg/Schweiz, Dezember 1971

Ernst P. Billeter

Inhaltsverzeichnis

1. Wesen und Bedeutung
der statistischen Testverfahren

1.1. Von der Stichprobentheorie zur Testtheorie

Die Stichprobentheorie dient der Entwicklung von Methoden und Verfahren, die es ermöglichen, aus einer Teilgesamtheit, die zufällig einer Grundgesamtheit entnommen worden ist, mit einer kontrollierten Fehlerwahrscheinlichkeit auf einen bestimmten Parameter des Universums zu schließen. Dabei wird der Parameter der Grundgesamtheit als unbekannt vorausgesetzt. Der aus der Stichprobe gewonnene zahlenmäßige Wert dieses Parameters wird, unter Berücksichtigung des wahrscheinlichen Fehlers, stellvertretend für den entsprechenden Parameter in der Grundgesamtheit hingenommen. Das Ziel einer Stichprobenerhebung besteht also darin, zu möglichst zuverlässigen Schätzwerten bestimmter Parameter in der Grundgesamtheit zu verhelfen.

Nun ist aber auch eine andere Betrachtungsweise möglich. Es kann nämlich umgekehrt eine Annahme über den an sich unbekannten Parameter des Universums getroffen werden. Hierauf kann das gewonnene Stichprobenresultat mit diesem angenommenen Parameter in der Grundgesamtheit verglichen werden. Es stellt sich dann die Frage, ob eine etwaige Abweichung des Stichprobenresultates vom angenommenen Wert in der Grundgesamtheit zufällig oder aber bedeutsam ist. Dabei können nicht nur Parameter auf diese Art untersucht werden, sondern auch ganze Verteilungen. So könnte sich beispielsweise für eine bestimmte statistische Erscheinung eine bestimmte Häufigkeitsverteilung ergeben. Aus irgendwelchen Gründen soll angenommen werden können, daß diese statistische Erscheinung eigentlich eine Normalverteilung ergeben sollte. Das Problem liegt nun darin, festzustellen, ob die empirisch gefundene Häufigkeitsverteilung in zufälliger Weise von der Annahme (Normalverteilung) abweicht. So könnte man die Häufigkeitsverteilung einer Personen-Stichprobe nach der Körpergröße daraufhin prüfen, ob sie in bedeutsamer Weise von der Normalverteilung abweicht oder nicht.

Die Theorie der statistischen Tests sowie die Stichprobentheorie sind Zweige einer allgemeineren Theorie, nämlich der Theorie der statistischen Schlußverfahren oder der statistischen Inferenz (statistical inference). Beiden Theorien liegt die Wahrscheinlichkeitstheorie zugrunde. Dabei ist allerdings ein Unterschied festzustellen. Bei Problemen der Wahrscheinlichkeitsrechnung geht es in der Regel darum, vor der Durchführung eines statistischen Versuchs die Wahrscheinlichkeit eines bestimmten Resultates vorauszusagen. Die Theorie der statistischen Schlußverfahren hingegen weicht in ihrer Fragestellung hier etwas ab; sie versucht nach erfolgtem statistischen Versuch Schlüsse hinsichtlich der betrachteten Zufallsvariablen zu ziehen. Die Stichprobentheorie beantwortet — wie wir schon gesehen haben — die Frage, auf Grund des Stichprobenergebnisses einen Parameter in der Grundgesamtheit mit einer bestimmten Fehlerwahrscheinlichkeit zu ermitteln. Dabei muß die verwendete Stichprobe der zu untersuchenden Grundgesamtheit entnommen worden sein. Bei statistischen Tests aber ist in der Regel nicht bekannt, ob die Stichprobe einer bestimmten Grundgesamtheit entstammt. Es gilt hier, diese Frage abzuklären. Ein einfaches Beispiel soll dies veranschaulichen.

Mit einem Würfel werden 100 Würfe durchgeführt. Das (empirische) Ergebnis zeigt, daß sich bei diesem Versuch 30mal die Sechs gezeigt hat. Ist nun die Annahme statistisch richtig, daß dieser Würfelversuch der Grundgesamtheit aller Würfelversuche mit unverfälschten Würfeln angehört? Dieses Problem läßt sich mittelst der statistischen Testtheorie lösen.

1.2. Statistische Testtheorie und statistische Entscheidungstheorie

Die Tatsache, daß in der Statistik sehr oft auf Stichproben abgestellt wird, hat zur Entwicklung der Theorie statistischer Tests geführt. Diese Theorie kann nun als ein Spezialfall der allgemeinen statistischen Entscheidungstheorie gedeutet werden.

Bei der Stichprobentheorie geht es bekanntlich darum, die Verteilung der Elemente in der Grundgesamtheit, gegeben durch Kennwerte oder Parameter dieser Grundgesamtheit, aus der die Stichprobe entnommen worden ist, zu bestimmen. Alle möglichen Stichproben aus dieser Grundgesamtheit lassen sich durch Punkte (Elemente) einer Menge (Stichprobenraum A) darstellen. Jede einzelne Stichprobe ergibt bestimmte Parameterwerte (z. B. arithmetisches Mittel), die als kennzeichnende Werte der entsprechenden Parameter in der Grundgesamtheit aufgefaßt werden können. Jene Stichproben, die Parameter liefern, welche mit jenen der Grundgesamtheit nicht übereinstimmen, bilden eine Teilmenge K des

Stichprobenraumes, was durch die folgende Abbildung dargestellt werden kann.

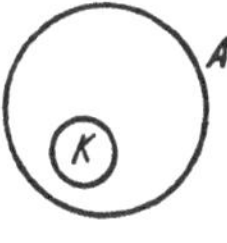

Abb. 1

Die Werte der Parameter der Grundgesamtheit werden bei der Entscheidungstheorie durch Hypothesen angenommen, indem man üblicherweise die Parameterwerte der Grundgesamtheit jener der Stichprobe gleichsetzt. Gehört nun die zufällig gezogene Stichprobe der Teilgesamtheit K an, so wird also die unterstellte Hypothese verworfen; andernfalls wird diese Hypothese angenommen.

Eine Hypothese stellt also eine Aussage über die teilweise oder gar nicht bekannte Verteilung bzw. die teilweise oder gar nicht bekannten Parameter dieser Verteilung dar. Durch diese Aussage kann ausgedrückt werden, daß diese die Verteilung kennzeichnenden unbekannten Parameter Θ Elemente einer Parameter-Teilmenge m_i aus der Parameter-Grundmenge M sind. Diese Hypothese H_{m_i} kann folglich durch die folgende Beziehung gekennzeichnet werden:

$$H_{m_i}: \Theta \in m_i.$$

Nun sind aber viele Teilmengen m_i von Parametern zu unterscheiden, wodurch mehrere Entscheidungen möglich sind, nämlich daß diese Parameter den Teilmengen $m_1, m_2, m_3, \ldots$ angehören. Man kann sich deshalb auch für die verschiedenen Hypothesen $H_{m_1}, H_{m_2}, H_{m_3}, \ldots$ entscheiden. Die allgemeine Entscheidungstheorie befaßt sich nun mit diesen Entscheidungen bezüglich der verschiedenen Hypothesen H_{m_i}.

Das allgemeine Entscheidungsproblem setzt sich nun aus den folgenden Gegebenheiten zusammen:

— den aus einer Stichprobe gewonnenen statistischen Zahlenwerten $x (= \{x_1, x_2, \ldots x_n\})$,

— einer Anzahl Hypothesen H_{m_i},

— einer Anzahl möglicher Entscheidungen,

— den Folgen, die sich aus jeder dieser Entscheidungen ergeben.

Das Entscheidungsproblem besteht nun darin, bei diesen Gegebenheiten unter den möglichen Entscheidungen die beste herauszufinden. Diese einzelnen Entscheidungen hinsichtlich der einzelnen Hypothesen werden nun als Elemente einer Menge, nämlich des Entscheidungsraumes, aufgefaßt. Den Folgen der einzelnen Entscheidungen entspricht eine Verlustfunktion L. Diese hängt vom Parameter Θ und dem getroffenen Entscheid ab, der mit d_0 bezeichnet werden kann. Die erwähnte Verlustfunktion kann folglich $L(\Theta, d_0)$ geschrieben werden. Die beste Entscheidung soll durch ein bestimmtes Verfahren, $\delta(x)$, gewonnen werden, das von den Werten x abhängt. Der Einsatz des Verfahrens δ führt zu einem bestimmten durchschnittlichen Verlust $R(\Theta, \delta)$, dessen Funktion als Risikofunktion bezeichnet wird. Die Risikofunktion kann also dem durchschnittlichen Wert der Verlustfunktion gleichgesetzt werden. Die Risikofunktion ist nämlich durch die folgende Beziehung gegeben:

$$R(\Theta, \delta) = E\{L[\Theta, \delta(x)]\} = \sum_{x \in A} L[\Theta, \delta(x)]\, p(x \mid \Theta). \qquad (1)$$

Dadurch geht die Fragestellung, eine Verlustfunktion $L(\Theta, \delta_0)$ zu suchen, über in die analoge Fragestellung, ein Verfahren $\delta(x)$ zu wählen, für welches sich der bestimmte durchschnittliche Verlust $R(\Theta, \delta)$ ergibt. Die Forderung, unter den möglichen Entscheidungen die beste zu finden, geht nun über in jene, eine Entscheidung zu treffen, für welche die Risikofunktion ein Minimum wird. In diesem Zusammenhange kann darauf hingewiesen werden, daß auch die Wahl eines Versuchsplanes als ein Entscheidungsproblem im erwähnten Sinne aufgefaßt werden kann.

Bei statistischen Tests vereinfacht sich das Problem. Hier wird nun nicht zwischen vielen möglichen Entscheidungen wie beim allgemeinen Entscheidungsproblem, sondern nur zwischen zwei Entscheidungen unterschieden. Der Entscheidungsraum besteht hier lediglich aus zwei Elementen, nämlich der Entscheidung, die zugrunde gelegte Hypothese anzunehmen (Entscheidung d_1), und die gegenteilige Entscheidung, die unterstellte Hypothese abzulehnen (Entscheidung d_2).

1.3. Die Theorie von Neyman-Pearson

Die beiden Statistiker J. Neyman und E. S. Pearson $(85, 86)$[1] haben für die statistischen Tests eine grundlegende Theorie entwickelt. Die beobachteten Werte der Zufallsvariablen $X_1, X_2, \ldots X_n$ seien mit $x_1, x_2, \ldots x_n$ (Stichprobe) bezeichnet. Die zu prüfende Hypothese wird nun angenommen, wenn $d(x_1, x_2, \ldots x_n) = d_1$ ist, und abgelehnt, wenn $d(x_1, x_2, \ldots x_n) = d_2$ ist. In der Theorie von Neyman-Pearson wird die Menge aller Stichprobenwerte, $x = \{x_1, x_2, \ldots x_n\}$, für welche die Hypothese H verworfen

---

[1] Diese eingeklammerten Zahlen verweisen auf das Literaturverzeichnis am Ende des Buches.

wird, als kritische Zone bezeichnet. Diese Zone entspricht der Teilgesamtheit K in Abb. 1. Sagt die Hypothese aus, daß $\Theta \in m_i$, so wird die Wahrscheinlichkeit, daß diese Hypothese H verworfen wird, wenn Θ nachgewiesen ist, als Macht der betreffenden kritischen Zone bezüglich Θ bezeichnet (auf diesen Ausdruck wird später zurückgekommen).

In der statistischen Testtheorie sind die beiden Hypothesen

$$H_0: \Theta \in m \quad \text{und} \quad H_1: \Theta \notin m$$

zu unterscheiden. Die Hypothese H_0 wird in der Regel als *Null-Hypothese* bezeichnet. Die Hypothese H_1 ist offenbar die der Null-Hypothese entgegengesetzte Hypothese, die als *Gegen-Hypothese* bezeichnet wird. Die Null-Hypothese ist richtig, wenn $\Theta \in m$ ist, und falsch, wenn $\Theta \notin m$ ist. Enthält die Teilmenge m nur ein Element (z. B. nur einen Parameter), so wird die Hypothese eine *einfache Hypothese* genannt, andernfalls spricht man von einer *zusammengesetzten Hypothese*.

Da nun auch Stichproben gezogen werden können, bei welchen die Stichprobenparameter nicht mit den entsprechenden Parametern der Grundgesamtheit übereinstimmen, besteht die Möglichkeit, aus der Stichprobe falsche Schlüsse auf die Grundgesamtheit zu ziehen. Ein einfaches Beispiel soll dies veranschaulichen. Ein Früchtehändler kauft einen Wagen voller Äpfel. Um sich zu vergewissern, ob die Sendung auch mehrheitlich gute Äpfel enthält, greift er einige Äpfel stichprobenweise heraus und prüft sie. Ist die Stichprobe annehmbar, so entschließt er sich, die Sendung anzunehmen, andernfalls weist er die Sendung zurück. Nun ist es möglich, daß wohl die Stichprobe annehmbar, die Sendung aber unannehmbar ist und umgekehrt. Verläßt sich der Früchtehändler auf das Ergebnis seiner Stichprobe, kann er also Fehler begehen.

Diese Fehler sind in der statistischen Testtheorie besonders wichtig. Man spricht hier vom *Typ-I-* oder auch *α-Fehler,* wenn die Sendung auf Grund des Stichprobenresultates zurückgewiesen wird, obwohl sie mehrheitlich gute Äpfel enthält. Der *Typ-II-* oder *β-Fehler* liegt dann vor, wenn das Stichprobenergebnis gut ist und deshalb die Sendung zu Unrecht angenommen wird, weil sie mehrheitlich schlechte Äpfel enthält. Die Null-Hypothese stellt hier fest, daß sich in der Grundgesamtheit mehrheitlich annehmbare Elemente befinden. Beim Typ-I-Fehler wird nun gefolgert, daß sich auch in der Grundgesamtheit mehrheitlich unannehmbare Elemente befinden, obwohl in diesem Falle die Null-Hypothese richtig ist. Die Null-Hypothese wird also verworfen, obwohl sie richtig ist. Umgekehrt wird beim Typ-II-Fehler die Null-Hypothese angenommen, obwohl sie falsch ist. Dieser Zusammenhang kann durch folgende Darstellung veranschaulicht werden.

Null-Hypothese	Null-Hypothese	
	richtig	falsch
angenommen	kein Fehler	Typ-II- oder β-Fehler
verworfen	Typ-I- oder α-Fehler	kein Fehler

Bei Vollerhebungen können diese Fehler nicht begangen werden. Wenn die ganze Sendung Äpfel geprüft wird, nimmt man die Sendung dann an, wenn sie genügend gute Äpfel enthält, und man weist sie zurück, wenn sie mehrheitlich schlechte Äpfel aufweist. Diese beiden Fehler können also nur begangen werden, wenn man von einer Stichprobe auf die Grundgesamtheit schließt. Vergegenwärtigt man sich diese Überlegungen an Hand von Abb. 1, so kann folgendes festgehalten werden. Die Wahl der Teilmenge K bei gegebener Stichprobe $\{x_1, x_2, \ldots x_n\}$ in K als Entscheidungsgrundlage für das Zurückweisen oder Annehmen der Null-Hypothese stellt das Wesen eines statistischen Tests dar.

Es soll angenommen werden, daß die Stichprobe $\{x_1, x_2, \ldots x_n\}$ eine Zufallsstichprobe mit der Summenfunktion $F_n (x_1, x_2, \ldots x_n; \Theta)$ sei. Unter dieser Annahme ist die Wahrscheinlichkeit

$$P (K_n \,|\, \Theta) = \int\limits_{K_n} d\, F_n$$

gleich der schon erwähnten Macht des Tests K_n. Die Gegenwahrscheinlichkeit zu dieser Wahrscheinlichkeit wird *Operationscharakteristik-Funktion* oder auch *Prüfplan-Funktion* genannt, auf die später zurückgekommen wird. Die beiden erwähnten Fehlerarten können offensichtlich auch durch diese Wahrscheinlichkeit gekennzeichnet werden; es ist nämlich:

Typ-I-Fehler: $\quad P (K_n \,|\, \Theta) \qquad$ für $\quad \Theta \in m$

Typ-II-Fehler: $\quad 1 - P (K_n \,|\, \Theta) \quad$ für $\quad \Theta \notin m$

Der Typ-I-Fehler wird auch als Verkäufer-Risiko und der Typ-II-Fehler als Käufer-Risiko bezeichnet. Dabei ist in der Praxis möglichst danach zu trachten, daß vor allem das Käufer-Risiko möglichst klein wird. Diese beiden Ausdrücke des Käufer- und Verkäufer-Risikos sind von DODGE und ROMIG (26) der Bell Telephone Laboratories um das Jahr 1925 geprägt worden. Ganz allgemein wird angestrebt, daß beide Fehler möglichst klein werden, d. h. es sollte ein statistischer Test verwendet werden, für welchen diese beiden Fehler möglichst klein sind. Daraus folgt, daß die statistischen Tests bestimmte Bedingungen zu erfüllen haben. Eine solche

Bedingung besteht darin, daß der statistische Test K_n unverzerrt sein sollte. Dies ist dann der Fall, wenn die Beziehungen

$$P(K_n \mid \Theta) \leqq \alpha \quad \text{wenn} \quad \Theta \in m$$

und

$$P(K_n \mid \Theta) > \alpha \quad \text{wenn} \quad \Theta \notin m,$$

wo α als *Bedeutungsschwelle* bezeichnet wird (auch dieser Wert wird später von Bedeutung sein). Als Wahrscheinlichkeit liegt dieser Schwellenwert innerhalb der Grenzen 0 und 1.

Ein statistischer Test sollte auch konsistent oder passend sein. Von einem konsistenten statistischen Test spricht man dann, wenn die Beziehung

$$\lim_{n \to \infty} P(K_\alpha \mid \Theta) = 1 \quad \text{wenn} \quad \Theta \notin m$$

besteht; hier bedeutet K_a ein bei gegebenem n zu einem bestimmten Wert von α gehörender statistischer Test. Diese Beziehung wurde von WALD und WOLFOWITZ (121) im Jahre 1940 eingeführt.

R. A. FISHER hat drei Grundprinzipien für Schätzungen aufgestellt (32, 33). Danach sollen Schätzungen

— passend (consistent) sein, d. h. der Schätzwert aus einer Stichprobe soll sich bei zunehmendem Umfang der Stichprobe immer mehr dem zu schätzenden Parameter in der Grundgesamtheit annähern,

— wirksam (efficient)[1] sein, d. h. die Streuung aller Schätzwerte soll ein Minimum sein,

— erschöpfend (sufficient) sein, d. h. keine andere Schätzung soll eine zusätzliche Information über den zu schätzenden Parameter bringen.

Für einfache Zufallsstrichproben mit passenden, wirksamen und erschöpfenden Schätzungen, welchen die Summenverteilung $F(x, \Theta)$ zugrunde liegt, gilt

$$F_n(x_1, \ldots x_n; \Theta) = \prod_{i=1}^{n} F(x_i; \Theta). \tag{2}$$

Für eine bestimmte Stichprobe wird der Wert

$$dF_n = \prod_{i=1}^{n} dF(x_i; \Theta), \tag{3}$$

das Mutmaßlichkeitselement (likelihood element) von Θ für $(x_1, x_2, \ldots x_n)$ bezeichnet.

---

[1] Bei Punkt-Schätzungen (vgl. S. 13) ist die Definition der Wirksamkeit wesentlich einfacher. Hier wird die Wirksamkeit durch den reziproken Wert des Verhältnisses der den beiden Schätzwerten zugeordneten Streuungen dargestellt.

1.4. Entscheidungstheorie und Spieltheorie

Die statistische Testtheorie von NEYMAN-PEARSON beruht hauptsächlich auf der Unterscheidung zwischen dem Typ-I- und dem Typ-II-Fehler. Diese Theorie wurde von WALD (117, 118, 119) durch die Theorie der statistischen Entscheidungsfunktionen verallgemeinert. Diese Theorie verdankt ihre Entstehung unter anderem auch der Entwicklung der Spieltheorie durch VON NEUMANN und MORGENSTERN (83). Die Grundsätze dieser Theorie sollen nachfolgend kurz dargelegt werden.

In einer Spielsituation stehen sich grundsätzlich zwei Spieler oder Spielparteien gegenüber[1]. Das Spiel wurde durch Regeln bestimmt. Der einzelne Spieler wählt bestimmte Verhaltensweisen im Spiel, die als Strategie bezeichnet werden. Der Einsatz der Strategien der Spieler führt zu einem Spielergebnis. Dabei sei angenommen, daß die Gewinne und Verluste, die aus dem Spiel entstehen, sich aufheben. Man bezeichnet ein solches Spiel ein Null-Summen-Zwei-Personen-Spiel. Nach VON NEUMANN kann ein solches Spielmodell folgendermaßen dargestellt werden. Zwei Spieler stehen einander gegenüber. Weiter besteht eine reelle Funktion zweier Variablen x und y, nämlich $K\,(x, y)$. Hier stellen x einen beliebigen Punkt im Raume X und y einen beliebigen Punkt im Raume Y dar. Der erste Spieler wählt einen bestimmten Punkt x $(x \in X)$, und der zweite Spieler wählt einen bestimmten Punkt y $(y \in Y)$. Dabei vollzieht sich die Wahl eines jeden Spielers in Unkenntnis der Wahl des anderen Spielers. Der Spielerlös für den ersten Spieler ist dann $K\,(x, y)$ und der des zweiten Spielers $-K\,(x, y)$. Unter diesen Gegebenheiten versucht der erste Spieler, $K\,(x, y)$ zu maximieren, während der zweite Spieler den von ihm erlittenen Verlust $K\,(x, y)$ zu minimisieren strebt. Hierin bezeichnen x und y je zwei Strategien aus dem Strategieraum X und Y.

Oft können aber nicht reine Strategien x und y gewählt werden, sondern die Spieler sind gezwungen, gemischte Strategien einzusetzen. Eine solche gemischte Strategie entsteht dann, wenn sich in den Strategieräumen X bzw. Y Teilmengen X' bzw. Y' befinden, wobei $x' \in X'$ und $y' \in Y'$. Die Strategien x bzw. y werden nur zufallsmäßig ermittelt, wobei die Wahrscheinlichkeiten, daß sich x in x' bzw. y in y' befinden, gleich $\xi\,(x')$ bzw. $\eta\,(y')$ sind. Der erste Spieler wählt nun $\xi\,(x')$ und der zweite Spieler $\eta\,(y')$.

Eine Minimax-Strategie kann nun durch die folgende Beziehung dargestellt werden:

$$\operatorname*{Inf}_{\eta} K\,(\xi_0, \eta) \geqq \operatorname*{Inf}_{\eta} K\,(\xi, \eta). \tag{4}$$

---

[1] Eine Erweiterung dieser Situation besteht darin, daß angenommen wird, die Spieler gehen keine Spielerkoalition ein. In diesem Falle stehen sich so viele Parteien gegenüber, als Spieler am Spiel teilnehmen.

Hier stellt ξ_0 eine Minimax-Strategie für den ersten Spieler dar. In entsprechender Weise stellt η_0 in der folgenden Beziehung eine Minimax-Strategie des zweiten Spielers dar:

$$\operatorname*{Sup}_{\xi} K(\xi, \eta_0) \leqq \operatorname*{Sup}_{\xi} K(\xi, \eta). \tag{4 a}$$

Von einer Minimal-Strategie η_0 des zweiten Spielers spricht man dann, wenn

$$K(\xi, \eta_0) = \min_{\eta} K(\xi, \eta), \tag{5}$$

und eine Maximal-Strategie ξ_0 des ersten Spielers besteht dann, wenn

$$K(\xi_0, \eta) = \max_{\xi} K(\xi, \eta). \tag{5 a}$$

Nach dem Einsatz einer bestimmten Strategie durch den ersten Spieler kann der zweite Spieler zwei Verhaltensweisen wählen; er kann eine Minimax-Strategie oder aber eine Minimal-Strategie einsetzen.

Ist das Spiel streng determiniert, und ist ξ_0 eine Minimax-Strategie des ersten Spielers, so stellt ξ_0 eine Minimal-Strategie im weiteren Sinne dar. In entsprechender Weise ist η_0 eine Minimal-Strategie, wenn η_0 eine Minimax-Strategie des zweiten Spielers in einem streng determinierten Spiel ist. Bei einem streng determinierten Spiel, und sofern ξ_0 und η_0 als Minimax-Strategien des ersten und zweiten Spielers bezeichnet werden können, stellen ξ_0 eine Maximal-Strategie bezüglich η_0 und η_0 eine Minimal-Strategie bezüglich ξ_0 dar. Es besteht also die folgende Beziehung:

$$K(\xi_0, \eta_0) = \min_{\eta} \max_{\xi} K(\xi, \eta) = \max_{\xi} \min_{\eta} K(\xi, \eta). \tag{6}$$

Diese Ergebnisse aus der Theorie der Spiele können nun auf die Entscheidungstheorie übertragen werden[1]. Dabei entspricht in der Entscheidungstheorie dem ersten Spieler die Natur und dem zweiten Spieler der einen Versuch durchführende Statistiker. Der reinen Strategie x des ersten Spielers entspricht weiter in der Entscheidungstheorie die Wahl der wahren Verteilung F durch die Natur. Das entscheidungstheoretische Gegenstück zur reinen Strategie y des zweiten Spielers stellt die Wahl der Entscheidungsfunktion δ durch den Statistiker dar. Das Spielergebnis $K(x, y)$ geht in der Entscheidungstheorie in die Risikofunktion $R(F, \delta)$ über. Der Minimax-Strategie des zweiten Spielers steht die Minimax-Lösung des Entscheidungsproblems gegenüber. Endlich entspricht der

---

[1] Es wurden hier nur die wichtigsten Ergebnisse der Theorie der Spiele aufgeführt.

Minimal-Strategie des zweiten Spielers die Bayes-Lösung des Entscheidungsproblems. Zwischen der Entscheidungstheorie und der Theorie der Spiele besteht folglich ein enger Zusammenhang.

1.5. Vertrauensgrenzen

Aus der Stichprobentheorie ist bekannt, daß der zu schätzende Parameter in der Grundgesamtheit $\bar{x}_u$ durch die folgende Beziehung gewonnen werden kann:

$$\bar{x}_u = \bar{x}_s \pm k\,\sigma_{\bar{x}}, \tag{7}$$

wo $\bar{x}_s$ den entsprechenden Parameterwert in der Stichprobe, $\sigma_{\bar{x}}$ den Stichprobenfehler und k einen Multiplikator bedeuten[1]. Der Stichprobenfehler nimmt bei unendlich großer Grundgesamtheit den Wert

$$\frac{\sigma_u}{\sqrt{n}}$$

an, wo σ_u die Standardabweichung im Universum und n den Stichprobenumfang bedeuten. Der Multiplikator k richtet sich nach dem Fehlerrisiko, das der Statistiker geneigt ist einzugehen. Bei einem Fehlerrisiko von beispielsweise 5 % nimmt k den angenäherten Wert von 2 an (genau 1,96), sofern die Normalverteilung zugrunde gelegt ist.

Die Beziehung (7) läßt sich in folgender Weise umformen:

$$\bar{x}_s - k\,\sigma_{\bar{x}} \leqq \bar{x}_u \leqq \bar{x}_s + k\,\sigma_{\bar{x}}.$$

Subtrahiert man überall $\bar{x}_s$, so ergibt sich:

$$-k\,\sigma_{\bar{x}} \leqq \bar{x}_u - \bar{x}_s \leqq k\,\sigma_{\bar{x}}.$$

Dividiert man nun allgemein durch $\sigma_{\bar{x}}$, so findet sich:

$$-k \leqq \frac{\bar{x}_u - \bar{x}_s}{\sigma_{\bar{x}}} \leqq k. \tag{8}$$

Schätzungen, die durch solche Intervalle gekennzeichnet sind, nennt man Intervall-Schätzungen. Die standardisierte, d. h. auf den Stichprobenfehler $\sigma_{\bar{x}}$ bezogene Differenz zwischen dem Parameterwert in der Grundgesamtheit ($\bar{x}_u$) und jenem in der Stichprobe ($\bar{x}_s$) dürfte nun innerhalb der Grenzen $\pm k$ liegen. Die Wahrscheinlichkeit, daß sich diese standardisierte Differenz innerhalb dieser Grenzen befindet, kann ebenfalls angegeben werden; sie ist gleich:

$$P\left(-k \leqq \frac{\bar{x}_u - \bar{x}_s}{\sigma_{\bar{x}}} \leqq k\right) = 1 - \alpha, \tag{9}$$

---

[1] Vgl. BILLETER, ERNST P.: (8).

wo α den Typ-I-Fehler bezeichnet. In dieser Beziehung wird das Intervall $(\bar{x}_u - \bar{x}_s)$ mit einer bestimmten Wahrscheinlichkeit, dem Typ-I-Fehler, verbunden. Die Theorie der Vertrauensintervalle stützt sich dabei auf den zentralen Grenzwertsatz[1], der folgendes besagt: Sind $X_1, X_2, \ldots X_n$ unabhängige Variablen mit gemeinsamer Wahrscheinlichkeitsverteilung, mit gemeinsamem Mittelwert und gemeinsamer Streuung, dann nähert sich die Wahrscheinlichkeitsverteilung des Ausdruckes

$$\frac{\bar{x}_u - \bar{x}_s}{\sigma_{\bar{x}}} \sqrt{n}$$

bei größer werdendem n immer mehr der Wahrscheinlichkeitsverteilung einer standardisierten normalen Zufallsvariablen.

Die Beziehung (9) besagt, daß die Hypothese

$$\bar{x}_u - \bar{x}_s = 0 \quad \text{(Null-Hypothese)}$$

zu verwerfen ist, wenn

$$\bar{x}_s < \bar{x}_u - k\,\sigma_{\bar{x}} \quad \text{oder} \quad \bar{x}_s > \bar{x}_u + k\,\sigma_{\bar{x}},$$

wobei $\bar{x}_u$ durch eine Annahme festgesetzt wird. Dabei kann allerdings die Nullhypothese zu Unrecht zurückgewiesen werden. Der Fehler, der dabei begangen werden kann, ist gleich α, d. h. gleich dem Typ-I-Fehler.

Die Grenzen, die in Formel (9) erscheinen, bezeichnet man als *Vertrauensgrenzen*. Der Wert $(1 - \alpha)$ wird Vertrauenskoeffizient für den Parameter in der Grundgesamtheit genannt. Dabei ist zu beachten, daß es nicht statthaft ist, zu sagen, $\bar{x}_u$ liegt mit einer Wahrscheinlichkeit von $(1 - \alpha)$ innerhalb der Grenzen

$$\bar{x}_s \pm k\,\sigma_{\bar{x}},$$

denn $\bar{x}_u$ hat einen bestimmten Wert, der sich entweder innerhalb oder außerhalb dieser Grenzen befindet. Demgegenüber kann man die Aussage folgendermaßen formulieren: Der Wert $\bar{x}_u$ liegt bei einem Vertrauenskoeffizienten von $(1 - \alpha)$ zwischen $\bar{x}_s \pm k\,\sigma_{\bar{x}}$.

Anders ausgedrückt läßt sich sagen, daß bei sehr vielen Stichproben aus der gleichen Grundgesamtheit, für welche je ein Vertrauensintervall mit dem Vertrauenskoeffizienten $(1 - \alpha)$ bestimmt worden ist, vertrauensvoll angenommen werden kann, daß durchschnittlich $100\,(1 - \alpha)\ \%$ der Vertrauensintervalle den Parameterwert $\bar{x}_u$ der Grundgesamtheit enthalten werden. Die Bedeutung dieser Grenzen soll an einem Beispiel aufgezeigt werden.

---

[1] Vgl. BILLETER, ERNST P.: (7), S. 116/117.

Ein körniges Produkt wird in Schachteln abgefüllt. Dabei sollte das Einfüllgewicht stets gleich sein. Die Erfahrung hat aber gezeigt, daß wegen der Beschaffenheit des Produktes das Einfüllgewicht nicht immer gleich ist. Das Gewicht der Schachtel soll als konstant vorausgesetzt werden. Eine Stichprobe von 25 Schachteln hat ergeben, daß sich das Bruttogewicht durchschnittlich auf 2,135 kg beziffert, wobei die Standardabweichung zu 0,160 kg berechnet worden ist. Es sollen die Vertrauensgrenzen (Vertrauensintervall) für das Bruttogewicht in der Grundgesamtheit ermittelt werden, wobei der Vertrauenskoeffizient mit 0,95 angenommen wird.

Es ist also $(1 - \alpha) = 0{,}95$ und folglich $\alpha = 0{,}05$. Diesem Wahrscheinlichkeitswert entspricht bei einer Normalverteilung ein Multiplikator von rund 2. Setzt man diesen Wert in die Beziehung (9) ein, so findet man:

$$P\left(-2 \leqq \frac{\bar{x}_u - 2{,}135}{\dfrac{0{,}160}{\sqrt{n}}} \leqq 2\right) = 0{,}95.$$

Die Vertrauensgrenzen sind also:

$$\frac{\bar{x}_u - 2{,}135}{0{,}160}\sqrt{25} = -2 \quad \text{und} \quad \frac{\bar{x}_u - 2{,}135}{0{,}160}\sqrt{25} = 2.$$

Daraus läßt sich nun $\bar{x}_u$ bestimmen; es ergeben sich die Werte

$$\bar{x}_u = 2{,}135 \pm 0{,}064,$$

d. h. also die Vertrauensgrenzen 2,071 und 2,199. Der Wert des Bruttogewichtes in der Grundgesamtheit liegt bei einem Vertrauenskoeffizienten von 0,95 zwischen 2,071 und 2,199. Bei sehr vielen Stichproben aus der gleichen Grundgesamtheit (Produktion) kann vertrauensvoll angenommen werden, daß durchschnittlich 95 % aller Vertrauensintervalle das Bruttogewicht in der Grundgesamtheit einschließen.

Ein Vertrauensintervall, welchem ein Vertrauenskoffizient von $(1 - \alpha)$ zugehört, kann als die Menge von Parameterwerten gedeutet werden, für welche die Nullhypothese mit einem Fehlerrisiko von α oder bei der Bedeutungsschwelle von α angenommen werden kann.

Für die Binomialverteilung, gekennzeichnet durch den Parameter p (Wahrscheinlichkeit des Eintreffens eines Ereignisses), können ebenfalls Vertrauensgrenzen bestimmt werden. Für die Berechnung der Streuung geht man von der Grundgleichung

$$\sigma^2 = \frac{1}{n-1}\sum_{i=1}^{n}(x_i - \bar{x})^2 = \frac{1}{n-1}\left(\sum_{i=1}^{n}x_i^2 - n\bar{x}^2\right)$$

aus. Die Variable x_i nimmt bei einer Binomialverteilung nur die Werte 0 und 1 an, wobei 0 das Nicht-Eintreffen und 1 das Eintreffen eines Ereignisses bedeuten. Dabei gilt offensichtlich die folgende Beziehung:

$$\sum_{i=1}^{n} x_i = \sum_{i=1}^{n} x_i^2 = n\,p.$$

Diese Wahrscheinlichkeit kann durch das Verhältnis m/n dargestellt werden, wo m die Anzahl der Fälle bedeutet, in welchen sich das betrachtete Ereignis eingestellt hat. Das Verhältnis m/n wird als Punkt-Schätzung der Wahrscheinlichkeit p bezeichnet. Aus den angegebenen Beziehungen folgt:

$$\bar{x} = \frac{1}{n} \sum_{i=1}^{n} x_i = p.$$

Setzt man diese Werte in die Formel für die Streuung ein, so ergibt sich ein Schätzwert für die Streuung des Parameters p:

$$\sigma_p^2 = \frac{1}{n-1}\,(n\,p - n\,p^2) = \frac{n}{n-1}\,p\,(1-p). \tag{10}$$

Das Vertrauensintervall für einen binomialen Parameter ist durch die folgende Beziehung gegeben:

$$p_u = p_s \pm k\,\sigma_{\bar{x}} = p_s \pm k\,\frac{\sigma_p}{\sqrt{n}} = p_s \pm k\,\sqrt{\frac{p_u\,(1-p_u)}{n-1}}. \tag{11}$$

Daraus läßt sich die Wahrscheinlichkeit

$$P\left(-k \leqq \frac{p_u - p_s}{\sqrt{p_u\,(1-p_u)}}\,\sqrt{n-1} \leqq k\right) = 1 - \alpha \tag{12}$$

ableiten. Bei Werten von n, für welche das Verhältnis $(n-1)/n \sim 1$ ist, kann $(n-1) \sim n$ gesetzt werden.

Aus den Beziehungen (11) und (12) folgt unmittelbar die Gleichung

$$\frac{p_u - p_s}{\sqrt{p_u\,(1-p_u)}}\,\sqrt{n} = \pm k.$$

Daraus läßt sich nun der unbekannte Wert p_u errechnen. Die quadratische Funktion

$$p_u^2\,(n + k^2) - p_u\,(2\,n\,p_s + k^2) + n\,p_s^2 = 0$$

ist nach p_u aufzulösen. Es ergeben sich dabei die beiden Werte

$$p_{u_1} = \frac{n\,p_s + k^2}{n + k^2} \quad \text{und} \quad p_{u_2} = \frac{n\,p_s}{n + k^2}, \tag{13}$$

d. h. also

$$p_{u_1} = p_{u_2} + \frac{k^2}{n + k^2}.$$

Diese beiden Lösungen stellen die Grenzwerte eines angenäherten[1] Vertrauensintervalls für p_u dar, dem der Vertrauenskoeffizient $(1 - \alpha)$ zukommt.

Vertrauensintervalle können auch dann bedeutsam werden, wenn aus einer Grundgesamtheit eine Stichprobe entnommen worden ist und wenn das Vertrauensintervall des Parameters (z. B. arithmetisches Mittel) einer zweiten Stichprobe zu bestimmen ist. Ein solcher Fall liegt dann vor, wenn beispielsweise bekannt ist, daß ein Computer ein Problem in durchschnittlich $\bar{x}_1$ Sekunden löst, und wenn nach den Vertrauensgrenzen hinsichtlich der durchschnittlichen Computerzeit gefragt ist, welche für ein ähnliches Problem aus der gleichen Problem-Grundgesamtheit voraussichtlich aufgewendet werden wird (Normalverteilung vorausgesetzt). Die durchschnittliche Computerzeit für das zweite Problem soll mit $\bar{x}_2$ angenommen werden. Der Durchschnittswert für das erste Problem soll auf Grund eines Versuches mit n Computerläufen gewonnen worden sein; für das zweite Problem, das auf dem gleichen Computer zu lösen ist, sollen m Computerläufe vorgesehen werden.

In solchen Fällen ist die Differenz $(\bar{x}_1 - \bar{x}_2)$ normal verteilt mit Mittelwert 0 und Streuung

$$\frac{\sigma_u^2}{n} + \frac{\sigma_u^2}{m} = \sigma_u^2 \left(\frac{1}{n} + \frac{1}{m} \right).$$

Auf Grund dieser Angaben gilt die Beziehung

$$P\left(-k \leqq \frac{\bar{x}_1 - \bar{x}_2}{\sigma_u \sqrt{\dfrac{1}{n} + \dfrac{1}{m}}} \leqq k \right) = 1 - \alpha. \tag{14}$$

Ist σ_u^2 nicht bekannt, so kann diese Streuung auf Grund der ersten Stichprobe aus n Läufen (erstes Problem) geschätzt werden, wobei dann die Anzahl der Freiheitsgrade $(n-1)$ beträgt. Daraus folgt

$$\bar{x}_2 = \bar{x}_1 \pm k\,\sigma_u \sqrt{\frac{1}{n} + \frac{1}{m}}.$$

---

[1] Der Wert $(n-1)$ ist durch den Wert n ersetzt worden.

Ein Zahlenbeispiel soll dies veranschaulichen. Beim ersten Problem soll sich auf Grund von 20 Computerläufen eine durchschnittliche Computerzeit von 10 Sekunden ergeben haben. Die Schätzung der Standardabweichung im Universum ist mit 2 Sekunden geschätzt worden. Bei einem Vertrauenskoeffizienten von 0,95 stellt sich k auf rund 2. Das zweite Problem soll 30mal gerechnet werden. Mit diesen Zahlenwerten ergeben sich die folgenden Vertrauensgrenzen:

$$\bar{x}_1 \pm k\,\sigma_u \sqrt{\frac{1}{n}+\frac{1}{m}} = 10 \pm 2 \cdot 2 \sqrt{\frac{1}{20}+\frac{1}{30}} = 10 \pm 1,16,$$

d. h. die Vertrauensgrenzen 8,84 und 11,16 Sekunden. Dies bedeutet, daß bei einem Vertrauenskoeffizienten von 0,95 die durchschnittliche Computerzeit beim zweiten Problem zwischen 8,84 und 11,16 Sekunden liegen dürfte.

Bei einem Alternativmerkmal, für welches der zu schätzende Parameter durch die Wahrscheinlichkeit p gegeben ist, stellen sich die Vertrauensgrenzen auf

$$p_{s_2} = p_{s_1} \pm k \sqrt{\frac{n}{n-1}\,p_s\,(1-p_s)\left(\frac{1}{n}+\frac{1}{m}\right)} \tag{15}$$

und die Wahrscheinlichkeit $(1-\alpha)$ auf

$$P\left(-k \leqq \frac{p_{s_2}-p_{s_1}}{\sqrt{\dfrac{n}{n-1}\,p_s\,(1-p_s)\left(\dfrac{1}{n}+\dfrac{1}{m}\right)}} \leqq k\right) = 1-\alpha. \tag{16}$$

Der praktische Einsatz dieser Formel soll ebenfalls an einem Beispiel dargelegt werden. In einem Kanton wurde der Prozentsatz der arbeitslosen Personen auf Grund einer zufälligen Stichprobe von 60 Personen ermittelt. Dieser Anteil stellte sich auf 3 %. Das Resultat dieser Erhebung soll durch eine zweite Erhebung (zufällige Stichprobe) von 90 Personen erhärtet werden. Innerhalb welcher Grenzen sollte sich das Resultat dieser zweiten Stichprobe befinden, wenn ein Vertrauenskoeffizient von 0,95 angenommen wird? Gegeben sind also die Werte:

$$p_{s_1} = 0,03 \quad n = 60 \quad m = 90 \quad k = 2$$

gesucht werden die Vertrauensgrenzen von p_{s_2}. Setzt man diese Werte in die Beziehung (15) ein, so findet man:

$$p_{s_2} = 0,03 \pm 2 \sqrt{\frac{60}{59}\,0,03 \cdot 0,97 \left(\frac{1}{60}+\frac{1}{90}\right)} = 0,03 \pm 0,0574.$$

Die Vertrauensgrenzen beziffern sich folglich auf 0,03—0,06, wofür die Grenze 0 gesetzt wird, und $0,03 + 0,06 = 0,09$. Weist die zweite Stichprobe ein Resultat auf, das zwischen diesen Grenzen liegt, so kann bei einem Vertrauenskoeffizienten von 0,95 angenommen werden, daß das Resultat der ersten Stichprobe richtig war.

Man könnte sich nun die Frage stellen, wie groß die zweite Stichprobe sein sollte, damit bei einem bestimmten Vertrauenskoeffizienten das Vertrauensintervall eine bestimmte Länge aufweist. Bezeichnet man das Vertrauensintervall mit d, so folgt aus der Beziehung (15)

$$k\sqrt{\frac{n}{n-1}\,p_s\,(1-p_s)\left(\frac{1}{n}+\frac{1}{m}\right)} = \frac{d}{2}. \tag{17}$$

Löst man diese Beziehung nach m auf, so ergibt sich der Wert

$$m = \frac{4\,k^2\,n\,p_s\,(1-p_s)}{(n-1)\,d^2 - 4\,k^2\,p_s\,(1-p_s)}, \tag{18}$$

wo

$$(n-1)\,d^2 > 4\,k^2\,p_s\,(1-p_s)$$

oder

$$d > 2\,k\sqrt{\frac{p_s\,(1-p_s)}{n-1}} = 2\,k\,\frac{\sigma_p}{\sqrt{n}} \tag{19}$$

sein muß. Im oben angeführten Beispiel darf also das Vertrauensintervall nicht kleiner sein als $0,088 \sim 0,09$, d. h. die engsten Vertrauensgrenzen stellen sich auf $p_{s_2} \pm 0,045$.

Hätte man in diesem Beispiel das Vertrauensintervall auf $d = 0,10$ verringern wollen, so hätte man die zweite Stichprobe, bei gegebenem Vertrauenskoeffizienten, gemäß Formel (18) auf $m = 233$ Personen erweitern müssen.

1.6. Macht und Wirkungsgrad eines Tests

Aus der Definition der Typ-I- und Typ-II-Fehler geht hervor, daß ein Typ-I-Fehler nur dann begangen werden kann, wenn die Null-Hypothese verworfen wird; andrerseits kann ein Typ-II-Fehler nur dann auftreten, wenn die Null-Hypothese angenommen wird. Ein Test kann nun nach der Wahrscheinlichkeit beurteilt werden, mit welcher er solche Fehler zu vermeiden ermöglicht. Dabei kommt den beiden Fehlern nicht die gleiche Bedeutung zu. So wird es schwerwiegender sein, eine Null-Hypothese zu Unrecht anzunehmen, als sie irrtümlich zu verwerfen. Besteht die Null-Hypothese beispielsweise darin, daß ein Medikament nicht tödlich ist, so werden die Folgen des Typ-II-Fehlers, d. h. also die Annahme dieser Hypothese, obwohl das Medikament tödlich ist, wesentlich schwerwiegender sein als die Folgen des Typ-I-Fehlers, bei welchem das Medikament als lebensgefährlich verworfen wird, obwohl es nicht tödlich ist.

Es ist deshalb üblich, die Wirksamkeit eines Tests auf Grund des gefährlichen Typ-II-Fehlers zu kennzeichnen. Als Maß dafür hat man die Gegenwahrscheinlichkeit des Typ-II-Fehlers bestimmt, d. h. also den Ausdruck

$$M = 1 - \beta. \tag{20}$$

Dieser Wert kann als *Macht* oder *Mächtigkeit* (power) bezeichnet werden. Die Macht eines Tests stellt also die Wahrscheinlichkeit dar, keinen Typ-II-Fehler zu begehen, d. h. also die Wahrscheinlichkeit, eine falsche Null-Hypothese tatsächlich auch zu verwerfen. Je kleiner die Wahrscheinlichkeit β sein wird, um so größer wird die Macht des Tests sein. Die Macht eines Tests verändert sich mit dem Umfang der zugrunde gelegten Stichprobe. Bekanntlich verschwinden die Typ-I- und Typ-II-Fehler, wenn die Grundgesamtheit vollständig untersucht wird. Diese Fehler werden größer, wenn sich der Stichprobenumfang verringert.

Die Macht eines Tests kann graphisch dadurch dargestellt werden, daß man in ein Koordinatensystem auf der Ordinate die Werte $M = (1 - \beta)$ und auf der Abszisse die Vertrauensgrenzen für einen bestimmten Parameter aufträgt (Abb. 2).

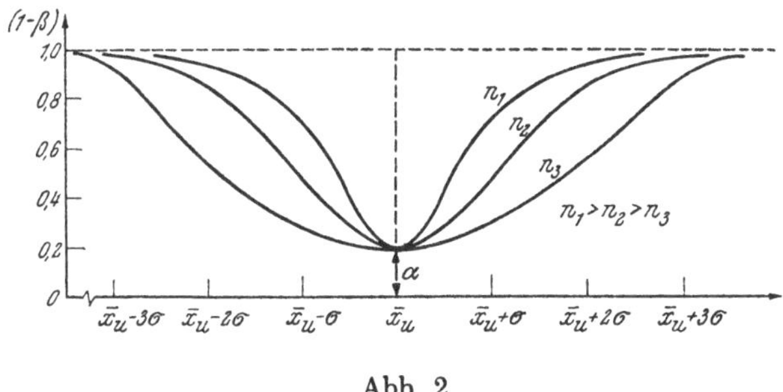

Abb. 2

Die Null-Hypothese lautet hier $(\bar{x}_u - \bar{x}_s) = 0$.

Die Macht eines Tests kennzeichnet also die Möglichkeit eines bestimmten Tests, einen Typ-II-Fehler zu vermeiden. Sie stellt also gewissermaßen einen Maßstab, bezogen auf den Typ-II-Fehler in der Theorie von Neyman-Pearson, dar. Daneben sollte man aber auch die Möglichkeit haben, zwei Tests auf ihre Wirksamkeit hin miteinander vergleichen zu können. Dies ist durch den sogenannten *Wirkungsgrad* (power efficiency) eines Tests möglich. Stellt die Macht eines Tests eine ihm eigene (immanente) Eigenschaft dar, so ist der Wirkungsgrad eines Tests eine Maßzahl, die ihn mit einem anderen Test vergleicht.

Gegeben sind hier also zwei Tests, A und B. Der Test A soll bei einem bestimmten Stichprobenumfang n_A eine bestimmte Macht aufweisen. Damit nun der Test B die gleiche Macht hat, müssen hier n_B Elemente in die Stichprobe aufgenommen werden. Der Wirkungsgrad des Tests A ist durch die folgende Beziehung gegeben:

$$WG_{B|A} = 100 \; \frac{n_A}{n_B} \; ^0/_0 . \tag{21}$$

Nimmt man an, daß der Test B bei einer Stichprobe von $n_B = 25$ Elementen die gleiche Macht aufweist wie der Test A bei $n_A = 20$ Elementen, so stellt sich der Wirkungsgrad des Tests B, verglichen mit dem Test A, nach der Beziehung (21) auf

$$WG_{B|A} = 100 \; \frac{20}{25} = 80 \; ^0/_0 .$$

Andrerseits stellt sich der Wirkungsgrad des Tests A, verglichen mit Test B, auf

$$WG_{A|B} = 100 \; \frac{25}{20} = 125 \; ^0/_0 .$$

Der Wirkungsgrad eines Tests ist also auch abhängig davon, mit welchem anderen Test er verglichen wird. So ändert sich der Wirkungsgrad des Tests B, wenn man ihn mit einem anderen Test C vergleicht, bei welchem eine Stichprobe von 10 Elementen notwendig ist, um die gleiche Macht aufzuweisen wie Test B. In diesem Falle ist der Wirkungsgrad des Tests B, verglichen mit dem Test C, gleich

$$WG_{B|C} = 100 \; \frac{10}{25} = 40 \; ^0/_0 ,$$

also halb so hoch wie der Wirkungsgrad verglichen mit Test A.

1.7. Kriterium der größten Mutmaßlichkeit

Die Parameter einer Grundgesamtheit können als bekannt vorausgesetzt werden (Hypothese) oder aber unbekannt sein und auf Grund einer Stichprobe zu ermitteln versucht werden. Ist beispielsweise die Wahrscheinlichkeit des Eintreffens eines Ereignisses p als bekannt vorausgesetzt, kann das Problem der Bestimmung von x nach einfachen

Regeln der Wahrscheinlichkeitsrechnung gelöst werden. Ein Beispiel soll dies veranschaulichen.

Gegeben sei eine sehr große Grundgesamtheit ($N \to \infty$). Aus dieser wird eine Stichprobe von n Elementen gezogen. Wie groß ist die Wahrscheinlichkeit, daß x Elemente davon ein bestimmtes Merkmal aufweisen, wenn die Wahrscheinlichkeit des Auftretens dieses Merkmals gleich p und bekannt ist? Es handelt sich hier um eine Binomialverteilung, die bekanntlich folgende Form hat:

$$P(x) = \binom{n}{x} p^x (1-p)^{n-x}.$$

Bei bekanntem Parameter p kann daraus die gesuchte Wahrscheinlichkeit $P(x)$ ermittelt werden. Nimmt man die folgenden Werte an:

$$n = 20, \quad p = 0{,}25 \quad \text{und} \quad x = 5$$

so ergibt sich unmittelbar:

$$P(5) = \binom{20}{5} \left(\frac{1}{4}\right)^5 \left(\frac{3}{4}\right)^{15} = 0{,}177.$$

Dies besagt, daß die Wahrscheinlichkeit, in einer Stichprobe von 20 Elementen aus einer unendlich großen Grundgesamtheit insgesamt 5 Elemente mit einem bestimmten Merkmal zu finden, welches in der Grundgesamtheit mit der Wahrscheinlichkeit von 25 % vorkommt, den Wert 17,7 % annimmt.

Nun soll angenommen werden, daß die Wahrscheinlichkeit des Auftretens eines bestimmten Merkmals in der Grundgesamtheit p nicht bekannt ist. Hier kann nun die Methode der größten Mutmaßlichkeit (maximum likelihood method) von R. A. FISHER angewendet werden. Nach dieser Methode wird der unbekannte Parameter p als Variable betrachtet. Die Formel für die Binomialverteilung ist dann eine Funktion von p, nämlich $L(p)$:

$$L(p) = \binom{n}{x} p^x (1-p)^{n-x}.$$

Diese Funktion gibt die Mutmaßlichkeit an. Die beste Schätzung von p ergibt sich, wenn die Mutmaßlichkeit am größen ist. Um diese beste Schätzung von p zu ermitteln, bildet man in bekannter Weise die erste Ableitung von $L(p)$ nach p und setzt diese gleich Null.

$$\frac{dL(p)}{dp} = \binom{n}{x} (1-p)^{n-x-1} p^{x-1} (x-np) = 0.$$

2*

Dieser Ausdruck ist gleich Null, wenn einer der vier Faktoren gleich Null ist:

$$\binom{n}{x} = 0 \qquad \text{unmöglich}$$

$$(1-p)^{n-x-1} = 0 \qquad p = 1$$

$$p^{x-1} = 0 \qquad p = 0$$

$$(x - np) = 0 \qquad p = \frac{x}{n}$$

Diese drei Lösungen werden in die zweite Ableitung von $L\,(p)$ eingesetzt.

$$\frac{d^2 L\,(p)}{dp^2} = \binom{n}{x} \left\{ x\,[(1-p)^{n-x-1}\,(x-1)\,p^{x-2} - \right.$$
$$- (n-x-1)\,p^{x-1}\,(1-p)^{n-x-2}] - (n)\,[x\,(1-p)^{n-x-1}\,p^{x-1} -$$
$$\left. - (n-x-1)\,p^x\,(1-p)^{n-x-2}]\right\}.$$

Für $p = 0$ und $p = 1$ ist diese zweite Ableitung gleich Null. Für $p = x/n$ aber ergibt sich der folgende Wert:

$$\frac{d^2 L\,(p)}{dp^2} = -\binom{n}{x}\left[x\left(1 - \frac{x}{n}\right)^{n-x-1}\left(\frac{x}{n}\right)^{x-2}\right].$$

Die Funktion $L\,(p)$ weist also für $p = x/n$ ein Maximum auf. Für das angeführte Beispiel ergibt sich somit

$$p = \frac{5}{20} = 0{,}25.$$

Diese Schätzung von p ist die beste, da sie bei großen Stichproben die genaueste ist. Die Annahme bezüglich des Wertes von p mit $p = 0{,}25$ stimmt also mit dem Wert überein, der sich auf Grund der größten Mutmaßlichkeit ergeben hat.

Als ein weiteres Beispiel sei hier die größte Mutmaßlichkeit für das arithmetische Mittel einer Normalverteilung mit bekannter Streuung aufgeführt. Die Schätzung soll sich auf n unabhängige Beobachtungen stützen. Es gilt dann die Mutmaßlichkeitsfunktion

$$L\,(\bar{x}, \sigma) = \prod_{i=1}^{n} \frac{1}{\sqrt{2\pi\sigma^2}}\, e^{-\frac{(x_i - \bar{x}_u)^2}{2\sigma^2}} = \frac{1}{(2\pi\sigma^2)^{n/2}}\, e^{-\frac{\sum\limits_{i=1}^{n}(x_i - \bar{x}_u)^2}{2\sigma^2}}.$$

Diese Funktion nimmt den größten Wert an, wenn $\sum\limits_{i=1}^{n}(x_i - \bar{x}_u)^2$ am kleinsten ist. Diese Summe kann nun auch folgendermaßen geschrieben werden:

$$\sum_{i=1}^{n}(x_i - \bar{x}_u)^2 = \sum_{i=1}^{n}[(x_i - \bar{x}_s) + (\bar{x}_s - \bar{x}_u)]^2 = \sum_{i=1}^{n}(x_i - \bar{x}_s)^2 + n\,(\bar{x}_s - \bar{x}_u)^2.$$

Dieser Ausdruck ist offenbar dann ein Minimum, wenn $(\bar{x}_s - \bar{x}_u) = 0$, d. h. wenn $\bar{x}_s = \bar{x}_u$ ist.

1.8. Prüfplan-Kurve

In der Theorie statistischer Tests geht es nicht darum, die Richtigkeit eines bestimmten Zahlenwertes eines Parameters zu prüfen, sondern darum, ob dieser Zahlenwert gleich, kleiner oder größer als ein vorgegebener Zahlenwert ist. Statt den Zahlenwert eines Parameters zu bestimmen, wie in der Stichprobentheorie, gilt es hier zu entscheiden, ob eine bestimmte Aussage über einen Parameter (gegeben durch einen bestimmten Zahlenwert) richtig oder falsch ist. Ein solches Problem stellt sich beispielsweise in der statistischen Qualitätskontrolle. Hier will man auf Grund einer Stichprobe nicht einen bestimmten Parameterwert (z. B. Durchmesser eines Bolzens) bestimmen, sondern feststellen, ob der auf Grund der Stichprobe ermittelte Durchmesser mit dem Sollwert übereinstimmt oder von ihm abweicht. Weicht er von ihm ab, gilt es zu entscheiden, ob der Produktionsprozeß schon außer Kontrolle geraten ist. In diesem Falle müßte eine Korrektur vorgenommen werden.

In einer solchen oder ähnlichen Situation können nun Fehler entstehen, die als Typ-I- und Typ-II-Fehler bezeichnet worden sind. So könnte sich zufälligerweise eine größere Abweichung des Ist- vom Soll-Wert des Durchmessers ergeben haben, obwohl der Produktionsprozeß nicht außer Kontrolle geraten ist[1].

Die Typ-I- und Typ-II-Fehler lassen sich nun graphisch darstellen. Zu diesem Zwecke soll von einem einfachen Beispiel ausgegangen werden. Es soll die Hypothese, daß $\bar{x}_{u_1} = 15$, der Anahme $\bar{x}_{u_2} = 10$ gegenübergestellt werden. Dabei soll ein Typ-I-Fehler, $\alpha = 0{,}05$, und ein Stichprobenumfang von $n = 25$ Elementen angenommen werden. Die Standardabweichung in der Grundgesamtheit sei mit $\sigma_u = 5$ geschätzt. Die Stichprobenergebnisse sollen sich normal um die beiden Mittelwerte $\bar{x}_{u_1}$ und $\bar{x}_{u_2}$ verteilen. Die Hypothese $\bar{x}_{u_1} = 15$ soll zurückgewiesen werden, wenn $\bar{x}_s < K$, wo K eine zu bestimmende Konstante darstellt; andrerseits soll die Hypothese $\bar{x}_{u_1} = 15$ angenommen werden, wenn $\bar{x}_s > K$ ist. Die Konstante K läßt sich auf Grund der Beziehung für Vertrauensintervalle

$$\frac{K - \bar{x}_{u_1}}{\dfrac{\sigma_u}{\sqrt{n}}} = -\,k_{0,05}$$

berechnen (der Wert K liegt hier links von $\bar{x}_{u_1}$). Für $\alpha = 0{,}05$ und $1 - \alpha = 0{,}95$ findet man aus einer Tafel der standardisierten Normal-

---

[1] In der Praxis wird man solche Fehlentscheide dadurch möglichst zu vermeiden versuchen, indem man auf den Kontrolldiagrammen von Shewhart feststellt, ob sich einseitige Sequenzen von Meßwerten eingestellt haben, die vom Sollwert abweichen.

verteilungsfläche den Wert $k_{0,05} = -1,65$. Es ergibt sich somit die Beziehung

$$\frac{K - 15}{\dfrac{5}{\sqrt{25}}} = -1,65, \quad \text{d. h.} \quad K = 13,35.$$

Findet sich in einer Stichprobe von 25 Elementen ein Wert $\bar{x}_s < K = 13,35$, so wird die Nullhypothese $\bar{x}_{u_1} = 15$ bei einem Vertrauenskoeffizienten von 0,95 zurückgewiesen. Der entsprechende Typ-II- oder β-Fehler ergibt sich aus der folgenden Beziehung:

$$k_\beta = \frac{K - \bar{x}_{u_2}}{\dfrac{\sigma_u}{\sqrt{n}}} = 13,35 - 10 = 3,35.$$

Einer Tafel der standardisierten Normalverteilungsfläche entnimmt man, daß dem Wert $k_\beta = 3,35$ eine Wahrscheinlichkeit von $\beta = 0,04\,\%$ entspricht. Diese Zusammenhänge sind in Abb. 3 dargestellt.

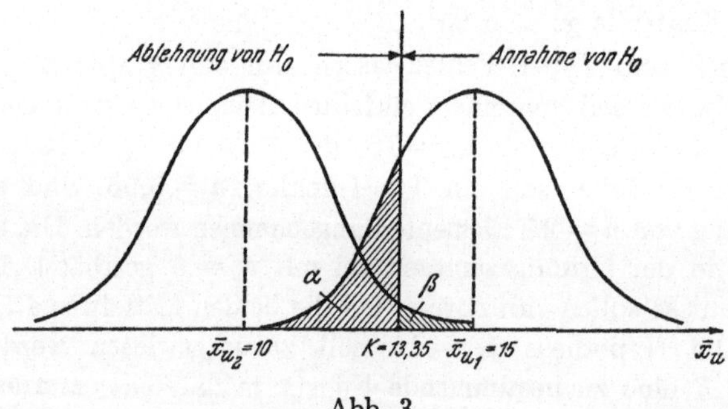

Abb. 3

Es stellt sich nun die Frage, wie sich die Wahrscheinlichkeit, die Null-Hypothese für bestimmte Werte von $\bar{x}_{u_2}$ anzunehmen, d. h. die Wahrscheinlichkeit $F(\bar{x}_{u_2})$, verändert, wenn bei gegebenem Wert K verschiedene Annahmen für den Wert $\bar{x}_{u_2}$ getroffen werden. Für $\bar{x}_{u_2} = \bar{x}_{u_1} = 15$, $\sigma_u = 5$ und $n = 25$ ergibt sich

$$k = 13,35 - 15 = -1,65.$$

Diesem Wert von k entspricht die Wahrscheinlichkeit $F(\bar{x}_{u_2}) = 0,95$. Nimmt aber $\bar{x}_{u_2}$ beispielsweise den Wert 12 an, so errechnet sich der Multiplikator k zu

$$k = 13,35 - 12 = 1,35.$$

Die entsprechende Wahrscheinlichkeit $F(\bar{x}_{u_2})$ ist dann gleich 0,09. Für einige Werte von $\bar{x}_{u_2}$ sind in der folgenden Tabelle die dazugehörigen Werte von k und $F(\bar{x}_{u_2})$ zusammengestellt.

$\bar{x}_{u_2}$	k	$F(\bar{x}_{u_2})$
15 $(=\bar{x}_{u_1})$	$-1{,}65$	0,95
14	$-0{,}65$	0,74
13	0,35	0,36
12	1,35	0,09
11	2,35	0,01
10 $(=\bar{x}_{u_2})$	3,35	0,0004

Trägt man die Wahrscheinlichkeit $F(\bar{x}_{u_2})$, d. h. also die Wahrscheinlichkeit, keinen Typ-I-Fehler zu begehen und damit die Null-Hypothese anzunehmen, wenn sie unrichtig ist, auf der Ordinatenachse und die Werte von $\bar{x}_{u_2}$ auf der Abszissenachse ab, so ergibt sich Abb. 4.

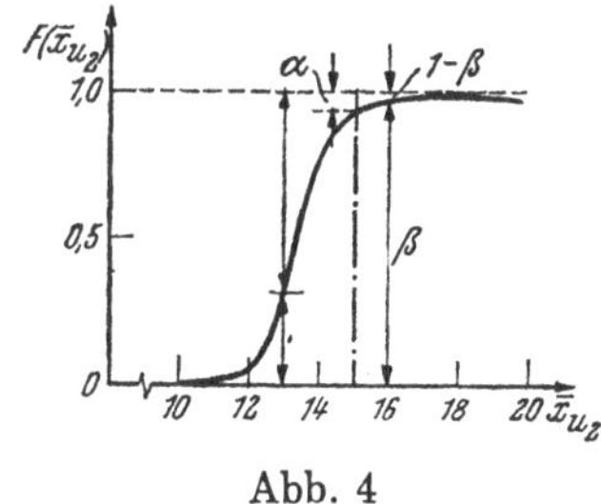

Abb. 4

Dieses Bild stellt den Fall dar, in welchem die Null-Hypothese verworfen werden muß, wenn $\bar{x}_{u_2} < K$ ist. Wird aber die Null-Hypothese verworfen, wenn $\bar{x}_{u_2} > K$ ist, so entsteht eine Kurve, die das Spiegelbild der Kurve in Abb. 4 bezüglich der Senkrechten bei $\bar{x}_{u_2} = 15$ darstellt. In diesem Falle bestimmt sich K aus den folgenden Beziehungen:

$$\frac{K - \bar{x}_{u_1}}{\dfrac{\sigma_u}{\sqrt{n}}} = k_{0,05} = 1{,}65$$

d. h. also

$$K - 15 = 1{,}65 \quad \text{und} \quad K = 16{,}65.$$

Aus der Beziehung

$$\frac{16{,}65 - \bar{x}_{u_2}}{\dfrac{\sigma_u}{\sqrt{n}}} = k$$

lassen sich k und die entsprechenden Wahrscheinlichkeiten $F(\bar{x}_{u_2})$ bestimmen.

$\bar{x}_{u_2}$	k	$F(\bar{x}_{u_2})$
15	1,65	0,95
16	0,65	0,74
17	−0,35	0,36
18	−1,35	0,09
19	−2,35	0,01

Das graphische Bild dieser Tabelle findet sich in Abb. 5. Je größer der Stichprobenumfang ist, desto steiler verläuft diese Kurve, die als *Prüfplan-Kurve* oder *Operationscharakteristik-Kurve* (operating caracteristic curve) bezeichnet wird. Im idealen Falle, wo also weder ein Typ-I- noch ein Typ-II-Fehler begangen wird, ergibt sich die Treppenkurve $ABCD$ in Abb. 5.

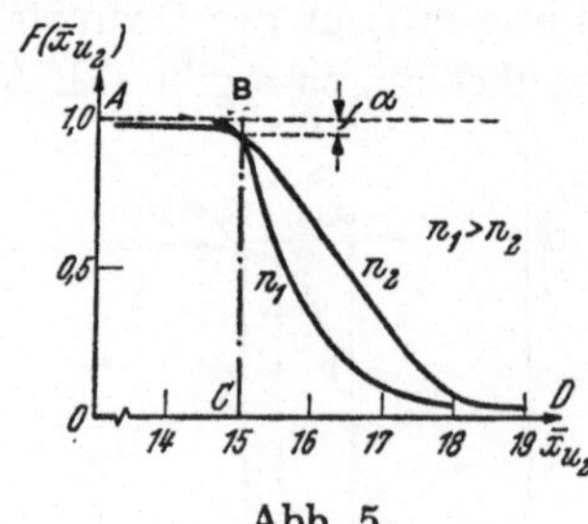

Abb. 5

Bisher wurden die Annahmen unterstellt, daß entweder $\bar{x}_{u_2} < K$ oder $\bar{x}_{u_2} > K$ ist. Es ist nun aber möglich, daß es gleichgültig ist, ob $\bar{x}_{u_2} < K$ oder $\bar{x}_{u_2} > K$ ist, d. h. es wird die Annahme getroffen, daß $\bar{x}_{u_2} \neq K$ ist. Diese Annahmen werden als Gegen-Hypothese H_1 bezüglich der Null-Hypothese H_0 bezeichnet. Wird die Gegen-Hypothese so formuliert, daß entweder

$$H_1: \bar{x}_{u_2} < K \quad \text{oder} \quad H_1: \bar{x}_{u_2} > K$$

ist, so spricht man von einem *einseitigen Test*. Ist aber

$$H_1: \bar{x}_{u_2} \neq K$$

so handelt es sich um einen *zweiseitigen Test*. Die Formulierung der Gegen-Hypothese ist also entscheidend, ob es sich um einen ein- oder zweiseitigen Test handelt. Graphisch äußert sich das darin, daß beim einseitigen Test der Typ-I-Fehler oder die Bedeutungsschwelle auf der einen Seite des Koordinatenursprungs liegt (rechts, wenn $\bar{x}_{u_2} > K$, und links, wenn $\bar{x}_{u_2} < K$). Beim zweiseitigen Test hingegen findet sich der Typ-I-Fehler auf beiden Seiten des Koordinatenursprungs; in diesem Falle ist auf jeder Seite jeweils $\alpha/2$ einzusetzen.

Die bisherige Darstellung der Prüfplan-Kurve bezog sich auf einen einseitigen Test. Bei einem zweiseitigen Test ergeben sich zwei Werte von K, nämlich K_1 und K_2. Diese werden aus den folgenden beiden Beziehungen gewonnen:

$$\frac{K_1 - \bar{x}_{u_1}}{\dfrac{\sigma_u}{\sqrt{n}}} = -k_{\alpha/2} \quad \text{und} \quad \frac{K_2 - \bar{x}_{u_1}}{\dfrac{\sigma_u}{\sqrt{n}}} = k_{\alpha/2}.$$

Im angeführten Beispiel mit $\bar{x}_{u_1} = 15$, $\sigma_u = 5$, $n = 25$ und $\alpha = 0,05$ ergeben sich die beiden Gleichungen

$$K_1 - 15 = -1,96 \quad \text{und} \quad K_2 - 15 = 1,96$$

woraus sich die Werte K_1 und K_2 berechnen lassen. Es finden sich $K_1 = 13,04$ und $K_2 = 16,96$. Auf Grund dieser Ergebnisse läßt sich die Prüfplan-Kurve bestimmen, die nunmehr bezüglich $\bar{x}_{u_1} = 15$ symmetrisch ist. In den Beziehungen

$$k_1 = \frac{K_1 - \bar{x}_{u_2}}{\dfrac{\sigma_u}{\sqrt{n}}} \quad \text{und} \quad k_2 = \frac{K_2 - \bar{x}_{u_2}}{\dfrac{\sigma_u}{\sqrt{n}}}$$

lassen sich für verschiedene Werte von $\bar{x}_{u_2}$ die Multiplikatoren k_1 und k_2 und die entsprechenden Wahrscheinlichkeiten $F(\bar{x}_{u_2})$ bestimmen.

$\bar{x}_{u_2}$	k_1	k_2	$F(\bar{x}_{u_2})$
10	3,04	6,96	0,0012
12	1,04	4,96	0,1491
14	−0,96	2,96	0,8300
15	−1,96	1,96	0,9500
16	−2,96	0,96	0,8300
18	−4,96	−1,04	0,1491

Diese Werte sind in Abb. 6 graphisch dargestellt. Die Kurve in dieser Abbildung stellt somit die Prüfplan-Kurve für einen zweiseitigen Test

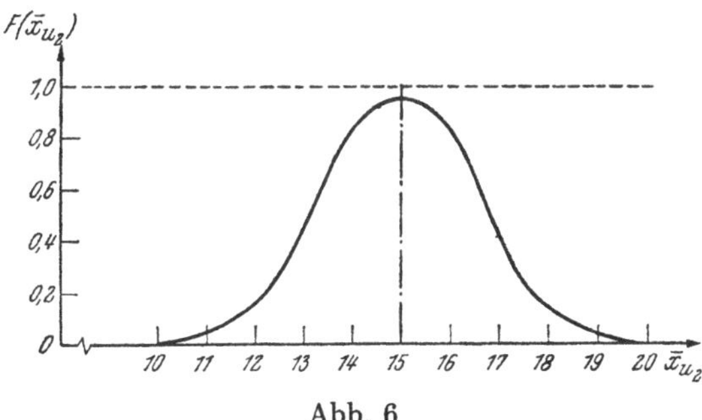

Abb. 6

dar. Sie ist symmetrisch bezüglich $\bar{x}_{u_2} = \bar{x}_{u_1} = 15$. Der größte Wert von $F(\bar{x}_{u_2})$ ist gleich $(1 - \alpha)$ und entspricht dem Abszissenwert $\bar{x}_{u_2} = \bar{x}_{u_1} = 15$.

Die Prüfplan-Kurve soll nun auch für ein Binomialmodell ermittelt werden. Zuerst soll der Fall eines einseitigen Tests betrachtet werden. Eine Urne enthält eine Anzahl weißer und schwarzer Kugeln. Das Mischungsverhältnis p ist unbekannt, doch soll angenommen werden, es betrage $p_u = 0,5$. Die Null-Hypothese lautet hier

$$H_0: \quad p_s = p_u = 0,5.$$

Dieser Null-Hypothese soll die Gegen-Hypothese

$$H_1: \quad p_s > 0,5 \qquad \text{(einseitiger Test)}$$

gegenübergestellt werden. Es werden $n = 20$ Kugeln gezogen. Die Test-Regel besagt, daß die Null-Hypothese bei einer Bedeutungsschwelle von 5% zu verwerfen sei, wenn beispielsweise $m > 15$ (m ist die Anzahl der gezogenen weißen Kugeln).

An Hand einer Tafel der Binomialverteilung, in welcher die Funktion

$$P(m = x) = \frac{n!}{x!\,(n-x)!}\, p^x\,(1-p)^{n-x}$$

für bestimmte Werte des Parameters n eingetragen ist, werden (im vorliegenden Falle für $n = 20$) die folgenden Wahrscheinlichkeiten herausgelesen:

$$P(m \leq 15\,|\,p = 0,5) = 0,994$$
$$P(m \leq 15\,|\,p = 0,6) = 0,940$$
$$P(m \leq 15\,|\,p = 0,7) = 0,762$$
$$P(m \leq 15\,|\,p = 0,8) = 0,368$$
$$P(m \leq 15\,|\,p = 0,9) = 0,043$$

Bei einem zweiseitigen Test besteht die folgende Ausgangslage:

$$H_0: \quad p_s = p_u = 0,5$$
$$H_1: \quad p_s \neq p_u \qquad \text{(zweiseitiger Test)}$$
$$n = 20$$
$$\alpha = 0,05$$

Die Test-Regel sagt hier aus, daß die Null-Hypothese bei $\alpha = 0,05$ zu verwerfen sei, wenn beispielsweise $m \leq 5$ und $m \geq 15$ ist. In diesem Falle sind die folgenden Wahrscheinlichkeiten (an Hand einer Tafel der Binomialverteilung) zu bestimmen.

$$P\,(6 \leqq m \leqq 14 \,|\, p = 0{,}1) = 0{,}011$$
$$P\,(6 \leqq m \leqq 14 \,|\, p = 0{,}2) = 0{,}195$$
$$P\,(6 \leqq m \leqq 14 \,|\, p = 0{,}3) = 0{,}583$$
$$P\,(6 \leqq m \leqq 14 \,|\, p = 0{,}4) = 0{,}874$$
$$P\,(6 \leqq m \leqq 14 \,|\, p = 0{,}5) = 0{,}958$$
$$P\,(6 \leqq m \leqq 14 \,|\, p = 0{,}6) = 0{,}874$$
$$P\,(6 \leqq m \leqq 14 \,|\, p = 0{,}7) = 0{,}583$$
$$P\,(6 \leqq m \leqq 14 \,|\, p = 0{,}8) = 0{,}195$$
$$P\,(6 \leqq m \leqq 14 \,|\, p = 0{,}9) = 0{,}011$$

Die diesen beiden Tabellen entsprechenden Prüfplan-Kurven sind in Abb. 7 eingetragen.

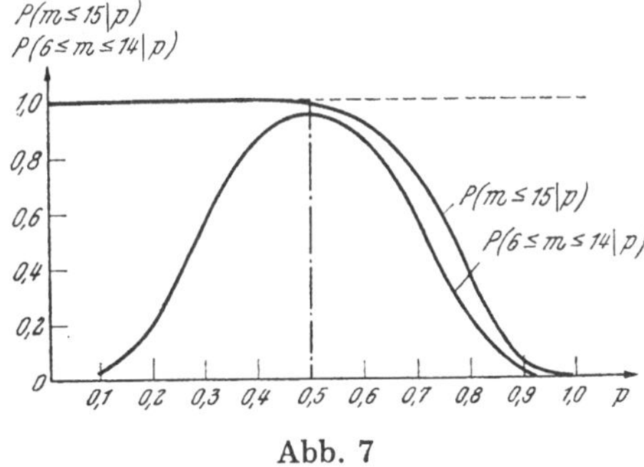

Abb. 7

Die Prüfplan-Kurve dient auch dazu, einen Test zu kennzeichnen, mit welchem beispielsweise Warensendungen daraufhin geprüft werden sollen, ob sie auf Grund einer stichprobenweisen Prüfung anzunehmen oder zurückzuweisen sind. In diesem Falle trägt man auf der Abszissenachse den prozentualen Anteil der fehlerhaften Stücke (Ausschuß) und auf der Ordinatenachse die Annahmewahrscheinlichkeit (Prozentanteil der durchschnittlich angenommenen Warensendungen) auf. Dabei wird ein bestimmter prozentualer Ausschuß als noch tragbar festgelegt. Bei Ausschußwerten unterhalb dieses Grenzwertes sollten alle Sendungen angenommen, bei größeren Ausschußwerten aber alle Sendungen zurückgewiesen werden. Dies ergibt eine treppenförmige Prüfplan-Kurve. Weist man infolge eines zu hohen Ausschußwertes bei der nur stichprobenweisen Prüfung der Sendung diese zurück, obwohl sie in Wirklichkeit einen noch annehmbaren Ausschußwert aufweist, so begeht man einen Typ-I-Fehler.

Umgekehrt kann man irrtümlicherweise eine Sendung annehmen, obwohl sie hätte zurückgewiesen werden müssen; dadurch begeht man einen Typ-II-Fehler.

Bekanntlich ist die Formulierung der Gegen-Hypothese maßgeblich dafür, ob es sich bei einem Test um einen ein- oder zweiseitigen Test handelt. Dies sei an einem Beispiel erklärt. Es soll untersucht werden, ob Abweichungen beim Gewicht bestimmter Waren, bedingt durch Schwankungen der Einfüllgewichte, zufallsbedingt sind. Da die Einfüllgewichte größer oder kleiner als das Soll-Einfüllgewicht sein können, muß hier die Gegen-Hypothese H_1: $G_s \neq G_u$ lauten, wo G_s das stichprobenweise ermittelte durchschnittliche Einfüllgewicht und G_u das Soll-Einfüllgewicht bezeichnen. Es handelt sich also um einen zweiseitigen Test.

Ein weiteres Beispiel soll die Fragestellung bei einem einseitigen Test aufzeigen. Bei der Herstellung von Wellen mit bestimmtem Durchmesser wird die verwendete Werkzeugmaschine auf diesen Durchmesser eingestellt. Es zeigt sich nun, daß nach einer längeren Laufzeit dieser Maschine die Regulierung des Durchmessers ungenau und der Durchmesser immer größer werden. In bestimmten Zeitabständen werden Stichproben aus der Produktion dieser Wellen gezogen und die Durchmesser der Wellen gemessen. Mit Hilfe eines Tests soll nun festgestellt werden, ob bei einer bestimmten Stichprobe, für welche der durchschnittliche Durchmesser D_s ermittelt worden ist, die Abweichung vom Soll-Durchmesser D_u noch zufällig ist. Hier lautet die Gegen-Hypothese H_1: $D_s > D_u$. Somit handelt es sich hier um einen einseitigen Test.

Bei der Durchführung einer Test-Untersuchung sind allgemein die folgenden Schritte durchzuführen:

— Umschreibung des Problems und Erstellen des Wahrscheinlichkeitsmodells,

— Formulierung der Null-Hypothese,

— Formulierung der Gegen-Hypothese,

— Wahl des geeigneten Test-Verfahrens,

— Festlegung des Typ-I-Fehlers (Bedeutungsschwelle) und des Stichprobenumfanges,

— zahlenmäßige Ermittlung des statistischen Tests auf Grund der zugrunde gelegten Stichprobe,

— Treffen eines Entscheides (Annahme oder Ablehnung der Null-Hypothese).

Nach diesen allgemeinen Ausführungen über die Theorie statistischer Tests werden nun einige der wichtigsten statistischen Tests aufgeführt.

2. Statistische Tests

2.1. Allgemeines

Bei den statistischen Tests unterscheidet man zwei Gruppen, die parametrischen oder verteilungsgebundenen und die nicht-parametrischen oder verteilungsfreien Tests[1]. Obschon schon sehr früh vereinzelt verteilungsfreie Tests zu entwickeln versucht wurde, wie z. B. um das Jahr 1710, als JOHN ARBUTHNOTT die Regelmäßigkeit der Geschlechtsverteilung bei Geburten untersuchen und damit ein Zeichen der göttlichen Vorsehung nachweisen wollte[2], wird allgemein der Beginn der systematischen Entwicklung nicht-parametrischer Tests um das Jahr 1936 angenommen[3].

Demgegenüber sind die parametrischen Tests älter, wurden sie doch schon um die Jahrhundertwende entwickelt und angewendet. Geschichtlich ist diese Staffelung in der Entwicklung statistischer Testverfahren durchaus verständlich. In einer der ersten Entwicklungsphasen der Statistik[4], in welcher — angeregt durch Probleme, die durch Zufallsspiele (wie z. B. das Würfelspiel) entstanden sind — vor allem die Wahrscheinlichkeitsrechnung begründet worden ist, wurde die Normalverteilung als allgemeingültige Grundlage jeder zahlenmäßig erfaßbaren Erscheinung betrachtet. Diese Ansicht wurde noch dadurch erhärtet, daß Beobachtungen auf dem Gebiete der Naturwissenschaften immer wieder zu Normalverteilungen führten, indem sich bestätigte, daß Fehler oder Abweichungen bei naturwissenschaftlichen Beobachtungen in der Regel normalverteilt sind. Man sprach deshalb auch von einem Fehlergesetz. Dabei glaubten die Mathe-

---

[1] Die Bezeichnungen nicht-parametrisch und verteilungsfrei sind zwar nicht synonym [KENDALL, M. G., and R. M. SUNDRUM: (53)]. Grundsätzlich stellt ein nicht-parametrischer Test einen Test dar, bei welchem keine Hypothesen bezüglich des Wertes eines Parameters in einer statistischen Dichtefunktion unterstellt werden; ein verteilungsfreier Test hingegen ist ein Test, bei welchem keine Annahmen über die genaue Beschaffenheit der Grundgesamtheit gemacht werden. Diese beiden Umschreibungen schließen einander nicht aus, weshalb es möglich ist, daß verteilungsfreie Tests parametrische Tests sein können. Einfachheitshalber sollen im folgenden gleichwohl diese beiden Bezeichnungen als gleichwertig betrachtet werden.

[2] ARBUTHNOTT, JOHN: (1).

[3] SAVAGE, J. R.: (102).

[4] BILLETER, ERNST P.: (7).

matiker, daß dieses Gesetz durch Beobachtungen bestätigt sei, und die Praktiker beriefen sich darauf, daß es sich hier um eine mathematische Regelmäßigkeit handelt. Diese Situation hat der französische Mathematiker POINCARÉ durch den folgenden Satz treffend gekennzeichnet: „Tout le monde y croit cependant, me disait un jour M. Lippmann, car les expérimentateurs s'imaginent que c'est un théorème de mathématiques, et les mathématiciens que c'est un fait expérimental[1]."

Aus dieser Situation heraus ist es verständlich, daß parametrische Prüfverfahren entwickelt worden sind, deren Hauptkennzeichen darin besteht, daß sie auf der Normalverteilung beruhen. Diese Entwicklungsrichtung brachte es mit sich, daß diese parametrischen Tests, welchen die Normalverteilung zugrunde liegt und die folglich auf asymptotischen (unendlichen) Grundgesamtheiten beruhen, überhaupt entwickelt worden sind. Überdies wurde, vor allem beim Vergleich mehrerer Grundgesamtheiten, die vereinfachende Annahme getroffen, daß die Streuungen in den Grundgesamtheiten einander gleich seien, d. h. daß diese Grundgesamtheiten homogen sind. Homogenität und Normalverteilung bilden also die Grundlage parametrischer statistischer Tests, die auch als klassische Tests bezeichnet werden können.

Die Vertreter dieser Entwicklungsphase der Statistik übersahen allerdings die Tatsache, daß das Bestehen einer Normalverteilung in praktischen Fällen ein Mythus ist[2]. Je mehr man diese klassischen Tests auf praktische Beispiele anwendete, desto mehr begann man an der Allgemeingültigkeit der diesen Tests zugrunde gelegten Annahmen zu zweifeln. So wendete man sich von der in vielen praktischen Fällen unrealistischen Annahme unendlich großer normalverteilter und homogener Grundgesamtheiten ab.

Die klassischen parametrischen Tests gehen verständlicherweise in der Regel von den beiden Grundparametern der Normalverteilung, d. h. arithmetisches Mittel und Streuung, aus. Dabei wird aber übersehen, daß in praktischen Fällen sehr oft andere Parameter, wie beispielsweise der Median, die Variationsbreite, Quartile usw., aussagekräftiger sind und daß es in vielen Fällen vorteilhafter ist, statistische Tests, die auf diese Parameter abstellen, d. h. verteilungsfreie Tests, einzusetzen. Der Hauptunterschied zwischen parametrischen und nicht-parametrischen Tests besteht folglich darin, daß parametrische Tests normalverteilte homogene Grundgesamtheiten voraussetzen und die aus diesem Grunde auf den beiden Parametern des arithmetischen Mittels und der Streuung beruhen; demgegenüber werden bei nicht-parametrischen Tests diese einschränkenden Annahmen gelockert, indem nicht nur die beiden Parameter der Nor-

---

[1] POINCARÉ, H.: (94), S. 171.
[2] GEARY, R. C.: (38).

malverteilung, sondern auch andere Parameter (vor allem solche der Lage), wie z. B. der Median, das Quartil, zugelassen werden. Die Bezeichnung nicht-parametrisch, die durch WOLFOWITZ[1] eingeführt worden ist, könnte mißverständlich werden, wenn hier der Begriff parametrisch auf alle möglichen Parameter bezogen wird und nicht, wie es tatsächlich der Fall ist, bloß auf die beiden Parameter der Normalverteilung. Dabei können nun grundsätzlich drei Verteilungsbegriffe unterschieden werden:

— die Verteilung der Grundgesamtheit, aus welcher die Stichprobe entnommen worden ist,

— die Verteilung des durch den Test untersuchten Merkmals,

— die Verteilung der Testwerte.

Die Bezeichnung verteilungsfrei bezieht sich hier auf die erstgenannte Verteilungsart. Im verteilungsfreien Falle sind die Verteilungen der Grundgesamtheiten nie ganz genau umschrieben. Bei verteilungsfreien Tests ist dies auch gar nicht wichtig, weil in der Regel die Kennwerte der Verteilung der Grundgesamtheit nicht betrachtet werden und weil auch keine Kennwerte, die mit der Grundgesamtheit eng verbunden sind, untersucht werden. Statt dessen werden z. B. Rangordnungen, Sequenzen usw. den Tests zugrunde gelegt. Allerdings muß die Verteilung dieses durch den Test untersuchten Merkmals bekannt sein (zweite Verteilungsart). Bei dieser Verteilung handelt es sich um eine endliche unstetige Verteilung, während die Verteilung in der Grundgesamtheit bekanntlich unendlich und stetig angenommen wird und sehr oft in der Praxis nicht genau bekannt ist. Die Verteilung des durch den Test untersuchten Merkmals (z. B. Rangordnung) kann auf Grund der Stichprobe genau ermittelt werden, während über die Verteilung in der Grundgesamtheit in praktischen Fällen nur Annahmen möglich sind. Dabei ist es denkbar, daß ein verteilungsfreier Test auch Aussagen über Parameter der Grundgesamtheit ermöglicht. Dies trifft beispielsweise dann zu, wenn bei symmetrischer Verteilung in den Grundgesamtheiten die Aussage über Gleichheit der Medianwerte zugleich auch die Aussage über Gleichheit der arithmetischen Mittel zuläßt.

Im allgemeinen sind die theoretischen Grundlagen und Ableitungen bei nicht-parametrischen Tests wesentlich einfacher als bei parametrischen Tests. Sie beruhen sehr oft auf einfachen Überlegungen aus der Kombinatorik. Der theoretische Aufbau eines nicht-parametrischen Tests ist ganz allgemein durchsichtiger und bei seiner Verwendung für den mathematisch weniger geschulten Gebraucher weniger gefährlich als parametrische Tests.

---

[1] WOLFOWITZ, J.: (134).

Hinzu kommt, daß nicht-parametrische Tests dann den parametrischen überlegen sind, wenn sie unter Bedingungen vergleichen werden, die dem Einsatzgebiet nicht-parametrischer Tests entsprechen. Umgekehrt zeigen sich die parametrischen Tests den nicht-parametrischen dann leicht überlegen, wenn die Vergleichsbedingungen die Einsatzgebiete parametrischer Tests widerspiegeln. Es kann also nicht allgemein eine Über- oder Unterlegenheit der einen Testgruppe verglichen mit der anderen abgeleitet werden.

Dadurch, daß verteilungsfreie Tests nicht auf mathematisch abgeleiteten Formeln, sondern auf bestimmten gegenseitigen Verhältnissen der zugrunde gelegten Elemente (z. B. Rangordnungen) beruhen, ist ihre Berechnung wesentlich einfacher und zeitsparender als bei parametrischen Tests. Es können deshalb für nicht-parametrische Tests einfache Auswertungsregeln aufgestellt werden, die ihre Verwendung auch durch nicht geübte Statistiker möglich machen.

Auch ist zu beachten, daß bei vielen statistischen Untersuchungen lagebestimmte Parameter, wie z. B. der Median, für eine bestimmte Verteilung kennzeichnender sind als z. B. das arithmetische Mittel. Dies trifft vor allem dann zu, wenn die Kurtosis oder Wölbung einer Verteilung verhältnismäßig hoch ist.

Was den Stichprobenumfang betrifft, sind verteilungsfreie Tests bei kleinen Stichproben ($n \leq 10$) den parametrischen in der Regel überlegen, da sich Abweichungen von den für parametrische Tests zugrunde gelegten Annahmen in solchen Fällen bei parametrischen Tests stärker auswirken als bei größeren Stichproben. Ist also nicht genau bekannt, ob die für parametrische Tests geltenden Bedingungen in einem praktischen Fall tatsächlich erfüllt sind, ist es sicherer, entsprechende nicht-parametrische Tests einzusetzen. Für beide Testgruppen gilt selbstverständlich, daß die Stichprobe zufällig aus der Grundgesamtheit ausgewählt worden ist.

Die Unterscheidung zwischen parametrischen und nicht-parametrischen Tests stellt also keine Wertung der beiden Gruppen dar. Beide Testgruppen haben ihren Geltungs- und Einsatzbereich; doch sind bei nicht-parametrischen Tests die Einsatzbedingungen wesentlich schwächer als bei parametrischen Tests. Darauf beruht hauptsächlich die steigende Beliebtheit nicht-parametrischer Testverfahren bei praktischen Untersuchungen.

Für parametrische Tests wird oft behauptet, daß einige robuster bezüglich bestimmter Annahmen sind als andere. Dabei versteht man unter dem Begriff der Robustheit eines parametrischen Tests die größere oder kleinere Empfindlichkeit der Form der Häufigkeitsverteilung des Testwertes bezüglich Veränderungen bestimmter grundlegender Annahmen für diesen Test. Es ist allerdings festzustellen, daß jede Änderung der Annahmen grundsätzlich die Häufigkeitsverteilung der Testwerte und damit auch die Typ-I- und Typ-II-Fehler-Wahrscheinlichkeit verändert. Ein Test ist also dann als robust zu bezeichnen, wenn Änderungen bestimmter Annahmen keine wesentlichen Veränderungen dieser Fehler-Wahrscheinlichkeiten hervorrufen. Allgemein kann man dabei feststellen, daß bei größer werdendem Stichprobenumfang auch die Robustheit eines parametrischen Tests steigt. Die Robustheit eines solchen Tests kann aber auch indirekt beeinflußt werden, so z. B. dadurch, ob es sich um einen links-, rechts- oder zweiseitigen Test handelt.

Um die Robustheit eines parametrischen Tests zahlenmäßig zu kennzeichnen, kann man das Verhältnis der theoretisch zu erwartenden Anzahl Stichproben bestimmten Umfangs aus der Gesamtheit aller Testwerte, für welche der Mittelwert außerhalb der Vertrauensgrenzen $\bar{x}_u + k\,\sigma_{\bar{x}}$ bzw. $\bar{x}_u - k\,\sigma_{\bar{x}}$ fällt, und der entsprechenden empirisch für eine sehr große Anzahl Stichproben gleichen Umfangs aus der gleichen Grundgesamtheit nachgewiesenen Häufigkeit festlegen[1]. Für $\alpha = 0,05$ ergibt sich bei einer Normalverteilung bekanntlich $k = 1,65$. Von 1000 Stichproben bestimmten Umfangs n müßten also bei $\alpha = 0,05$ insgesamt 50 außerhalb $\bar{x}_u + 1,645\,\sigma_{\bar{x}}$ bzw. $\bar{x}_u - 1,645\,\sigma_{\bar{x}}$ (bei einseitigem Test) fallen. Stellt man nun empirisch fest, daß von 1000 Stichproben gleichen Umfangs n nur deren 22 außerhalb der angegebenen Vertrauensgrenze liegen, so kann die Robustheit durch das Verhältnis $22/50 = 0,44$ gekennzeichnet werden. Würden aber auch empirisch 50 Stichproben festgestellt worden sein, die außerhalb der angegebenen Vertrauensgrenzen liegen, so hätte sich für die Robustheit der Wert 1 ergeben. Je mehr sich dieses Verhältnis dem Werte 1 nähert, desto größer ist die Robustheit, und umgekehrt je mehr dieses Verhältnis vom Wert 1 abweicht, desto kleiner wird die Robustheit sein.

Auf Grund der Tatsache, daß sich ein nicht-parametrischer Test in der Regel auf Daten bezieht, die direkt mit der Stichprobe, aber nur indirekt mit der Grundgesamtheit verbunden sind, wie z. B. in der Stichprobe festgestellte Rangordnungen, die eine Information kennzeichnen, welche sich direkt auf die Variablen in der Stichprobe, aber nur indirekt (nämlich über die Stichprobe) auf die Variablen in der Grundgesamtheit bezieht, ist die Formulierung der Hypothesen (Null- und Gegen-Hypothese) bei nicht-parametrischen Tests etwas schwieriger als bei parametrischen Tests, die sich in der Regel direkt auf die Variablen in der Grundgesamtheit beziehen. Bei nicht-parametrischen Tests werden also in der Regel nicht die Variablen der Grundgesamtheit direkt, sondern nur von diesen abgeleitete Eigenschaften (z. B. Rangfolgen) untersucht. Allerdings sollte zwischen diesen abgeleiteten Eigenschaften und den Variablen der

---

[1] Bradley, James V.: (13), S. 29.

Grundgesamtheit ein logischer Zusammenhang bestehen, damit ein Schluß von der Stichprobe auf die Grundgesamtheit möglich ist.

Es wurde früher (S. 7) schon darauf hingewiesen, daß eine Schätzung, nach R. A. FISHER, drei Bedingungen erfüllen sollte: sie sollte passend, wirksam und erschöpfend sein. In entsprechender Weise können auch für Tests solche Bedingungen aufgestellt werden. Ein Test sollte nämlich unverzerrt, passend und wirksam sein. Von einem *unverzerrten* Test spricht man dann, wenn — für eine gegebene Gegen-Hypothese — die Wahrscheinlichkeit, die Null-Hypothese bei richtiger Gegen-Hypothese zu verwerfen, größer ist als für den Fall, daß die Null-Hypothese richtig ist. Ein Test ist *passend* bezüglich einer der Null-Hypothese entgegengestellten gegebenen Gegen-Hypothese, wenn — bei richtiger Gegen-Hypothese — die Wahrscheinlichkeit, die falsche Null-Hypothese zu verwerfen (d. h. also die Macht des Tests), gegen den Grenzwert 1 strebt, wobei sich der Stichprobenumfang n, der dem Test zugrunde liegt, dem Grenzwert Unendlich nähert. Die *relative Wirksamkeit* oder der *Wirkungsgrad* eines Tests wird, wie schon erwähnt worden ist, durch das Verhältnis der Stichprobenumfänge der den beiden zu vergleichenden Tests zugrunde gelegten Stichprobenumfänge gemessen.

Bei verteilungsfreien Tests aber hat sich als Maß der Wirksamkeit eine andere Maßzahl eingebürgert, die als *Pitmansche Wirksamkeit* oder auch als *asymptotische relative Wirksamkeit* (asymptotic relative efficiency) bezeichnet wird[1]. Die Bestimmung dieser Maßzahl beruht auf der folgenden Umschreibung. Gegeben seien die beiden Tests A und B, deren Werte auf Grund von Stichproben mit n_A und n_B Elementen bestimmt worden sind. Dabei wird vorausgesetzt, daß die Testverteilung sich einer Normalverteilung nähert, wenn der Stichprobenumfang gegen Unendlich strebt, d. h. die Testverteilungen sind asymptotisch normalverteilt, und daß beide Tests die gleiche Null-Hypothese bezüglich der gleichen einseitigen Gegen-Hypothese $H_1 > H_0$ prüfen. Beide Tests sollen passend sein. Die asymptotische relative Wirksamkeit (ARW) ist dann gleich

$$ARW\,(A\,|\,B) = \lim_{n_B \to \infty} \frac{n_B}{n_A} \tag{22}$$

d. h. gleich dem Grenzwert des Verhältnisses der Umfänge der den beiden Tests zugrunde gelegten Stichproben, wobei der Stichprobenumfang n_B gegen Unendlich strebt und n_A so groß ist, daß die Macht der beiden Tests einander gleich ist und wobei H_1 gegen H_0 strebt. Diese letztgenannte Bedingung soll verhindern, daß die Macht eines jeden Tests gegen 1 strebt.

---

[1] NOETHER, GOTTFRIED F.: (87); STUART, A.: (110, 111).

Dabei ist die asymptotische Annäherung von H_1 an H_0 durch die folgende Beziehung gegeben:

$$H_1 = H_0 + \left(\frac{K}{n_B^r}\right) \qquad (23)$$

wo K und r Konstanten bezeichnen[1]. Der asymptotischen relativen Häufigkeit haften allerdings einige Nachteile an. So stellt sie auf Stichprobenumfänge, die gegen Unendlich streben, und auf eine Gegen-Hypothese ab, die sich sehr der Null-Hypothese annähert. Beide Annahmen sind aber in praktischen Fällen wohl kaum erfüllt.

2.2. Verteilungsgebundene (parametrische) Tests

2.2.1. „Student"-t-Test

Null-Hypothese bezüglich eines Mittelwertes:

Im Abschnitt über Vertrauensgrenzen (Abschnitt 1.5) wurde wiederholt auf das Verhältnis

$$\frac{\bar{x}_u - \bar{x}_s}{\sigma_u} \sqrt{n'} \quad \text{bzw.} \quad \frac{\bar{x}_s - \bar{x}_u}{\sigma_u} \sqrt{n'}$$

hingewiesen. In dieser Beziehung wird vorausgesetzt, daß σ_u^2, d. h. die Streuung im Universum, bekannt ist. Tatsächlich aber ist diese Streuung in der Regel unbekannt. Für große Stichprobenumfänge n kann aber die Streuung der Merkmalswerte in der Stichprobe als ein Schätzwert der Streuung im Universum angesehen werden. Bei kleinen Stichprobenumfängen ist überdies wenig über die Verteilung des Wertes

$$\frac{\bar{x}_s - \bar{x}_u}{\sigma_u} \sqrt{n'} \qquad (24)$$

bekannt. Nimmt man aber an, daß die Grundgesamtheit, aus welcher die Stichprobe entnommen worden ist, normalverteilt ist, so kann auf Grund des zentralen Grenzwertsatzes eine Aussage über die Verteilung der Werte

---

[1] Die asymptotische relative Wirksamkeit steht graphisch in einer bestimmten Beziehung zu den Prüfplan-Kurven der beiden Tests. Das Verhältnis der Steigungen der Prüfplan-Kurven für den einseitigen Test A zu jener des einseitigen Tests B in den Kurvenpunkten, die der zur Null-Hypothese gehörigen Abszisse entsprechen, ist gleich der Quadratwurzel der asymptotischen relativen Wirksamkeit. Bei zweiseitigen Tests stellt das Verhältnis der zweiten Ableitungen der Prüfplan-Kurven im erwähnten Punkt die asymptotische relative Wirksamkeit dar.

aus der Beziehung (24) gemacht werden. Dieses Theorem besagt bekanntlich[1]:

Bei n unabhängigen Zufallsvariablen, $X_1, X_2, \ldots X_n$, die eine gemeinsame Wahrscheinlichkeitsverteilung, ein gemeinsames arithmetisches Mittel $\bar{x}_u$ und eine gemeinsame Streuung σ_u haben, nähert sich die Wahrscheinlichkeitsverteilung der Beziehung

$$\frac{\bar{x}_s - \bar{x}_u}{\sigma_u} \sqrt{n'}$$

immer mehr der Verteilung einer normalverteilten Zufallsvariablen bei genügend großem n.

Für kleine Werte von n jedoch gilt der folgende Satz:

Ist $\bar{x}_s$ der Mittelwert einer Zufallsstichprobe, bestehend aus n Elementen, die aus einer normalverteilten Grundgesamtheit mit Mittelwert $\bar{x}_u$ und Streuung σ_u^2 gezogen worden ist, dann stellt

$$t = \frac{\bar{x}_s - \bar{x}_u}{\sigma_u} \sqrt{n'} \tag{25}$$

eine Zufallsvariable dar, die durch die t-Verteilung von „Student"[2] mit $(n-1)$ Freiheitsgraden gekennzeichnet werden kann. Die Zahl der Freiheitsgrade richtet sich hier nach den Freiheitsgrenzen der Streuung.

Die t-Verteilung wurde erstmals im Jahre 1908 durch W. S. Gosset, der unter dem Pseudonym „Student" geschrieben hatte, untersucht. Später wurde sie von R. A. Fisher verbessert. Für $n \to \infty$ geht die t-Verteilung in die Normalverteilung über. Der Mittelwert dieser Verteilung ist Null und ihre Streuung ist größer als Eins; sie nähert sich aber dem Werte Eins, wenn $n \to \infty$. In diesem Falle geht bekanntlich die t-Verteilung in eine standardisierte Normalverteilung über. Die t- wie auch die Normalverteilung sind glockenförmige Kurven.

Man kann nun annehmen, daß aus einer normalverteilten Grundgesamtheit mit $\bar{x}_u$ und σ_u alle möglichen Stichproben aus n Elementen gezogen worden seien. Für alle diese Stichproben sei der Mittelwert $\bar{x}_s$ und damit die Beziehung (25), d. h. die Werte t, berechnet worden. Bestimmte t-Werte werden nun sehr häufig, andere weniger häufig vorkommen. Diese t-Werte können nun auf Grund der Häufigkeit ihres Auftre-

---

[1] Billeter, Ernst P.: (7), S. 116/117.
[2] Vgl. Billeter, Ernst P.: (7), S. 74.

tens geordnet werden. Auf diese Weise ergibt sich eine Häufigkeitsverteilung, wobei auf der Abszissenachse die t-Werte nach der Beziehung (25) und auf der Ordinatenachse die entsprechenden Häufigkeiten $H(t)$ abgetragen werden. Nach dem zuletzt erwähnten Satz stellt diese Häufigkeitsverteilung eine t-Verteilung von „Student" mit $(n-1)$ Freiheitsgraden dar (Abb. 8). Wird die Fläche unter dieser Kurve gleich Eins gesetzt, so kann der Typ-I-Fehler oder die Bedeutungsschwelle α abgetragen werden.

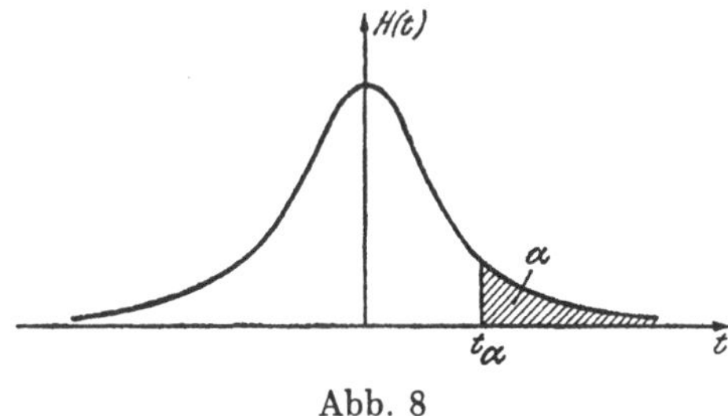

Abb. 8

Diese stellt bei einseitigem Test das gestrichelte Flächenstück in Abb. 8 dar. Bei zweiseitigem Test muß auf beiden Seiten spiegelbildlich zur Ordinatenachse je $\alpha/2$ abgetragen werden. Der Wert t_α, der die innere Begrenzung dieses Flächenstückes kennzeichnet, stellt den kritischen t-Wert bei der Bedeutungsswelle α dar. Bei zweiseitigen Tests finden sich spiegelbildlich zur Ordinatenachse als innere Begrenzungen der Flächenstücke $\alpha/2$ die kritischen t-Werte $t_{-\alpha/2}$ und $t_{\alpha/2}$. Der kritische t-Wert t_α sagt aus, daß bei sehr vielen Stichproben gleichen Umfangs aus der gleichen Grundgesamtheit erwartungsgemäß $100\,\alpha^0/_0$ einen t-Wert aufweisen, der gleich oder größer als der kritische Wert t_α ist. Umgekehrt kann man folgern, daß ein empirisch auf Grund einer Stichprobe gewonnener t-Wert t_1 ein Flächenstück der t-Verteilung kennzeichnet, das gleich, kleiner oder größer als α sein kann. Ist das Flächenstück gleich α, so ist $t_1 = t_\alpha$, ist das Flächenstück aber kleiner als α, dann ist $t_1 > t_\alpha$, und ist das Flächenstück größer als α, dann ist $t_1 < t_\alpha$ (Abb. 8). Für einen Wert $t_1 < t_\alpha$ kann angenommen werden, daß bei sehr vielen Stichproben gleichen Umfangs aus der gleichen Grundgesamtheit eine Wahrscheinlichkeit W besteht, zufällig eine solche Stichprobe gezogen zu haben, die einen gleich hohen oder höheren Wert als t_1 aufweist, wobei $W < \alpha$ ist. Je größer t_1, desto kleiner wird die Wahrscheinlichkeit W, d. h. desto unwahrscheinlicher ist es, zufällig eine Stichprobe gezogen zu haben, die einen solch hohen oder höheren t-Wert aufweist wie t_1. Dabei wird der Vertrauenskoeffizient $(1-\alpha)$, d. h. die Bedeutungsschwelle α, vom Statistiker gewählt. Bei praktischen Untersuchungen haben sich bestimmte Bedeutungsschwellen eingebürgert, wie z. B. $\alpha = 0{,}05$, $\alpha = 0{,}01$ und $\alpha = 0{,}001$. Bei Stichproben, die t-Werte ergeben, die größer sind als t_a, wird die Null-Hypothese $\bar{x}_u = \bar{x}_s$ zurückgewiesen; Stichproben aber, die t-Werte ergeben, welche kleiner sind als t_a, führen zur Annahme der Null-Hypothese. Deshalb bezeichnet man den Bereich von t-Werten, für welche $t \geqq t_a$ gilt, als Ablehnungsbereich, und in entsprechender Weise den Bereich von t-Werten, für welche $t < t_a$ gilt, als Annahmebereich.

Beim praktischen Einsatz des t-Tests von „Student" kann man so vorgehen, daß man für die vorliegende Stichprobe den empirischen t-Wert t_e berechnet. Diesen vergleicht man mit dem für eine bestimmte Bedeutungsschwelle α aus einer Tafel der t-Verteilung [z. B. Owen, Donald B.: Handbook for Statistical Tables (Reading, Mass., 1962), Pearson, E. S., and H. O. Hartley: Biometrika Tables for Statisticians (Cambridge 1954), Fisher-Yates: Statistical Tables for Biological, Agricultural, and Medical Research (Edinburgh)] herausgelesenen kritischen t-Wert t_a. Ist $t_e < t_a$, wird die Null-Hypothese angenommen, ist aber $t_e \geqq t_a$, wird sie verworfen. Der logischen Deutung der auf diese Weise getroffenen Entscheidung liegt selbstverständlich der Vertrauenskoeffizient $(1 - \alpha)$ zugrunde. Andrerseits kann man für den empirischen t-Wert t_e die zugehörige Eintretenswahrscheinlichkeit aus einer t-Tafel ermitteln und diese Wahrscheinlichkeit mit der gewählten Bedeutungsschwelle α vergleichen. Ist diese Eintretenswahrscheinlichkeit kleiner als die Bedeutungsschwelle, so wird die Null-Hypothese zurückgewiesen, ist sie aber größer, so wird die Null-Hypothese angenommen. Die praktische Verwendung des t-Tests sei an einem Beispiel dargelegt.

Das Ende 1969 erstellte Budget für 1970 eines Warenhauses sah für das erste Halbjahr 1970 einen durchschnittlichen Gesamtumsatz für eine Warengruppe von Fr. 500 000,— vor. Nachdem nun die Umsatzzahlen nach Warengruppen für dieses Halbjahr vorliegen, soll untersucht werden, ob der auf Grund dieser Zahlen ermittelte durchschnittliche Gesamtumsatz wesentlich vom Budgetwert abweicht. Zu diesem Zwecke werden zufällig zehn Warengruppen stichprobenweise gewählt. Dabei soll angenommen werden, daß sich die Einzelumsätze aller Warengruppen normal um den durchschnittlichen Gesamtumsatz gruppieren. Die Umsatzzahlen dieser zehn Warengruppen (WG) im ersten Halbjahr 1970 sind nachfolgend zusammengestellt.

WG_i	x_i	WG_i	x_i
WG_1	430 000,— Fr.	WG_6	450 000,— Fr.
WG_2	390 000,— Fr.	WG_7	490 000,— Fr.
WG_3	520 000,— Fr.	WG_8	510 000,— Fr.
WG_4	540 000,— Fr.	WG_9	520 000,— Fr.
WG_5	600 000,— Fr.	WG_{10}	510 000,— Fr.

Es sind die folgenden Daten gegeben oder gewählt:

$$H_0: \bar{x}_s - \bar{x}_u = 0, \qquad \text{d. h. } \bar{x}_s = 500\,000.-$$

$$H_1: \bar{x}_s \neq \bar{x}_u \qquad \text{zweiseitiger Test}$$

$$n = 10 \qquad \text{9 Freiheitsgrade}$$

$$\alpha = 0{,}01$$

Der effektive durchschnittliche Gesamtumsatz dieser 10 Hauptwarengruppen stellt sich auf $\bar{x}_s = 496\,000{,}-$ Fr. Die Streuung, die als Schätzwert der Streuung im Universum (alle Warengruppen) betrachtet werden kann, berechnet sich folgendermaßen:

WG_i	x_i	$x_i - \bar{x}_s$	$(x_i - \bar{x}_s)^2/10^6$
1	430 000	−66 000	4 356
2	390 000	−106 000	11 236
3	520 000	24 000	576
4	540 000	44 000	1 936
5	600 000	104 000	10 816
6	450 000	−46 000	2 116
7	490 000	−6 000	36
8	510 000	14 000	196
9	520 000	24 000	576
10	510 000	14 000	196
Zusammen	4 960 000	0	32 040
$\bar{x}_s$	496 000		

$$\sigma^2 = \frac{32\,040 \cdot 10^6}{9} = 3560 \cdot 10^6$$

$$\sigma = 10^3 \sqrt{3560} = 59\,675.$$

Daraus berechnet sich der t-Wert

$$t_e = \frac{496\,000 - 500\,000}{59\,675} \sqrt{9} = 0{,}2011.$$

Aus einer Tafel der t-Werte (Tafel 2, S. 181) ergibt sich bei der gewählten Bedeutungsschwelle und 9 Freiheitsgraden folgender t-Wert:

α	$\alpha/2$	$t_{\alpha/2}$
0,01	0,005	3,2498

Es zeigt sich also, daß für die angegebene Bedeutungsschwelle $t_e < t_{\alpha/2}$ ist. Wir befinden uns also im Annahmebereich der Null-Hypothese. Der erreichte Umsatzwert kann folglich als zufällige Abweichung vom Umsatzwert 500 000,— Fr. bei einem Vertrauenskoeffizienten von 0,99 betrachtet werden.

Null-Hypothese bezüglich Beobachtungspaaren:

Es soll weiter angenommen werden, daß beim vorhergehenden Beispiel die 10 Warengruppen in zwei Teile von je 5 Warengruppen aufgeteilt werden können. Der eine Teil dieser Warengruppen wird vorwiegend in ländlichen Gegenden und der andere Teil in städtischen Gegenden abgesetzt. Diese beiden Teile setzen sich aus den folgenden Warengruppen zusammen:

1. Teil (städtische Gegenden)		2. Teil (ländliche Gegenden)	
WG_1	430 000,—	WG_2	390 000,—
WG_4	540 000,—	WG_3	520 000,—
WG_5	600 000,—	WG_7	490 000,—
WG_8	510 000,—	WG_6	450 000,—
WG_9	520 000,—	WG_{10}	510 000,—

Es stellt sich die Frage, ob ein bedeutsamer Unterschied zwischen dem Umsatz in ländlichen und jenem in städtischen Gegenden besteht. Dabei entsprechen sich stets je zwei Warengruppen einander, wie z. B. WG_1 und WG_2, WG_4 und WG_3 usw. Diese Paare sind nachfolgend aufgeführt.

Warengruppen-paare	1. Teil x_1	2. Teil x_2	$(x_1 - x_2)$	$(x_1 - x_2)^2/10^6$
1	430 000	390 000	40 000	1 600
2	540 000	520 000	20 000	400
3	600 000	490 000	110 000	12 100
4	510 000	450 000	60 000	3 600
5	520 000	510 000	10 000	100
Zusammen	2 470 000	2 490 000	240 000	17 800
Mittelwert $\bar{d}_e$			48 000	

Die Null-Hypothese besagt, daß die durchschnittliche Differenz $\bar{d}$ Null sein sollte. In Wirklichkeit stellt sie sich im vorliegenden Beispiel auf $\bar{d}_e = 48 000$. Die Streuung der Differenz stellt sich auf:

$$\sigma_d^2 = \frac{\sum\limits_{i=1}^{n} d_i^2 - n\,\bar{d}^2}{n-1} = \frac{17\,800 \cdot 10^6 - 5\,(48\,000)^2}{4} = 1570 \cdot 10^6$$

und

$$\sigma_d = 39\,623.$$

Der empirische t-Wert errechnet sich nun zu:

$$t_e = \frac{48\,000 - 0}{39\,623}\,\sqrt{4} = 2,423.$$

Die für die Deutung des t-Tests notwendige Gegen-Hypothese lautet hier:

$$H_1:\ d_e > 0 \qquad \text{einseitiger Test}$$

Es wird also angenommen, daß der Umsatz in städtischen Gebieten größer ist als in ländlichen. Die zu t_e gehörige Entscheidungswahrscheinlichkeit läßt sich an Hand einer t-Tafel (Tafel 2, S. 181) ermitteln. Für 4 Freiheitsgrade findet man die folgenden Angaben:

t_α	α
2,1318	0,050
2,7764	0,025

Der empirische t-Wert liegt nun zwischen diesen beiden Werten von t_α. Die entsprechende Eintretenswahrscheinlichkeit läßt sich durch die folgende Proportion (lineare Abhängigkeit vorausgesetzt) bestimmen:

$$\Delta t_\alpha:\ \Delta \alpha = \Delta t_e:\ x$$

wo Δt_a die Differenz der beiden Tafelwerte von t_a, d. h. (gerundet) $2,776 - 2,132 = 0,644$, $\Delta \alpha$ die Differenz der Tafelwerte von α, d. h. $0,05 - 0,025 = 0,025$ und Δt_e die Differenz zwischen t_a und t_e, d. h. $2,423 - 2,132 = 0,291$ sind. Mit diesen Werten ergibt sich

$$0,644 : 0,025 = 0,291 : x$$

und $x = 0,0113$ oder rund $0,011$. Die gesuchte Eintretenswahrscheinlichkeit ist dann

$$W = 0,05 - 0,011 = 0,04.$$

Bei einer Bedeutungsschwelle von $\alpha = 0,05$ ist die Null-Hypothese abzulehnen, weil $W < \alpha$; wählt man aber eine Bedeutungsschwelle von $\alpha = 0,01$, so ist $W > \alpha$, und die Null-Hypothese kann noch angenommen werden. Es können folglich die folgenden Entscheidungen getroffen werden:

$\alpha = 0,05$: Es bestehen bedeutsame Unterschiede der Umsatzwerte zwischen ländlichen und städtischen Gegenden bei einem Vertrauenskoeffizienten von 0,95;

$\alpha = 0,01$: Es bestehen keine bedeutsamen Unterschiede der Umsatzwerte zwischen ländlichen und städtischen Gegenden bei einem Vertrauenskoeffizienten von 0,99.

Null-Hypothese bezüglich zwei Mittelwerten:

Gegeben sind hier zwei Stichproben mit den Mittelwerten $\bar{x}_{s_1}$ und $\bar{x}_{s_2}$. Die erste Stichprobe umfaßt n_1 Elemente und die zweite Stichprobe n_2 Elemente. Es stellt sich nun die Frage, ob diese Stichproben aus zwei Grundgesamtheiten mit den Mittelwerten $\bar{x}_{u_1}$ und $\bar{x}_{u_2}$ sowie den Streuungen $\sigma_{u_1}^2$ und $\sigma_{u_2}^2$ stammen. Hier ist zu prüfen, ob auf Grund der beiden Stichproben angenommen werden kann, daß für die beiden Grundgesamtheiten die Beziehung

$$(\bar{x}_{u_1} - \bar{x}_{u_2}) = d \quad \text{oder} \quad (\bar{x}_{u_1} - \bar{x}_{u_2}) - d = 0$$

(Null-Hypothese) gilt, wo d einen gegebenen Wert darstellt. Die Gegen-Hypothesen lauten in diesem Falle:

$$\left. \begin{array}{l} H_1: \bar{x}_{u_1} - \bar{x}_{u_2} > d \\[2mm] \ \bar{x}_{u_1} - \bar{x}_{u_2} < d \end{array} \right\} \text{einseitiger Test}$$

und

$$H_1: \bar{x}_{u_1} - \bar{x}_{u_2} \neq d \quad \text{zweiseitiger Test}$$

Geprüft wird hier also die Differenz zweier Mittelwerte aus den Stichproben. In diesem Falle muß offensichtlich auch die Streuung für diese Differenz herangezogen werden. Handelt es sich um zwei unabhängige Zufallsvariable $\bar{x}_{s_1}$ und $\bar{x}_{s_2}$ mit den Mittelwerten $\bar{x}_{u_1}$ und $\bar{x}_{u_2}$ und den Streuungen $\sigma_{u_1}^2$ und $\sigma_{u_2}^2$ in den Grundgesamtheiten, dann ist die Verteilung der Summe bzw. Differenz dieser beiden Zufallsvariablen durch den Mittelwert $(\bar{x}_{u_1} + \bar{x}_{u_2})$ bzw. $(\bar{x}_{u_1} - \bar{x}_{u_2})$ und die Streuung

$$\sigma_{\bar{x}_{s_1} + \bar{x}_{s_2}} = \sigma_{\bar{x}_{s_1} - \bar{x}_{s_2}} = \frac{\sigma_{u_1}^2}{n_1} + \frac{\sigma_{u_2}^2}{n_2}$$

gekennzeichnet.

Nun können zwei Fälle unterschieden werden. Entweder kommt den beiden Grundgesamtheiten die gleiche Streuung zu, d. h. es ist dann $\sigma_{u_1}^2 = \sigma_{u_2}^2$, oder aber ihre Streuungen sind ungleich, d. h. $\sigma_{u_1}^2 \neq \sigma_{u_2}^2$. Im ersten Falle, bei gleichen Streuungen, ergibt sich für die Streuung der Differenz zweier Mittelwerte in der Grundgesamtheit die Beziehung

$$\sigma_{\bar{x}_{s_1} - \bar{x}_{s_2}}^2 = \sigma_u^2 \left(\frac{1}{n_1} + \frac{1}{n_2} \right). \tag{26}$$

Für die Differenz der Mittelwerte in der Grundgesamtheit liegt die auf Grund der Stichproben gewonnene Differenz $(\bar{x}_{s_1} - \bar{x}_{s_2})$ vor. Es ist also zu prüfen, ob

$$(\bar{x}_{s_1} - \bar{x}_{s_2}) - d = (\bar{x}_{s_1} - \bar{x}_{s_2}) - (\bar{x}_{u_1} - \bar{x}_{u_2})$$

einen signifikanten Wert annimmt oder nicht. Die Beziehung für den
t-Test lautet folglich:

$$t = \frac{(\bar{x}_{s_1} - \bar{x}_{s_2}) - (\bar{x}_{u_1} - \bar{x}_{u_2})}{\sigma_{\bar{x}_{s_1} - \bar{x}_{s_2}}}$$

Weil die Werte σ_{u_1} und σ_{u_2} in den Grundgesamtheiten in der Regel un-
bekannt sind, müssen sie aus den Stichproben gewonnen werden. Für den
Fall gleicher Streuungen in den Grundgesamtheiten ergibt sich für den
t-Test die Beziehung:

$$t = \frac{(\bar{x}_{s_1} - \bar{x}_{s_2}) - (\bar{x}_{u_1} - \bar{x}_{u_2})}{\sigma_s \sqrt{\dfrac{1}{n_1} + \dfrac{1}{n_2}}}$$

oder

$$t = \frac{(\bar{x}_{s_1} - \bar{x}_{s_2}) - (\bar{x}_{u_1} - \bar{x}_{u_2})}{\sigma_s} \sqrt{\frac{n_1 n_2}{n_1 + n_2}} . \tag{27}$$

Die Anzahl der Freiheitsgrade stellt sich hier auf $(n_1 + n_2 - 2)$. Für diese
Beziehung findet man auch die folgende gleichwertige Formel:

$$t = \frac{(\bar{x}_{s_1} - \bar{x}_{s_2}) - (\bar{x}_{u_1} - \bar{x}_{u_2})}{\sigma_s \sqrt{(n_1 - 1) + (n_2 - 1)}} \sqrt{\frac{n_1 n_2 (n_1 + n_2 - 2)}{n_1 + n_2}} . \tag{27a}$$

Es wird hier vorausgesetzt, daß die Verteilungen der Grundgesamtheiten
normal sind und gleiche Streuungen aufweisen. Unter diesen Voraussetzungen ist der Wert von t nach der t-Verteilung von „Student" verteilt.

Strenggenommen müssen beim t-Test drei Bedingungen erfüllt werden,
nämlich:

— die zugrunde gelegten Stichproben müssen zufällig sein,
— die Grundgesamtheiten, aus welchen die Stichproben entnommen worden sind, müssen normal verteilt sein,
— die Streuungen in den Grundgesamtheiten müssen einander gleich sein.

Diese letzte Bedingung ist deshalb wichtig, weil Abweichungen in den
Mittelwerten bei ungleichen Streuungen z. T. auch durch diese unterschiedlichen Streuungen verursacht sein könnten.

Nun kann es aber auch vorkommen, daß $\sigma_{u_1}^2 \neq \sigma_{u_2}^2$ ist. Nimmt man
wiederum an, daß diese Streuungen in den Grundgesamtheiten unbekannt
sind und durch die entsprechenden Streuungen in den Stichproben geschätzt werden müssen, dann wird

$$\sigma_{\bar{x}_{s_1} - \bar{x}_{s_2}}^2 \sim \frac{\sigma_{s_1}^2}{n_1} + \frac{\sigma_{s_2}^2}{n_2} . \tag{28}$$

In diesem Falle kann näherungsweise gleich vorgegangen werden wie im Falle gleicher Streuungen in den Grundgesamtheiten. Der Wert für den t-Test kann dann näherungsweise aus der folgenden Formel gewonnen werden:

$$t = \frac{(\bar{x}_{s_1} - \bar{x}_{s_2}) - (\bar{x}_{u_1} - \bar{x}_{u_1})}{\sqrt{\dfrac{\sigma_{s_1}^2}{n_1} + \dfrac{\sigma_{s_2}^2}{n_2}}} = \frac{(\bar{x}_{s_1} - \bar{x}_{s_2}) - (\bar{x}_{u_1} - \bar{x}_{u_2})}{\sqrt{n_2\,\sigma_{s_1}^2 + n_1\,\sigma_{s_2}^2}}\,\sqrt{n_1 \cdot n_2} \qquad (29)$$

wobei die Anzahl Freiheitsgrade durch die Beziehung

$$\frac{(n_1 - 1)(n_2 - 1)\left(\dfrac{\sigma_{s_1}^2}{n_1} + \dfrac{\sigma_{s_1}^2}{n_2}\right)^2}{(n_2 - 1)\left(\dfrac{\sigma_{s_1}^2}{n_1}\right)^2 + (n_1 - 1)\left(\dfrac{\sigma_{s_2}^2}{n_2}\right)^2} \qquad (29\,\text{a})$$

gegeben ist.

Für den Fall, daß weder die Mittelwerte noch die Streuungen in den Grundgesamtheiten gleich sind und daß die beiden Stichproben gleichviel Elemente umfassen, findet sich bei WILKS[1] eine weitere Formel für den t-Test, nämlich:

$$t = \frac{(\bar{x}_{s_1} - \bar{x}_{s_2}) - (\bar{x}_{u_1} - \bar{x}_{u_2})}{\sqrt{\sigma_{s_1}^2 + \sigma_{s_2}^2 - 2\,r\,\sigma_{s_1}\,\sigma_{s_2}}}\,\sqrt{n} \qquad (29\,\text{b})$$

mit $n_1 = n_2 = n$ und $(n - 1)$ Freiheitsgraden. Hier stellt r den Korrelationskoeffizienten

$$r = \frac{\sum\limits_{j=1}^{n} (x_{1j} - \bar{x}_{s_1})(x_{2j} - \bar{x}_{s_2})}{(n - 1)\,\sigma_{s_1}\,\sigma_{s_2}} \qquad (29\,\text{c})$$

dar. Dieser dient dazu, die stochastische Verbundenheit von Merkmalsreihen zu kennzeichnen.

Die angegebenen Formeln (27) und (29) können angewendet werden, wenn die Mittelwerte in den Grundgesamtheiten als ungleich oder auch als gleich angenommen werden. Werden sie einander gleichgesetzt, dann vereinfachen sich diese Formeln, indem die Differenz $(\bar{x}_{u_1} - \bar{x}_{u_2}) = 0$, d. h. $\bar{x}_{u_1} = \bar{x}_{u_2}$ wird. In diesem Falle lautet die Null-Hypothese

$$H_0: \bar{x}_{s_1} - \bar{x}_{s_2} = 0$$

---

[1] WILKS, S. S.: (132), S. 245.

und die Gegen-Hypothesen

$$H_1: \quad \begin{matrix} \bar{x}_{s_1} > \bar{x}_{s_2} \\[4pt] \bar{x}_{s_1} < \bar{x}_{s_1} \end{matrix} \Bigg\} \quad \text{einseitiger Test}$$

$$H_1: \quad \bar{x}_{s_1} \neq \bar{x}_{s_2} \quad \text{zweiseitiger Test}$$

Es ist vorteilhaft, wenn die beiden Stichproben gleich oder angenähert gleich groß sind. Trifft dies zu, dann wird die Streuung der Differenz der beiden Mittelwerte

$$\sigma_s^2 \left(\frac{1}{n_1} + \frac{1}{n_2} \right)$$

bei gleichen Streuungen in den Grundgesamtheiten ein Minimum. Dies besagt, daß die Differenzen der Mittelwerte $(\bar{x}_{s_1} - \bar{x}_{s_2})$ weniger Schwankungen in den einzelnen Stichprobenpaaren aufweisen. Daraus folgt, daß die Wahrscheinlichkeit, einen Typ-II-Fehler zu begehen, im Falle gleicher Stichprobengrößen $(n_1 = n_2)$ bei gleichem Typ-I-Fehler und gleichem Gesamtumfang $(n_1 + n_2)$ kleiner ist als bei ungleichen Stichprobengrößen $(n_1 \neq n_2)$.

Ein Beispiel soll diese Verwendungsmöglichkeit des t-Tests aufzeigen. Zwei zufällig ausgewählte Stichproben mit $n_1 = n_2 = 10$ Elementen haben die Mittelwerte $\bar{x}_{s_1} = 10$ und $\bar{x}_{s_2} = 16$ ergeben. Es soll untersucht werden, ob mit einem Vertrauenskoeffizienten von 0,95 angenommen werden kann, daß diese Stichproben aus zwei normalverteilten Grundgesamtheiten stammen, deren Mittelwerte eine Differenz von 5 aufweisen. Die Streuungen in diesen Grundgesamtheiten sollen einander gleich sein; sie wurden aus den Stichproben mit $\sigma_{s_1}^2 = \sigma_{s_2}^2 = 4$ geschätzt.

Im vorliegenden Falle sind die folgenden Werte gegeben:

$$H_0: \quad \bar{x}_{s_1} - \bar{x}_{s_2} = 5 = \bar{x}_{u_1} - \bar{x}_{u_2}$$

$$H_1: \quad \bar{x}_{s_1} - \bar{x}_{s_2} \neq 5 \quad \text{zweiseitiger Test}$$

$$n_1 = n_2 = 10$$

$$a = 0{,}05 \quad \text{und} \quad a/2 = 0{,}025$$

$$\sigma_{s_1}^2 = \sigma_{s_2}^2 = 4$$

Anzahl Freiheitsgrade $(n_1 + n_2 - 2) = 18$

Der Wert des t-Tests ist dann nach Formel (27) gleich:

$$t_e = \frac{|10 - 16| - 5}{2} \sqrt{\frac{10 \cdot 10}{20}}$$

$$|t_e| = 1{,}118.$$

Aus einer t-Tafel (Tafel 2, S. 181) ergibt sich für $\alpha = 0,025$ und 18 Freiheitsgrade ein $t_{0,025} = 2,1009$. Da $t_e < t_{0,025}$ ist, kann die Null-Hypothese angenommen werden, d. h. es kann mit einem Vertrauenskoeffizienten von 0,95 vermutet werden, daß beide Stichproben aus den beiden angenommenen Grundgesamtheiten stammen.

Wird im angeführten Beispiel aber angenommen, daß die Streuungen in den Grundgesamtheiten ungleich sind und daß sie aus den Stichproben mit $\sigma_{s_1}^2 = 4$ und $\sigma_{s_2}^2 = 1$ geschätzt worden sind, so muß nun die Beziehung (29) angewendet werden.

$$|t_e| = \frac{||10-16|-5|}{\sqrt{\frac{4}{10}+\frac{1}{10}}} = 1,414.$$

Die Anzahl der Freiheitsgrade wird hier aus der Beziehung (29 a) berechnet. Diese ist gleich

$$FG = \frac{9 \cdot 9 \left(\frac{4}{9}+\frac{1}{9}\right)^2}{9\left(\frac{4}{9}\right)^2 + 9\left(\frac{1}{9}\right)^2} = 13{,}235.$$

Aufgerundet ergeben sich 14 Freiheitsgrade. Der entsprechende kritische t-Wert stellt sich auf $t_{0,025} = 2,145$. Da nun wiederum $t_e < t_{0,025}$, ist die Null-Hypothese auch in diesem Falle anzunehmen.

Null-Hypothese bei Korrelationskoeffizienten:

Der t-Test kann auch verwendet werden, wenn geprüft werden soll, ob ein berechneter Korrelationskoeffizient in bedeutsamer Weise vom Korrelationskoeffizienten $r = 0$ abweicht. Die Null-Hypothese lautet dann:

$$H_0:\ r_e = r_{th} = 0$$

und die Gegen-Hypothesen

$$H_1:\ r_e > 0 \ \Big\}$$
$$r_e < 0 \ \Big\} \quad \text{einseitiger Test}$$
$$r_e \neq 0 \quad \text{zweiseitiger Test}$$

Die Formel für den t-Test kann auch folgendermaßen geschrieben werden:

$$t = \frac{\sqrt{\sum_{i=1}^{n}(y_{th_i}-\bar{y})^2}}{\sigma} \tag{30}$$

---

[1] Li, Jerome C. R.: (65), S. 263/264.

wo $y_{th_i} = a + b(x_i - \bar{x})$ und

$$\sigma^2 = \frac{\sum\limits_{i=1}^{n}(y_i - y_{th_i})^2}{n-2} \qquad (31)$$

sind. Des weiteren ist a in dieser Beziehung für y_{th_i} gleich $\bar{y}$.

Der Korrelationskoeffizient r ist bekanntlich durch die folgende Formel gegeben:

$$r = \frac{\sum\limits_{i=1}^{n}(x_i - \bar{x})(y_i - \bar{y})}{\sqrt{\sum\limits_{i=1}^{n}(x_i - \bar{x})^2 \sum\limits_{i=1}^{n}(y_i - \bar{y})^2}} \qquad (32)$$

Setzt man einfachheitshalber

$$\sum\limits_{i=1}^{n}(x_i - \bar{x})(y_i - \bar{y}) = A$$

$$\sum\limits_{i=1}^{n}(x_i - \bar{x})^2 = B_x$$

$$\sum\limits_{i=1}^{n}(y_i - \bar{y})^2 = B_y$$

so ergibt sich für den Korrelationskoeffizienten

$$r = \frac{A}{\sqrt{B_x \cdot B_y}}. \qquad (32\,a)$$

Es kann weiterhin gezeigt werden, daß

$$\sum\limits_{i=1}^{n}(y_{th_i} - \bar{y})^2 = \sum\limits_{i=1}^{n}[\bar{y} + b(x_i - \bar{x}) - \bar{y}]^2 = b^2 \sum\limits_{i=1}^{n}(x_i - \bar{x})^2 = b^2 B_x. \qquad (33)$$

Weiterhin ist

$$b = \frac{\sum\limits_{i=1}^{n}(x_i - \bar{x})(y_i - \bar{y})}{\sum\limits_{i=1}^{n}(x_i - \bar{x})^2} = \frac{A}{B_x}. \qquad (34)$$

Setzt man diese Beziehung in die Formel (33) ein, so ergibt sich

$$C = \sum\limits_{i=1}^{n}(y_{th_i} - \bar{y})^2 = \frac{A^2}{B_x}. \qquad (35)$$

Das Quadrat des Korrelationskoeffizienten ist gemäß Formeln (32 a) und (35) gleich:

$$r^2 = \frac{A^2}{B_x \cdot B_y} = \frac{C}{B_y}. \tag{36}$$

Weiter ist zu berücksichtigen, daß

$$\sum_{i=1}^{n} (y_i - \overline{y})^2 = \sum_{i=1}^{n} (y_{th_i} - \overline{y})^2 + \sum_{i=1}^{n} (y_i - y_{th_i})^2$$

d. h. also

$$B_y = C + D. \tag{37}$$

Dieser Zusammenhang ist auf Grund der Abb. 9 offensichtlich.

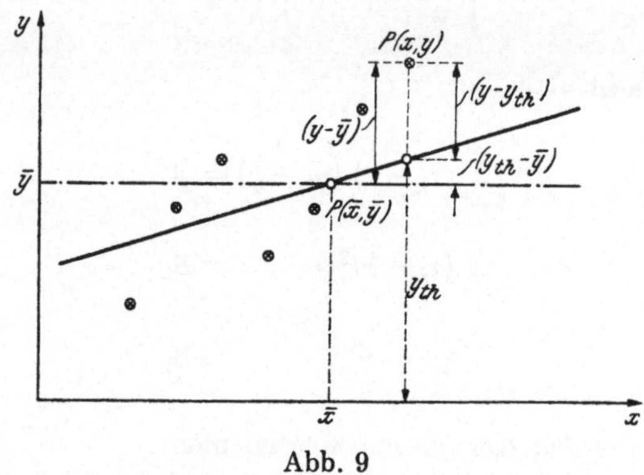

Abb. 9

Berücksichtigt man die Beziehung (37) in der Formel (36) für r^2, so folgt unmittelbar:

$$r^2 = \frac{C}{B_y} \quad \text{und} \quad C = r^2 \cdot B_y \tag{38}$$

und weiter

$$B_y - D = r^2 \cdot B_y \quad \text{und} \quad D = B_y (1 - r^2). \tag{39}$$

Der t-Wert lautet nun nach den Formeln (30) und (31) und unter Berücksichtigung der Vereinfachungen A, B_x, B_y, C und D folgendermaßen:

$$t = \sqrt{\frac{(n-2) \sum\limits_{i=1}^{n} (y_{th_i} - \overline{y})^2}{\sum\limits_{i=1}^{n} (y - y_{th})^2}} = \sqrt{\frac{(n-2) C}{D}}. \tag{40}$$

Ersetzt man die Werte C und D durch die Formeln (38) und (39), so ergibt sich:

$$t = \sqrt{\frac{(n-2) r^2 B_y}{(1 - r^2) B_y}} = r \sqrt{\frac{n-2}{1 - r^2}} \tag{41}$$

wo n die Anzahl Zahlenwerte (Merkmalswerte) bezeichnet, die dem Korrelationskoeffizienten zugrunde liegen. Die Anzahl der Freiheitsgrade ist hier $(n-2)$.

Für diesen Fall kann zwar auch ein anderer Bedeutsamkeitstest angewendet werden, der aber auf der Normalverteilung beruht. Ist der Korrelationskoeffizient auf Grund von zwei Zufallsstichproben aus einer normalverteilten variablen Verteilung gewonnen worden, so kann der Test auf die folgende Beziehung abgestützt werden:

$$\frac{1}{2} \ln \frac{1+r_e}{1-r_e}.$$

Die Stichprobenverteilung dieser Maßzahl ist annähernd normalverteilt und durch den Mittelwert

$$\frac{1}{2} \ln \frac{1+r_{th}}{1-r_{th}}$$

und die Streuung

$$\frac{1}{n-3}$$

gekennzeichnet. Der Testwert ist dann durch die folgende Beziehung gegeben ($r_{th} = 0$)

$$z = \frac{\dfrac{1}{2} \ln \dfrac{1+r_e}{1-r_e} - 0}{\sqrt{\dfrac{1}{n-3}}} = \frac{\sqrt{n-3}\ \ln \dfrac{1+r_e}{1-r_e}}{2}. \qquad (42)$$

Auch für diese Anwendungsmöglichkeit des t-Tests soll ein einfaches Beispiel angeführt werden. Eine Korrelationsuntersuchung, die auf $n_1 = n_2 = 20$ Werten beruht, ergab den Wert $r_e = 0{,}32$. Kann angenommen werden, daß dieser Korrelationskoeffizient in bedeutsamer Weise vom theoretischen Wert $r_{th} = 0$ abweicht? Nach der Beziehung (41) ergibt sich der t-Wert

$$t_e = 0{,}32 \sqrt{\frac{20-2}{1-0{,}32^2}} = 4{,}53.$$

Bei einer angenommenen Bedeutungsschwelle von $\alpha = 0{,}05$ und 18 Freiheitsgraden stellt sich der kritische t-Wert (Tafel 2, S. 181) auf $t_{0,025} = 2{,}1009$, denn es handelt sich hier um einen zweiseitigen Test ($H_1: r_e \neq r_{th}$). Da im vorliegenden Falle $t_e > t_{0,025}$ ist, wird die Null-Hypothese verworfen. Mit einem Vertrauenskoeffizienten von 0,95 ist also anzunehmen, daß der berechnete Korrelationskoeffizient in bedeutsamer Weise vom Werte Null abweicht.

Null-Hypothese bezüglich des Steigungskoeffizienten einer Trendgeraden:

Eine Zeitreihe besteht aus Merkmalswerten, die zeitlich geordnet sind. Will man eine solche Zeitreihe durch ihre Hauptbewegung oder ihren linearen Trend kennzeichnen, so ist durch den durch die Merkmalswerte gekennzeichneten Streckenzug in bester Weise eine Gerade durchzuziehen. Dies geschieht am besten nach der Methode der kleinsten Abweichungsquadrate. Die Trendgerade soll durch die Funktion

$$y_{th_i} = a + b\,x_i$$

dargestellt werden. Hier stellen y_{th_i} wiederum die den Werten y_i des Streckenzuges entsprechenden Trendwerte und x_i eine die Zeitvariable kennzeichnende Hilfsvariable dar. Wird diese Hilfsvariable so gewählt, daß $\sum\limits_{i=1}^{n} x_i = 0$, so erhält man nach der Methode der kleinsten Abweichungsquadrate die Parameter der Trendgleichung

$$a = \frac{\sum\limits_{i=1}^{n} y_i}{n} = \overline{y} \quad \text{und} \quad b = \frac{\sum\limits_{i=1}^{n} x_i y_i}{\sum\limits_{i=1}^{n} x_i^2}.$$

Nun kann die berechnete Steigung b einer Trendgeraden mit der angenommenen Steigung einer theoretischen Trendgeraden β verglichen werden, um festzustellen, ob b in bedeutsamer Weise von β abweicht. Als theoretische Trendgerade kann beispielsweise die Horizontale angenommen werden, wodurch dann $\beta = 0$ wird.

Wiederum kann bei einer solchen Untersuchung der t-Test eingesetzt werden. Für diesen wird hier die Beziehung (30) eingesetzt. Setzt man in diese Beziehung (30) die Formel der Trendgeraden ein, so ergibt sich:

$$t = \frac{\sqrt{\sum\limits_{i=1}^{n} (y_{th_i} - \overline{y})^2}\; \sqrt{n-2}}{\sqrt{\sum\limits_{i=1}^{n} (y_i - y_{th_i})^2}} =$$

$$= \frac{\sqrt{\sum\limits_{i=1}^{n} (\overline{y} + b\,x_i - \overline{y})^2}\; \sqrt{n-2}}{\sqrt{\sum\limits_{i=1}^{n} [y_i - (\overline{y} + b\,x_i)]^2}} =$$

$$= \frac{b\,\sqrt{\sum\limits_{i=1}^{n} x_i^2}\; \sqrt{n-2}}{\sqrt{\sum\limits_{i=1}^{n} [(y_i - \overline{y}) - b\,x_i]^2}} =$$

$$= \frac{b\,\sqrt{\sum\limits_{i=1}^{n} x_i^2}\,\sqrt{n-2}}{\sqrt{\sum\limits_{i=1}^{n}\left[(y_i-\bar{y})^2 - 2\,b\,x_i\,(y_i-\bar{y}) + b^2\,x_i^2\right]}} =$$

$$= \frac{b\,\sqrt{\sum\limits_{i=1}^{n} x_i^2}\,\sqrt{n-2}}{\sqrt{\sum\limits_{i=1}^{n}\left[(y_i-\bar{y})^2 - 2\,b\,x_i\,y_i + 2\,b\,\bar{y}\,x_i + b^2\,x_i^2\right]}} =$$

$$= \frac{b\,\sqrt{\sum\limits_{i=1}^{n} x_i^2}\,\sqrt{n-2}}{\sqrt{\sum\limits_{i=1}^{n}(y_i-\bar{y})^2 - 2\,b\sum\limits_{i=1}^{n} x_i\,y_i + \underbrace{2\,b\,\bar{y}\sum\limits_{i=1}^{n} x_i}_{=\,0} + b^2\sum\limits_{i=1}^{n} x_i^2}} =$$

$$= \frac{b\,\sqrt{\sum\limits_{i=1}^{n} x_i^2}\,\sqrt{n-2}}{\sqrt{\sum\limits_{i=1}^{n}(y_i-\bar{y})^2 - 2\,b\sum\limits_{i=1}^{n} x_i\,y_i + b^2\sum\limits_{i=1}^{n} x_i^2}}\,.$$

Nun setzt man für b den Wert $\dfrac{\sum\limits_{i=1}^{n} x_i\,y_i}{\sum\limits_{i=1}^{n} x_i^2}$ ein.

$$t = \frac{\sum\limits_{i=1}^{n} x_i\,y_i\,\sqrt{\sum\limits_{i=1}^{n} x_i^2}\,\sqrt{n-2}}{\sum\limits_{i=1}^{n} x_i^2\,\sqrt{\sum\limits_{i=1}^{n}(y_i-\bar{y})^2 - 2\,\dfrac{\left(\sum\limits_{i=1}^{n} x_i\,y_i\right)^2}{\sum\limits_{i=1}^{n} x_i^2} + \dfrac{\left(\sum\limits_{i=1}^{n} x_i\,y_i\right)^2}{\sum\limits_{i=1}^{n} x_i^2}}} =$$

$$= \frac{\sum\limits_{i=1}^{n} x_i\,y_i\,\sqrt{\sum\limits_{i=1}^{n} x_i^2}\,\sqrt{n-2}}{\sum\limits_{i=1}^{n} x_i^2\,\sqrt{\sum\limits_{i=1}^{n}(y_i-\bar{y})^2 - \dfrac{\left(\sum\limits_{i=1}^{n} x_i\,y_i\right)^2}{\sum\limits_{i=1}^{n} x_i^2}}} =$$

$$= \frac{\sum\limits_{i=1}^{n} x_i\,y_i\,\sqrt{\sum\limits_{i=1}^{n} x_i^2}\,\sqrt{\sum\limits_{i=1}^{n} x_i^2}\,\sqrt{n-2}}{\sum\limits_{i=1}^{n} x_i^2\,\sqrt{\sum\limits_{i=1}^{n} x_i^2 \sum\limits_{i=1}^{n}(y_i-\bar{y})^2 - \left(\sum\limits_{i=1}^{n} x_i\,y_i\right)^2}}\,.$$

Daraus folgt:

$$t = \sum_{i=1}^{n} x_i y_i \sqrt{\frac{n-2}{\sum\limits_{i=1}^{n} x_i^2 \sum\limits_{i=1}^{n} (y_i - \overline{y})^2 - \left(\sum\limits_{i=1}^{n} x_i y_i\right)^2}} \qquad (43)$$

$$(\beta = 0).$$

Die Anzahl der Freiheitsgrade ist hier gleich $(n-2)$.

Diese Beziehung soll ebenfalls für ein praktisches Beispiel eingesetzt werden. Es sollen die folgenden, zeitlich geordneten Merkmalswerte gegeben sein.

Jahre	x_i	x_i^2	y_i	$x_i y_i$	$(y_i - \overline{y})$	$(y_i - \overline{y})^2$
1965	-1	4	230	-460	-35	1225
1966	-2	1	250	-250	-15	225
1967	0	0	300	0	35	1225
1968	1	1	270	270	5	25
1969	2	4	275	550	10	100
Summe	0	10	1325	110	0	2800
$\overline{y}$			265			

Mit den Werten dieser Rechentabelle läßt sich nun der t-Test nach der Formel (43) berechnen.

$$t_e = 110 \sqrt{\frac{5-2}{10 \cdot 2800 - 110^2}} = 1{,}512.$$

Nimmt man eine Bedeutungsschwelle von $\alpha = 0{,}05$ und $\alpha/2 = 0{,}025$ (H_1: $b \neq 0$) an, so findet man bei 3 Freiheitsgraden aus einer t-Tafel (Tafel 2, S. 181) den kritischen Wert für t von $t_{0,025} = 3{,}1824$. Da $t_e <$ $t_{0,025}$ ist, kann hier die Null-Hypothese angenommen werden. Der Steigungskoeffizient der Trendgeraden für die angeführten Merkmalswerte, der für unsere Berechnungen zahlenmäßig nicht bekannt sein muß, weicht also — bei einem Vertrauenskoeffizienten von 0,95 — in zufälliger Weise vom Steigungskoeffizienten $\beta = 0$ ab.

2.2.2. Fishers F-Test

Im vorhergehenden Abschnitt wurden Mittelwerte miteinander verglichen und mit Hilfe des t-Tests auf ihre Bedeutsamkeit hin untersucht. Für den Fall, daß zwei Stichproben aus zwei Grundgesamtheiten hinsichtlich bedeutsamer oder zufälliger Unterschiede der Stichprobenmittelwerte untersucht werden, mußte die Annahme getroffen werden, daß die Streuungen in den beiden Grundgesamtheiten einander gleich sind (vgl. S. 43). Trifft dies nicht zu, dann ist der t-Test mit Vorsicht zu gebrauchen. Aus diesem Grunde ist es wichtig, beurteilen zu können, ob die Streuungen zweier Grundgesamtheiten in bedeutsamer Weise voneinander abweichen. Ein Test, der es ermöglicht, die Unterschiede zweier Streuungen auf ihre Bedeutsamkeit hin zu prüfen, ist durch den F-Test von R. A. FISHER gegeben.

R. A. FISHER hat zwar ursprünglich einen anderen Test entwickelt, den z-$Test$. Dieser ist aber später von SNEDECOR modifiziert und als F-Test bezeichnet worden. Der z-Test ist durch die folgende Beziehung gegeben:

$$z = \frac{1}{2} \ln \frac{\sigma_{u_1}^2}{\sigma_{u_2}^2} \qquad (\sigma_{u_1}^2 \geqq \sigma_{u_2}^2) \qquad (44)$$

wo $\sigma_{u_1}^2$ die Streuung in der ersten Grundgesamtheit und $\sigma_{u_2}^2$ in entsprechender Weise die Streuung in der zweiten Grundgesamtheit darstellen. Da $\sigma_{u_1}^2 \geqq \sigma_{u_2}^2$ angenommen wurde[1], ist z stets positiv.

SNEDECOR hat nun diesen Test etwas verändert, indem er nur das Streuungsverhältnis zugrunde gelegt hat. Die Beziehung für den so abgeänderten z-Test, der nunmehr bekanntlich als F-Test bezeichnet wird, lautet folgendermaßen:

$$F = \frac{\sigma_{u_1}^2}{\sigma_{u_2}^2}. \qquad (45)$$

Zwischen dem z- und dem F-Test besteht selbstverständlich eine Abhängigkeit, die durch die Beziehungen

$$F = e^{2z} \quad \text{und} \quad z = \frac{1}{2} \ln F$$

gekennzeichnet ist. Im folgenden soll nur noch vom F-Test gesprochen werden, der in der Praxis den z-Test praktisch verdrängt hat.

Gegeben sind also zwei Grundgesamtheiten. Aus jeder dieser Grundgesamtheiten werden alle möglichen zufälligen Stichproben mit n_1 Elementen für die erste Grundgesamtheit und n_2 Elementen für die zweite Grundgesamtheit gezogen. Für jede dieser Stichproben werden die Streuungen bestimmt. Nun werden alle möglichen Streuungsverhältnisse zwischen den Stichprobenstreuungen bezüglich der ersten Grundgesamtheit und den Stichprobenstreuungen bezüglich der zweiten Grundgesamtheit gebildet. Beziffert sich die Anzahl aller möglichen Stichproben aus dem ersten Universum zu S_1 und die Anzahl aller möglichen Stichproben aus dem zweiten

---

[1] Sollte dies nicht zutreffen, so kann man die Bezeichnungen für die erste und zweite Grundgesamtheit vertauschen.

Universum zu S_2, so ergeben sich $S_1 S_2$ Stichprobenpaare, d.h. $S_1 S_2$ Streuungsverhältnisse. Die Häufigkeitsverteilung dieser Streuungsverhältnisse ergibt die F-Verteilung, sofern die beiden Grundgesamtheiten normal verteilt sind und gleiche Streuungen aufweisen (Abb. 10). Diese F-Verteilung

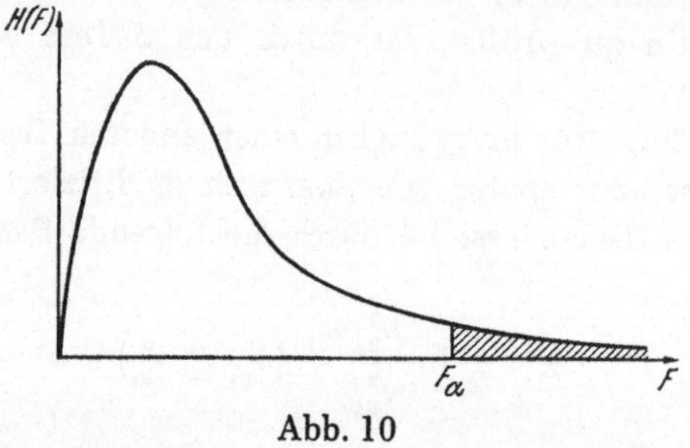

Abb. 10

findet sich nun auch in statistischen Tafelwerken tabelliert. Sie ist durch zwei Freiheitsgrade, ν_1 und ν_2, gekennzeichnet, die sich nach den Freiheitsgraden der beiden Streuungen richten.

Das Testproblem besteht nun darin, zu prüfen, ob die beiden Streuungen in den Grundgesamtheiten $\sigma^2_{u_1}$ und $\sigma^2_{u_2}$ einander gleich sind. In der Regel sind diese Streuungen in den Universen unbekannt, weshalb sie aus je einer Stichprobe aus der Grundgesamtheit $\sigma^2_{s_1}$ und $\sigma^2_{s_2}$ zu schätzen sind. Die Formel für den F-Test lautet dann:

$$F = \frac{\sigma^2_{s_1}}{\sigma^2_{s_2}}, \tag{45 a}$$

wobei $\nu_1 = n_1 - 1$ Freiheitsgrade für $\sigma^2_{s_1}$ und $\nu_2 = n_2 - 1$ Freiheitsgrade für $\sigma^2_{s_2}$ einzusetzen sind. Je unbedeutender die Streuungsunterschiede sind, desto mehr nähert sich der Testwert F dem Werte 1. Ist $F < 1$, so bedeutet dies, daß $\sigma^2_{s_1} < \sigma^2_{s_2}$, und ist $F > 1$, so heißt dies, daß $\sigma^2_{s_1} > \sigma^2_{s_2}$ ist.

Die Null-Hypothese ist durch die Beziehung

$$H_0: \quad \sigma^2_{u_1} = \sigma^2_{u_2}$$

gegeben. Als Gegen-Hypothese können die beiden Varianten

$$H_1: \quad \left.\begin{array}{c} \sigma^2_{u_1} > \sigma^2_{u_2} \\[4pt] \sigma^2_{u_1} < \sigma^2_{u_2} \end{array}\right\} \text{einseitiger Test}$$

$$H_1: \quad \sigma^2_{u_1} \neq \sigma^2_{u_2} \quad \text{zweiseitiger Test}$$

zugrunde gelegt werden.

Da die F-Verteilung nicht wie die t-Verteilung symmetrisch bezüglich der Ordinatenachse ist, sondern im Koordinatenursprung beginnt und nur positive Werte aufweisen kann, ist das Vorgehen zur Bestimmung der Annahme- bzw. Ablehnungsbereiche anders als bei der t-Verteilung. Bei der F-Verteilung gilt die Identität

$$F_{1-\alpha}(\nu_1, \nu_2) \cdot F_\alpha(\nu_2, \nu_1) = 1,$$

d. h.

$$F_{1-\alpha}(\nu_1, \nu_2) = \frac{1}{F_\alpha(\nu_2, \nu_1)}. \tag{46}$$

Ein Beispiel soll den praktischen Sinn dieser Identität aufzeigen. Es sollen eine Bedeutungsschwelle von 0,05 und die beiden Freiheitsgrade $\nu_1 = 5$ und $\nu_2 = 10$ gegeben sein. Auf Grund dieser Angaben findet man in einer F-Tafel (Tafel 3, S. 182):

$$F_{0,05}(10,5) = 4,7351.$$

Nach Formel (46) läßt sich nun

$$F_{0,95}(5,10) = \frac{1}{4,735} = 0,211$$

berechnen. Dies besagt, daß bei einer Bedeutungsschwelle von $5\,^0/_0$ und $\nu_1 = 5$ und $\nu_2 = 10$ Freiheitsgraden der Annahmebereich der Null-Hypothese zwischen $F = 0,211$ und $F = 4,735$ liegt und die Null-Hypothese abgelehnt werden muß, wenn der empirische F-Wert kleiner als 0,211 oder aber größer als 4,735 ist.

Bei einseitigem Test ist die Gegen-Hypothese

$$H_1: \quad \sigma^2_{u_1} < \sigma^2_{u_2} \text{ anzunehmen, wenn } F_e = \frac{\sigma^2_{s_2}}{\sigma^2_{s_1}} > F_\alpha(\nu_2, \nu_1)$$

$$H_1: \quad \sigma^2_{u_1} > \sigma^2_{u_2} \text{ anzunehmen, wenn } F_e = \frac{\sigma^2_{s_1}}{\sigma^2_{s_2}} > F_\alpha(\nu_1, \nu_2)$$

bei zweiseitigem Test hingegen ist die Gegen-Hypothese

$$H_1: \quad \sigma^2_{u_1} \neq \sigma^2_{u_2} \text{ anzunehmen, wenn } F_e = \frac{\sigma'^2_s}{\sigma''^2_s} > F_{\alpha/2}(\nu', \nu'')$$

wo σ'^2_s die größere der beiden Stichprobenstreuungen,

σ''^2_s die kleinere der beiden Stichprobenstreuungen,

ν' die zu σ'^2_s gehörigen Freiheitsgrade und

ν'' die zu σ''^2_s gehörigen Freiheitsgrade

bezeichnen. Ein Beispiel soll das Vorgehen und die Bedeutung der Test-
ergebnisse bei diesem Test veranschaulichen.

Gegeben sind zwei normalverteilte Grundgesamtheiten, für welche angenommen wird, daß $\sigma^2_{u_1} = \sigma^2_{u_2}$ (Null-Hypothese). Aus jeder der beiden
Grundgesamtheiten wird eine Zufallsstichprobe entnommen, die $n_1 = 10$
und $n_2 = 16$ Elemente umfassen. Die Stichprobe aus der ersten Grundgesamtheit ergibt ein $\sigma^2_{s_1} = 20$ und jene aus der zweiten Grundgesamtheit
ein $\sigma^2_{s_2} = 25$. Es ist zu prüfen, ob einerseits $\sigma^2_{u_1} < \sigma^2_{u_2}$ (Gegen-Hypothese)
und andrerseits $\sigma^2_{u_1} \neq \sigma^2_{u_2}$ (Gegen-Hypothese) ist. Die Bedeutungsschwelle
sei mit 5 % angenommen.

Im ersten Falle handelt es sich um einen einseitigen Test. Der empirische F-Wert stellt sich auf

$$F_e = \frac{\sigma^2_{s_2}}{\sigma^2_{s_1}} = \frac{25}{20} = 1,25.$$

Der kritische Testwert $F_{0,05}$ (15,9) kann einer F-Tafel (Tafel 3, S. 184)
entnommen werden und ist gleich 3,0061. Da $F_e < F_{0,05}$ (15,9) ist, kann
die Null-Hypothese bei einem Vertrauenskoeffizienten von 0,95 angenommen werden[1].

Die zweite Fragestellung weist auf einen zweiseitigen Test hin. In
diesem Falle ergibt sich wiederum

$$F_e = \frac{\sigma'^2_s}{\sigma''^2_s} = \frac{25}{20} = 1,25.$$

Der kritische F-Wert ist hier aber gleich

$$F_{0,025} (15,9) = 3,7694.$$

Es gilt also die Beziehung $F_e < F_{0,025}$ (15,9), d. h. die Null-Hypothese ist
auch in diesem Falle bei einem Vertrauenskoeffizienten von 0,95 anzunehmen. Dies hätte auch auf Grund der Tatsache angenommen werden
können, daß die untere Grenze des Annahmebereiches[1] kleiner ausgefallen
ist als F_e.

Der F-Test hat gezeigt, daß die beiden Stichproben mit $\sigma^2_{s_1} = 20$ und
$\sigma^2_{s_2} = 25$ zwei Grundgesamtheiten mit gleicher Streuung $\sigma^2_{u_1} = \sigma^2_{u_2}$ entnommen worden sein dürften. Eine weitere, an dieses Beispiel anknüpfende
Frage wäre nun die folgende: Welches ist der Schätzwert der Streuung

---

[1] Die entsprechende untere Grenze des Annahmebereiches ist nach Formel
(46) gleich $F_{0,95}$ (9,15) = 1/3,0061 = 0,333. Der Wert F_e fällt also in den Annahmebereich.

in den beiden Grundgesamtheiten? Da bekanntlich die Stichprobenresultate mit zunehmendem Stichprobenumfang genauer werden, ist anzunehmen, daß die Schätzung $\sigma_{s_2}^2 = 25$ besser ist als $\sigma_{s_1}^2 = 20$, da $n_2 > n_1$. Die Streuung in den Grundgesamtheiten kann deshalb nicht als einfaches arithmetisches Mittel aus den beiden Streuungen in den Stichproben geschätzt werden. Es empfiehlt sich daher, das gewogene arithmetische Mittel

$$\sigma_{u_1}^2 = \sigma_{u_2}^2 = \frac{v_1\,\sigma_{s_1}^2 + v_2\,\sigma_{s_2}^2}{v_1 + v_2} \tag{47}$$

anzuwenden. Im vorliegenden Beispiel ergibt sich demnach

$$\sigma_{u_1}^2 = \sigma_{u_2}^2 = \frac{9 \cdot 20 + 15 \cdot 25}{24} = 23{,}12.$$

Der F-Test wird sehr oft in der Streuungszerlegung oder Varianzanalyse verwendet, wo die Gesamtstreuung in Streuungskomponenten aufgeteilt wird und wo diese Streuungskomponenten auf bedeutsame Unterschiede hin zu prüfen sind. Grundsätzlich können hier die beiden Streuungskomponenten der Streuung zwischen den Gruppen σ_b^2 und jene innerhalb der Gruppen σ_w^2 unterschieden werden. Der F-Test stellt hier das Verhältnis der Streuungskomponente zwischen den Gruppen und jener innerhalb der Gruppen dar. Um die Berechnung dieser Streuungskomponenten aufzuzeigen, soll nachfolgend kurz auf die Varianzanalyse eingegangen werden.

Zu diesem Zwecke soll angenommen werden, daß aus k normalverteilten Grundgesamtheiten mit gleicher Streuung je eine zufällige Stichprobe von n Elementen gezogen worden sei. Die Merkmalswerte der Elemente dieser Stichproben sind mit y_{ij} bezeichnet ($i = 1, 2, \ldots n$; $j = 1, 2, \ldots k$). Sie sind in der folgenden Tabelle zusammengestellt.

Elemente i	Stichproben						Mittelwerte
	1	2	$\ldots$	j	$\ldots$	k	
1	y_{11}	y_{12}	$\ldots$	y_{1j}	$\ldots$	y_{1k}	$\bar{y}_{1\cdot}$
2	y_{21}	y_{22}	$\ldots$	y_{2j}	$\ldots$	y_{2k}	$\bar{y}_{2\cdot}$
$\cdot$	$\cdot$	$\cdot$	$\ldots$	$\cdot$	$\ldots$	$\cdot$	$\cdot$
$\cdot$	$\cdot$	$\cdot$	$\ldots$	$\cdot$	$\ldots$	$\cdot$	$\cdot$
i	y_{i1}	y_{i2}	$\ldots$	y_{ij}	$\ldots$	y_{ik}	$\bar{y}_{i\cdot}$
$\cdot$	$\cdot$	$\cdot$	$\ldots$	$\cdot$	$\ldots$	$\cdot$	$\cdot$
$\cdot$	$\cdot$	$\cdot$	$\ldots$	$\cdot$	$\ldots$	$\cdot$	$\cdot$
n	y_{n1}	y_{n2}	$\ldots$	y_{nj}	$\ldots$	y_{nk}	$\bar{y}_{n\cdot}$
Mittelwerte	$\bar{y}_{\cdot 1}$	$\bar{y}_{\cdot 2}$	$\ldots$	$\bar{y}_{\cdot j}$	$\ldots$	$\bar{y}_{\cdot k}$	$\bar{\bar{y}}_{\cdot\cdot}$

Die Streuungskomponente zwischen den Stichprobenmittelwerten ist gleich

$$\sigma_b^2 = \frac{\sum\limits_{j=1}^{k} (\bar{y}_{\cdot j} - \bar{\bar{y}}_{\cdot\cdot})^2}{k-1} \tag{48}$$

und jene innerhalb der Stichproben stellt sich auf

$$\sigma_w^2 = \frac{\sum\limits_{j=1}^{k} \sum\limits_{i=1}^{n} (y_{ij} - \bar{y}_{\cdot j})^2}{k(n-1)}. \tag{48 a}$$

Der Wert für den F-Test stellt sich dann auf

$$F = \frac{n\,\sigma_b^2}{\sigma_w^2} = \frac{k\,n\,(n-1) \sum\limits_{j=1}^{k} (\bar{y}_{\cdot j} - \bar{\bar{y}}_{\cdot\cdot})^2}{(k-1) \sum\limits_{j=1}^{k} \sum\limits_{i=1}^{n} (y_{ij} - \bar{y}_{\cdot j})^2}. \tag{49}$$

Betrachtet man nur zwei Stichproben ($k = 2$), so vereinfacht sich der Ausdruck für die Streuung zwischen den Stichproben.

$$\sigma_b^2 = [(\bar{y}_{\cdot 1} - \bar{\bar{y}}_{\cdot\cdot})^2 + (\bar{y}_{\cdot 2} - \bar{\bar{y}}_{\cdot\cdot})^2] =$$

$$= \left(\bar{y}_{\cdot 1} - \frac{\bar{y}_{\cdot 1} + \bar{y}_{\cdot 2}}{2}\right)^2 + \left(\bar{y}_{\cdot 2} - \frac{\bar{y}_{\cdot 1} + \bar{y}_{\cdot 2}}{2}\right)^2 =$$

$$= \left(\frac{2\,\bar{y}_{\cdot 1} - \bar{y}_{\cdot 1} - \bar{y}_{\cdot 2}}{2}\right)^2 + \left(\frac{2\,\bar{y}_{\cdot 2} - \bar{y}_{\cdot 1} - \bar{y}_{\cdot 2}}{2}\right)^2 =$$

$$= \left(\frac{\bar{y}_{\cdot 1} - \bar{y}_{\cdot 2}}{2}\right)^2 + \left(\frac{\bar{y}_{\cdot 2} - \bar{y}_{\cdot 1}}{2}\right)^2 =$$

$$= \frac{1}{4}\,(\bar{y}_{\cdot 1}^2 - 2\,\bar{y}_{\cdot 1}\,\bar{y}_{\cdot 2} + \bar{y}_{\cdot 2}^2 + \bar{y}_{\cdot 2}^2 - 2\,\bar{y}_{\cdot 1}\,\bar{y}_{\cdot 2} + \bar{y}_{\cdot 1}^2) =$$

$$= \frac{1}{4}\,\left(2\,\bar{y}_{\cdot 1}^2 - 4\,\bar{y}_{\cdot 1}\,\bar{y}_{\cdot 2} + 2\,\bar{y}_{\cdot 2}^2\right) = \frac{1}{2}\,(\bar{y}_{\cdot 1} - \bar{y}_{\cdot 2})^2.$$

Auf Grund dieses Ergebnisses kann für den F-Test der folgende Ausdruck eingesetzt werden:

$$F = \frac{\frac{1}{2}\,(\bar{y}_{\cdot 1} - \bar{y}_{\cdot 2})^2}{\dfrac{\sigma_w^2}{n}} = \frac{(\bar{y}_{\cdot 1} - \bar{y}_{\cdot 2})^2}{\dfrac{2\,\sigma_w^2}{n}}. \tag{49 a}$$

Dieser Ausdruck ist aber gleich t^2. Es ergibt sich also die folgende Beziehung zwischen dem F- und dem t-Test.

$$F = t^2, \qquad (50)$$

wo beim t-Test $2\,(n-1)$ Freiheitsgrade und beim F-Test $\nu_1 = 1$ und $\nu_2 = 2\,(n-1)$ sind. Diese Beziehung (50) wurde für die Formel (30) als Variante für den t-Test herangezogen. Es wird hier allerdings vorausgesetzt, daß nur zwei Stichproben gegeben sind ($\nu_1 = 1$).

Bei der Streuungszerlegung können verschiedene Fragestellungen vorliegen. So können

— die Abweichungen eines Mittelwertes vom Mittelwert in der Grundgesamtheit $\overline{\overline{y}}_u$,

— die Abweichung zwischen zwei Mittelwerten,

— die Abweichungen zwischen mehreren Mittelwerten

betrachtet werden. Diese drei Möglichkeiten sollen nachfolgend erläutert werden.

Abweichung eines Mittelwertes vom Mittelwert in der Grundgesamtheit:

Die Streuung läßt sich hier in die folgenden Komponenten aufteilen:

$$(y_i - \overline{y}) = (y_i - \overline{\overline{y}}_u) - (\overline{y} - \overline{\overline{y}}_u)$$

oder

$$(y_i - \overline{\overline{y}}_u) = (y_i - \overline{y}) + (\overline{y} - \overline{\overline{y}}_u).$$

Quadriert man auf beiden Seiten und addiert man alle y_i-Werte, so ergibt sich:

$$\sum_{i=1}^{n} (y_i - \overline{\overline{y}}_u)^2 = \sum_{i=1}^{n} [(y_i - \overline{y}) + (\overline{y} - \overline{\overline{y}}_u)]^2 =$$

$$= \sum_{i=1}^{n} (y_i - \overline{y})^2 + 2\,(\overline{y} - \overline{\overline{y}}_u) \sum_{i=1}^{n} (y_i - \overline{y}) + n\,(\overline{y} - \overline{\overline{y}}_u)^2.$$

Hierin ist $\sum_{i=1}^{n} (y_i - \overline{y}) = 0$. Es folgt deshalb unmittelbar:

$$\sum_{i=1}^{n} (y_i - \overline{\overline{y}}_u)^2 = \sum_{i=1}^{n} (y_i - \overline{y})^2 + n\,(\overline{y} - \overline{\overline{y}}_u)^2. \qquad (51)$$

Da $\overline{\overline{y}}_u$ in der Regel unbekannt ist und grundsätzlich als Hypothese eingesetzt werden kann, hat die Summe auf der linken Seite der Beziehung (51) n Freiheitsgrade (es geht hier kein Freiheitsgrad für die Berechnung von $\overline{\overline{y}}_u$ verloren). Auf der rechten Seite der Beziehung (51) kommen der Summe $\sum\limits_{i=1}^{n} (y_i - \overline{y})^2$ bekanntlich $(n-1)$ Freiheitsgrade zu. Daraus folgt, gemäß nachstehender Streuungszerlegungs-Tabelle, daß die Anzahl Freiheitsgrade des zweiten Ausdruckes auf der rechten Seite gleich 1 ist.

Tabelle 1

Streuungs-komponenten	Freiheitsgrade	Summe der Quadrate	Durchschnitts-quadrate
Zwischen $\overline{y}$ und $\overline{\overline{y}}_u$	1	$n\,(\overline{y} - \overline{\overline{y}}_u)$	$n\,(\overline{y} - \overline{\overline{y}}_u)$
Restkomponente	$n-1$	$\sum\limits_{i=1}^{n} (y_i - \overline{y})^2$	$\sigma^2 = \dfrac{\sum\limits_{i=1}^{n} (y_i - \overline{y})^2}{n-1}$
Zusammen	n	$\sum\limits_{i=1}^{n} (y_i - \overline{\overline{y}}_u)^2$	.

Nunmehr geht es darum, die Durchschnittsquadrate daraufhin zu prüfen, ob sie in bedeutsamer Weise voneinander abweichen. Zu diesem Zwecke wird der F-Test eingesetzt:

$$F = t^2 = \frac{n\,(\overline{y} - \overline{\overline{y}}..)^2}{\sigma^2}, \tag{52}$$

wo $\overline{\overline{y}}_u$ durch den Wert $\overline{\overline{y}}..$ geschätzt ist. Die Anzahl der Freiheitsgrade ist hier $\nu_1 = 1$ und $\nu_2 = n-1$.

Abweichung zwischen zwei Mittelwerten:

Gegeben sind hier zwei Stichproben mit n_1 Elementen in der ersten und n_2 Elementen in der zweiten Stichprobe. Aus der ersten Stichprobe ergibt sich der Mittelwert $\overline{y}_1$ und aus der zweiten Stichprobe $\overline{y}_2$. Der Durchschnitt aller Werte y_i. beider Stichproben ist $\overline{\overline{y}}$. Vereinigt man beide Stichproben, so stellt sich die Anzahl der Elemente auf $n_1 + n_2 = n$. In diesem Falle ergibt sich die folgende Streuungszerlegungs-Tabelle.

Tabelle 2

Streuungs-komponenten	Stichproben		
	1	2	beide
	Freiheitsgrade		
Abweichung des Mittelwertes vom theoretischen Wert	1	1	2
Restkomponente	$n_1 - 1$	$n_2 - 1$	$n_1 + n_2 - 2$
Zusammen	n_1	n_2	$n_1 + n_2 = n$
	Summe der Quadrate		
Abweichung des Mittelwertes vom theoretischen Wert	$n_1 (\bar{y}_1 - \bar{\bar{y}}u)^2$	$n_2 (\bar{y}_2 - \bar{\bar{y}}u)^2$	$n_1 (\bar{y}_1 - \bar{\bar{y}}u)^2 + {}+ n_2 (\bar{y}_2 - \bar{\bar{y}}u)^2$
Restkomponente	$\sum\limits_{i=1}^{n_1} (y_{i_1} - \bar{y}_1)^2$	$\sum\limits_{i=1}^{n_2} (y_{i_2} - \bar{y}_2)^2$	$\sum\limits_{i=1}^{n_1} (y_{i_1} - \bar{y}_1)^2 + {}+ \sum\limits_{i=1}^{n_2} (y_{i_2} - \bar{y}_2)^2$
Zusammen	$\sum\limits_{i=1}^{n_1} (y_{i_1} - \bar{\bar{y}}u)^2$	$\sum\limits_{i=1}^{n_2} (y_{i_2} - \bar{\bar{y}}u)^2$	$\sum\limits_{i=1}^{n_1 + n_2} (y_{i.} - \bar{\bar{y}}u)^2$

Nun wertet man die folgende Beziehung aus (mit einem Freiheitsgrad):

$$\underset{\text{1. Stichprobe}}{n_1 (\bar{y}_1 - \bar{\bar{y}}u)^2} \quad + \quad \underset{\text{2. Stichprobe}}{n_2 (\bar{y}_2 - \bar{\bar{y}}u)^2} \quad - \quad \underset{\text{beide Stichproben}}{n (\bar{\bar{y}} - \bar{\bar{y}}u)^2}$$

Aus dieser Beziehung folgt unmittelbar:

$$n_1 (\bar{y}_1^2 - 2\,\bar{y}_1\,\bar{\bar{y}}u + \bar{\bar{y}}_u^2) + n_2 (\bar{y}_2^2 - 2\,\bar{y}_2\,\bar{\bar{y}}u + \bar{\bar{y}}_u^2) - n (\bar{\bar{y}}^2 - 2\,\bar{\bar{y}}\,\bar{\bar{y}}u + \bar{\bar{y}}_u^2) =$$

$$= n_1 \bar{y}_1^2 - 2\,n_1\,\bar{y}_1\,\bar{\bar{y}}u + n_1 \bar{\bar{y}}_u^2 + n_2 \bar{y}_2^2 - 2\,n_2\,\bar{y}_2\,\bar{\bar{y}}u +$$

$$+ n_2 \bar{\bar{y}}_u^2 - n \bar{\bar{y}}^2 + 2\,n\,\bar{\bar{y}}\,\bar{\bar{y}}u - n \bar{\bar{y}}_u^2 =$$

$$= n_1 \bar{y}_1^2 + n_2 \bar{y}_2^2 - n \bar{\bar{y}}^2 - 2\,\bar{\bar{y}}u (n_1\,\bar{y}_1 + n_2\,\bar{y}_2 - n\,\bar{\bar{y}}) + \bar{\bar{y}}u (n_1 + n_2 - n).$$

Da nun $n_1 + n_2 = n$ ist, werden die beiden Ausdrücke

$$2\,\bar{\bar{y}}u (n_1\,\bar{y}_1 + n_2\,\bar{y}_2 - n\,\bar{\bar{y}}) \quad \text{und} \quad \bar{\bar{y}}u (n_1 + n_2 - n)$$

gleich Null. Die Ausgangsbeziehung vereinfacht sich deshalb und nimmt folgende Form an:

$$n_1 \, \bar{y}_1^2 + n_2 \, \bar{y}_2^2 - (n_1 + n_2) \, \bar{\bar{y}}^2 =$$

$$= n_1 \, \bar{y}_1^2 + n_2 \, \bar{y}_2^2 - (n_1 + n_2) \, \frac{(n_1 \, \bar{y}_1 + n_2 \, \bar{y}_2)^2}{(n_1 + n_2)^2} =$$

$$= n_1 \, \bar{y}_1^2 + n_2 \, \bar{y}_2^2 - \frac{(n_1 \, \bar{y}_1 + n_2 \, \bar{y}_2)^2}{n_1 + n_2} =$$

$$= \frac{(n_1 + n_2) \, n_1 \, \bar{y}_1^2 + (n_1 + n_2) \, n_2 \, \bar{y}_2^2 - (n_1^2 \, \bar{y}_1^2 + 2 \, n_1 \, n_2 \, \bar{y}_1 \, \bar{y}_2 + n_2^2 \, \bar{y}_2^2)}{n_1 + n_2} =$$

$$= \frac{1}{n_1 + n_2} \, (n_1^2 \, \bar{y}_1^2 + n_1 \, n_2 \, \bar{y}_1^2 + n_1 \, n_2 \, \bar{y}_2^2 +$$

$$+ \, n_2^2 \, \bar{y}_2^2 - n_1^2 \, \bar{y}_1^2 - 2 \, n_1 \, n_2 \, \bar{y}_1 \, \bar{y}_2 - n_2^2 \, \bar{y}_2^2) =$$

$$= \frac{1}{n_1 + n_2} \, (n_1 \, n_2 \, \bar{y}_1^2 + n_1 \, n_2 \, \bar{y}_2^2 - 2 \, n_1 \, n_2 \, \bar{y}_1 \, \bar{y}_2) =$$

$$= \frac{n_1 \, n_2}{n_1 + n_2} \, (\bar{y}_1^2 - 2 \, \bar{y}_1 \, \bar{y}_2 + \bar{y}_2^2) = \frac{n_1 \, n_2}{n_1 + n_2} \, (\bar{y}_1 - \bar{y}_2)^2.$$

Teilt man diesen Audsruck durch σ_w^2, so ergibt sich

$$F = t^2 = \frac{(\bar{y}_1 - \bar{y}_2)^2}{\sigma_w^2} \, \frac{n_1 \, n_2}{n_1 + n_2}. \tag{53}$$

mit $\nu_1 = 1$ und $\nu_2 = (n_1 + n_2 - 2)$ Freiheitsgraden. Ist $n_1 = n_2 = n_s$, so folgt unmittelbar

$$F = t^2 = \frac{(\bar{y}_1 - \bar{y}_2)^2}{\sigma_w^2} \, \frac{n_s^2}{2 \, n_s} = \frac{n_s \, (\bar{y}_1 - \bar{y}_2)^2}{2 \, \sigma_w^2} \tag{53 a}$$

mit $\nu_1 = 1$ und $\nu_2 = 2 \, (n_s - 1)$ Freiheitsgraden. Diese Beziehung ist gleich der früher gefundenen Beziehung (49 a)[1].

Unterschied zwischen mehreren Mittelwerten:

Die Streuungszerlegungs-Tabelle für die Abweichung eines Mittelwertes vom Mittelwert in der Grundgesamtheit (Tabelle 1, S. 60) gilt für einen Mittelwert ($j = 1$). Man kann nun diese Tabelle insofern verallgemeinern, daß der Index j eingeführt wird, d. h. daß mehrere Mittelwerte zugelassen werden. Man erhält dadurch die folgende modifizierte Streuungszerlegungs-Tabelle für den Fall der Abweichung eines Mittelwertes vom Mittelwert in der Grundgesamtheit.

---

[1] Mit $n_s = n$, $\bar{y}_1 = \bar{y}_{.1}$ und $\bar{y}_2 = \bar{y}_{.2}$.

Tabelle 1a

Streuungs-komponenten	Freiheitsgrade	Summe der Quadrate	Durchschnitts-quadrate
Zwischen $\bar{y}._j$ und $\bar{\bar{y}}_u$	1	$n_j\,(\bar{y}._j - \bar{\bar{y}}_u)^2$	$n_j\,(\bar{y}._j - \bar{\bar{y}}_u)^2$
Restkomponente	$n_j - 1$	$\sum_{i=1}^{n_j} (y_{ij} - \bar{y}._j)^2$	$\dfrac{\sum_{i=1}^{n_j} (y_{ij} - \bar{y}._j)^2}{n_j - 1}$
Zusammen	n_j	$\sum_{i=1}^{n_j} (y_{ij} - \bar{\bar{y}}_u)^2$	.

Bestehen nun m Stichproben, d. h. Streuungszerlegungen, so erweitert sich die vorhergehende Streuungszerlegungs-Tabelle.

Tabelle 3

Streuungs-komponenten	Freiheitsgrade	Summe der Quadrate	
Zwischen $\bar{y}._j$ und $\bar{\bar{y}}_u$	m	$\sum_{j=1}^{m} n_j\,(\bar{y}._j - \bar{\bar{y}}_u)^2$	Zeile 1
Restkomponente	$n - m$	$\sum_{j=1}^{m} \sum_{i=1}^{n_j} (y_{ij} - \bar{y}._j)^2$	Zeile 2
Zusammen	n	$\sum_{j=1}^{m} \sum_{i=1}^{n_j} (y_{ij} - \bar{\bar{y}}_u)^2$	Zeile 3

Die Durchschnittsquadrate wurden hier weggelassen; sie können leicht ermittelt werden.

Neben dieser Streuungszerlegung bezüglich m Stichproben kann man nun auch alle n Merkmalswerte $(n = \sum_{j=1}^{m} n_j)$ zu einer einzigen Stichprobe vereinigen und dafür die Streuungszerlegungs-Tabelle erstellen. Diese nimmt dann folgende Form an:

Tabelle 4

Streuungs-komponenten	Freiheitsgrade	Summe der Quadrate	
Zwischen $\bar{\bar{y}}..$ und $\bar{\bar{y}}_u$	1	$n\,(\bar{\bar{y}}.. - \bar{\bar{y}}_u)^2$	Zeile 1
Restkomponente	$n - 1$	$\sum_{j=1}^{m} \sum_{i=1}^{n_j} (y_{ij} - \bar{\bar{y}}..)^2$	Zeile 2
Zusammen	n	$\sum_{j=1}^{m} \sum_{i=1}^{n_j} (y_{ij} - \bar{\bar{y}}_u)^2$	Zeile 3

Diese beiden Streuungszerlegungs-Tabellen können vereinigt werden, indem man eine Tabelle ableitet, deren zweite Zeile gleich ist der zweiten Zeile der Tabelle 3 und deren dritte Zeile gleich ist der zweiten Zeile in Tabelle 4. Die zweite Zeile dieser neuen Tabelle stellt die Streuungskomponente innerhalb der Stichproben dar, und die dritte Zeile dieser neuen Tabelle ist gleich der Streuungskomponente innerhalb der vereinigten Stichproben. Die erste Zeile wird dann durch Subtraktion der Streuungskomponente innerhalb der Stichproben (Zeile 2) von der Streuungskomponente innerhalb der vereinigten Stichproben (Zeile 3) gewonnen. Sie ist durch $(n-1) - (n-m) = (m-1)$ Freiheitsgrade gekennzeichnet. Endlich ergeben die erste Zeile in Tabelle 4 die vierte Zeile in der neuen Tabelle (Streuungskomponente zwischen $\bar{\bar{y}}..$ und $\bar{\bar{y}}_u$) und die dritte Zeile in Tabelle 3 die fünfte Zeile in der neuen Tabelle.

Tabelle 5

Streuungs-komponenten	Freiheitsgrade	Summe der Quadrate	
Zwischen den Stichproben	$m-1$	$\sum\limits_{j=1}^{m} n_j\,(\bar{y}.{}_j - \bar{\bar{y}}_u)^2$	Zeile 1
Innerhalb der Stichproben	$n-m$	$\sum\limits_{j=1}^{m} \sum\limits_{i=1}^{n_j} (y_{ij} - \bar{y}.{}_j)^2$	Zeile 2
Innerhalb der vereinigten Stichproben	$n-1$	$\sum\limits_{j=1}^{m} \sum\limits_{i=1}^{n_j} (y_{ij} - \bar{y}..)^2$	Zeile 3
Zwischen $\bar{\bar{y}}..$ und $\bar{\bar{y}}_u$	1	$n\,(\bar{\bar{y}}.. - \bar{\bar{y}}_u)^2$	Zeile 4
Zusammen	n	$\sum\limits_{j=1}^{m} \sum\limits_{i=1}^{n_j} (y_{ij} - \bar{\bar{y}}_u)^2$	Zeile 5

Nunmehr sind die Durchschnittsquadrate der Zeilen 1 und 2 der Tabelle 5 mit Hilfe des *F*-Tests auf bedeutsame Unterschiede hin zu prüfen.

$$F = \frac{n-m}{m-1} \cdot \frac{\sum\limits_{j=1}^{m} n_j\,(\bar{y}.{}_j - \bar{\bar{y}}..)^2}{\sum\limits_{j=1}^{m} \sum\limits_{i=1}^{n_j} (y_{ij} - \bar{y}.{}_j)^2}. \tag{54}$$

Hier wurde wiederum $\bar{\bar{y}}_u$ durch den Schätzwert $\bar{\bar{y}}..$ ersetzt. Die Freiheitsgrade sind hier $\nu_1 = m-1$ und $\nu_2 = n-m$. Vorausgesetzt wird allerdings, daß alle m Stichproben aus der gleichen normalverteilten Grundgesamtheit zufällig gezogen worden sind.

Abschließend soll ein Beispiel angeführt werden, um die praktische Verwendung des *F*-Tests bei der Streuungszerlegung zu zeigen. Eine bestimmte Ware wird in fünf Städten verkauft. Die Preise dieser Ware weisen zwischen den einzelnen Städten Unterschiede auf. Kann angenommmen werden, daß diese Preisunterschiede zufällig sind, d. h. daß die Waren in den einzelnen Städten den gleichen Marktbedingungen ausgesetzt sind? Dabei soll vereinfachend angenommen werden, daß sich keine anderen als marktbedingte Einflüsse auf die Preisgestaltung auswirken[1]. Die so erhaltenen Preisangaben finden sich in der folgenden Tabelle:

Stichproben-elemente	Städte					Summe	$\bar{\bar{y}}..$
	1	2	3	4	5		
1	0,28	0,31	0,24	0,30	0,36		
2	0,31	0,30	0,28	0,30	0,33		
3	0,29	0,33	0,30	0,28	0,25		
4	0,28	0,28	0,24	0,31	0,29		
5	0,32	0,28	0,31	0,33	0,30		
6	0,32	0,30	0,31	0,28	0,33		
Summe	1,80	1,80	1,68	1,80	1,86	8,94	.
$\bar{y}._j$	0,30	0,30	0,28	0,30	0,31	.	0,298

Für $\bar{\bar{y}}_u$ wird wiederum der Schätzwert $\bar{\bar{y}}.. = 0,298$ eingesetzt. Dieser wird auf 0,30 aufgerundet. Es sind die Quadratsummen aus Tabelle 5, Zeile 1 und 2, zu bestimmen. Die Quadratsumme auf Zeile 2 wird dadurch ermittelt, daß man zuerst die Quadratsumme auf Zeile 3 bestimmt und davon die Quadratsumme auf Zeile 1 abzieht.

$$\sum_{j=1}^{m} n_j (\bar{y}._j - \bar{\bar{y}}..)^2 = 6 \left[(0,30-0,30)^2 + (0,30-0,30)^2 + (0,28-0,30)^2 + \right.$$
$$\left. + (0,30-0,30)^2 + (0,31-0,30)^2 \right] = \underline{0,0030},$$

$$\sum_{j=1}^{m} \sum_{i=1}^{n_j} (y_{ij} - \bar{\bar{y}}..)^2 = (0,28-0,30)^2 + (0,31-0,30)^2 + \ldots$$
$$\ldots + (0,32-0,30)^2 + \ldots + (0,30-0,30)^2 + (0,33-0,30)^2 = \underline{0,0212},$$

$$\sum_{j=1}^{m} \sum_{i=1}^{n_j} (y_{ij} - \bar{y}._j)^2 = 0,0212 - 0,0030 = \underline{0,0182}.$$

---

[1] Andernfalls müßten durch besondere Verfahren (Versuchsplanung) diese anderen Einflüsse zuerst ausgeschaltet werden.

Es ergibt sich also die folgende, auf Tabelle 5 beruhende Streuungszerlegungs-Tabelle:

Streuungskomponenten	Freiheits-grade	Summe der Quadrate	Durchschnitts-quadrate
Zwischen Stichproben	$5 - 1 = 4$	0,0030	0,000750 $(= \sigma_b^2)$
Innerhalb Stichproben	$30 - 5 = 25$	0,0182	0,000728 $(= \sigma_w^2)$
Innerhalb vereinigter Stichproben	$30 - 1 = 29$	0,0212	

Da $\sigma_w^2 < \sigma_b^2$, berechnet sich der F-Test auf Grund der Formel

$$F_e = \frac{\sigma_b^2}{\sigma_w^2} = \frac{0,000750}{0,000728} = 1,0303.$$

Die Freiheitsgrade sind $\nu_1 = 4$ und $\nu_2 = 25$. Bei einer Bedeutungsschwelle von 5 % (zweiseitiger Test) und den angegebenen Freiheitsgraden findet man in einer F-Tafel (Tafel 3, S. 184) den kritischen Wert $F_{0,025}$ (4,25) = 3,35 (extrapoliert). Da $F_e < F_{0,025}$ ist, kann die Null-Hypothese, daß die Preisunterschiede zufällig sind, bei einem Vertrauenskoeffizienten von 0,95 angenommen werden.

Ein Vorteil des F-Tests gegenüber dem t-Test geht aus diesem Beispiel deutlich hervor. Der F-Test ermöglicht es, alle Preisunterschiede in den fünf Städten gleichzeitig zu prüfen. Beim t-Test können nur je zwei Preisunterschiede gleichzeitig betrachtet werden.

2.2.3. Pearsons χ^2-Test

Der χ^2-Test wurde im Jahre 1900 von KARL PEARSON (92) entwickelt. Historisch betrachtet kann er also zu den klassischen statistischen Tests, wie der t- und der F-Test, gezählt werden. Methodologisch handelt es sich um einen parametrischen Test, denn er beruht nicht auf indirekten Merkmalen wie z. B. die Rangfolge. Gleichwohl kann man ihn auch als nicht-parametrischen Test betrachten, denn er weist eine den nicht-parametrischen Tests zukommende Eigenschaft auf, er ist bezüglich der Verteilungsart der Grundgesamtheit wenig empfindlich. Für die Zuteilung dieses Tests soll hier auf die Tatsache abgestellt werden, daß er nicht auf indirekten Merkmalen beruht, weshalb er im Kapitel der parametrischen Tests aufgeführt wird. Er hätte aber bezüglich seiner Empfindlichkeit ebensogut im Kapitel der nicht-parametrischen Tests beschrieben werden können.

Die Grundformel für diesen Test lautet:

$$\chi^2 = \sum_{i=1}^{k} \frac{(f_i - F_i)^2}{F_i},\qquad (55)$$

wo f_i die empirische Häufigkeit eines Merkmals bei n Beobachtungen und F_i die entsprechende zu erwartende (theoretische) Merkmalshäufigkeit bedeuten. Die Anzahl der Freiheitsgrade ist gleich der Anzahl Differenzen $(f_i - F_i)$, die voneinander linear unabhängig sind, d. h. also gleich $\nu = k - 1$[1].

Die für die Beurteilung des Tests notwendige χ^2-Verteilung kann man sich folgendermaßen entstanden denken. Aus einer normalverteilten Grundgesamtheit, die durch den Mittelwert $\bar{x}_u$ und die Streuung σ_u^2 gekennzeichnet ist, werden alle möglichen Stichproben mit n Elementen gezogen. Dabei werden k Merkmale $M_1, M_2, \ldots M_k$ betrachtet. Die Häufigkeit des Merkmals M_i ($i = 1, 2, \ldots k$) unter den n Beobachtungen in der Stichprobe wird mit f_i bezeichnet. Auf Grund einer Annahme werden die den empirischen Häufigkeiten f_i entsprechenden theoretischen Häufigkeiten F_i bestimmt. Auf Grund dieser Angaben werden für alle Stichproben die Werte χ^2 nach Formel (55) berechnet. Die Häufigkeitsverteilung aller dieser χ^2-Werte ergibt die χ^2-Verteilung. Sie weist selbstverständlich stets

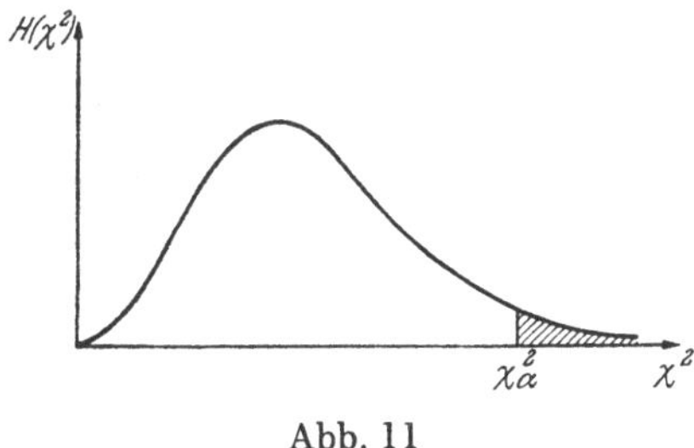

Abb. 11

positive Werte auf. Ihr allgemeines Bild findet sich in Abb. 11. Voraussetzung für die χ^2-Verteilung ist allerdings, daß der Stichprobenumfang groß ist.

Ein Beispiel soll die Bedeutung der χ^2-Formel [Beziehung (55)] veranschaulichen. Es sei angenommen, daß mit fünf Münzen 1000 Würfe durchgeführt worden sind. Dabei sind die geworfenen Kopf-Seiten der Münzen gezählt. Die Wurfergebnisse f_i sind in der folgenden Tabelle festgehalten.

---

[1] Oft wird statt χ^2 auch X^2 geschrieben.

5*

Zahl der Kopfwürfe i (Klassen)	Beobachtete Häufigkeiten f_i	Theoretische Häufigkeiten F_i	$f_i - F_i$	$\dfrac{(f_i - F_i)^2}{F_i}$
0	26	31	−5	0,8065
1	160	157	3	0,0573
2	330	312	18	1,0385
3	320	312	8	0,2051
4	145	157	−12	0,9172
5	19	31	−12	4,6452
Zusammen	1000	1000	0	$7,6698 = x^2$

Die theoretischen Häufigkeiten ergeben sich auf Grund der Binomialverteilung:

$$N (p + q)^n = N \left[p^n + \binom{n}{1} p^{n-1} q + \binom{n}{2} p^{n-2} q^2 + \ldots + q^n \right]$$

oder allgemein

$$N \sum_{i=1}^{n} \left[\binom{n}{i} p^{n-i} q^i \right] \quad (i = 1, 2, \ldots n),$$

wo $N = 1000$, $p = q = {}^1/_2$ und $n = 5$ sind. Für $i = 0$ ergibt sich $N p^5 = 1000 \, ({}^1/_2)^5 = 31$, für $i = 1$ folgt

$$1000 \left[\binom{5}{1} \left(\frac{1}{2} \right)^4 \left(\frac{1}{2} \right) \right] = 157,$$

ist $i = 2$, so errechnet sich die theoretische Häufigkeit zu

$$1000 \left[\binom{5}{2} \left(\frac{1}{2} \right)^3 \left(\frac{1}{2} \right)^2 \right] = 312 \quad \text{usw.}$$

Diese theoretischen oder erwarteten Häufigkeiten finden sich ebenfalls in der oben angeführten Tabelle. Nun stellt sich die Frage, ob die beobachteten Häufigkeiten in bedeutsamer Weise von den entsprechenden theoretischen Häufigkeiten abweichen. Der χ^2-Test ermöglicht es uns, diese Frage zu beantworten. Die Berechnung des χ^2-Wertes nach Formel (55) geht ebenfalls aus der angeführten Tabelle hervor. Es ergibt sich der Wert $\chi_e^2 = 7,6698$.

Das Vorgehen, um diesen empirischen χ^2-Wert zu deuten, entspricht dem Vorgehen bei anderen Tests. Man ermittelt die Wahrscheinlichkeit, in einer anderen zufälligen Stichprobe von 1000 Münzenwürfen mit fünf Münzen ebenso große oder größere Abweichungen von den entsprechenden erwarteten Häufigkeiten zu erhalten. Man stellt sich deshalb vor, daß alle möglichen Stichproben dieser Art durchgeführt und für jede Stichprobe nach dem angegebenen Rechenverfahren die Werte χ^2 ermittelt worden sind. Die Häufigkeitsverteilung dieser χ^2-Werte findet man in Abb. 11. Sie hängt von den Freiheitsgraden ν ab, die ihre Lage und Form bestimmen. Je größer ν ist, desto mehr verschiebt sich der Scheitelpunkt der χ^2-Verteilung nach rechts. Die kritischen χ^2-Werte finden sich für verschiedene Bedeutungsschwellen und Freiheitsgrade in Tafeln zusammengestellt. Bei gegebener Bedeutungsschwelle und gegebenen Freiheitsgraden können die entsprechenden kritischen χ^2-Werte abgelesen werden. Ist $\chi_e^2 < \chi_{kr}^2$, so kann die Null-Hypothese bei einem Vertrauenskoeffizienten von $(1 - \alpha)$ angenommen werden, andernfalls muß sie zurückgewiesen werden.

Beim vorliegenden Beispiel des Münzversuchs besagt die Null-Hypothese, daß die empirischen Häufigkeiten gleich den theoretischen Häufigkeiten sind ($H_0: f_i = F_i$). Als Gegen-Hypothese setzt man $H_1: f_i \neq F_i$ (auf den Fall der einseitigen Gegen-Hypothese wird später eingegangen). Da die Differenzen $(f_i - F_i)$ in der Formel für χ^2 quadriert werden, entsprechen großen positiven und negativen Differenzen stets große (positive) Differenzquadrate, d. h. also große χ^2-Werte. Die Anzahl Freiheitsgrade stellt sich im angeführten Beispiel auf $\nu = 6 - 1 = 5$. Bei einem angenommenen Typ-I-Fehler von 5 %/o und fünf Freiheitsgraden findet man aus einer χ^2-Tafel (Tafel 4, S. 185) den kritischen χ^2-Wert $\chi_{kr}^2 = 11{,}071$. Vergleicht man diesen kritischen Wert mit dem errechneten empirischen Wert $\chi_e^2 = 7{,}6698$, so stellt man fest, daß $\chi_e^2 < \chi_{kr}^2$. Die Null-Hypothese, daß die Abweichungen zwischen den empirischen und den theoretischen Häufigkeiten zufallsbedingt sind, kann also bei einem Vertrauenskoeffizienten von 0,95 angenommen werden.

Der χ^2-Test wird oft auch bei *Kontingenztafeln* angewendet. In solchen Fällen sind zwei Merkmale, A und B, mit n Merkmalsvarianten für A und m Merkmalsvarianten für B gegeben. Es kann damit die folgende Kontingenztafel erstellt werden.

Merkmal A	Merkmal B						Zusammen
	B_1	B_2	$\ldots$	B_j	$\ldots$	B_m	
A_1	f_{11}	f_{12}	$\ldots$	f_{1j}	$\ldots$	f_{1m}	$f_{1\cdot}$
A_2	f_{21}	f_{22}	$\ldots$	f_{2j}	$\ldots$	f_{2m}	$f_{2\cdot}$
$\cdot$	$\ldots$	$\ldots$	$\ldots$	$\ldots$	$\ldots$	$\ldots$	$\ldots$
A_i	f_{i1}	f_{i2}	$\ldots$	f_{ij}	$\ldots$	f_{im}	$f_{i\cdot}$
$\cdot$	$\ldots$	$\ldots$	$\ldots$	$\ldots$	$\ldots$	$\ldots$	$\ldots$
A_n	f_{n1}	f_{n2}	$\ldots$	f_{nj}	$\ldots$	f_{nm}	$f_{n\cdot}$
Zusammen	$f_{\cdot 1}$	$f_{\cdot 2}$	$\ldots$	$f_{\cdot j}$	$\ldots$	$f_{\cdot m}$	$f_{\cdot\cdot}$

Die Häufigkeiten f_{ij} $(i = 1, 2, \ldots n;\ j = 1, 2, \ldots m)$ in der angeführten Kontingenztafel sollen die empirischen Häufigkeiten darstellen. Bestehen keinerlei Beziehungen zwischen den Merkmalsvariationen von A und jenen von B, so müssen sich Häufigkeiten ergeben, die zu den Spalten- und Zeilensummen proportional sind, d. h. Häufigkeiten, die aus der folgenden Proportion ermittelt werden können:

$$F_{ij} : f_{i.} = f_{.j} : f_{..}, \tag{56}$$

wo F_{ij} die bei Unabhängigkeit der Merkmalsvariationen zu erwartende theoretische Häufigkeit bezeichnet. Diese theoretische Häufigkeit ist dann gleich

$$F_{ij} = \frac{f_{i.} \cdot f_{.j}}{f_{..}}. \tag{57}$$

Hier stellt der Quotient $f_{.j}/f_{..}$ die Wahrscheinlichkeit $p_{.j}$ dar, daß sich die Merkmalsvariation j einstellt. Die Beziehung (57) kann deshalb auch folgendermaßen geschrieben werden:

$$F_{ij} = f_{i.} \cdot p_{.j}. \tag{57a}$$

Auf Grund der Beziehungen (57) bzw. (57a) können nun alle theoretischen Merkmalshäufigkeiten F_{ij} berechnet werden. Der empirische χ^2-Wert stellt sich dann auf

$$\chi^2 = \sum_{i=1}^{n} \sum_{j=1}^{m} \frac{(f_{ij} - F_{ij})^2}{F_{ij}}. \tag{58}$$

Die Zahl der Freiheitsgrade ist hier gleich $(n-1)(m-1)$.

Für diesen allgemeinen Fall einer Kontingenztafel sind zwei Spezialfälle möglich, nämlich der einer Kontingenztafel mit n Zeilen und nur 2 Spalten $(m = 2)$ und andrerseits der einer Kontingenztafel mit 2 Zeilen $(n = 2)$ und 2 Spalten $(m = 2)$, d. h. eine Vierfeldertafel. In beiden Fällen vereinfacht sich die Formel für χ^2.

Fall $m = 2$: Es soll hier angenommen werden, daß $f_{.1} > f_{.2}$ ist, was stets durch geeignete Bezeichnung der beiden Spalten erreicht werden kann. Für die erste Spalte ergeben sich gemäß Formel (57a) die folgenden theoretischen Häufigkeiten:

$$F_{i1} = f_{i.} \cdot p_{.1}$$

und für die zweite Spalte

$$F_{i2} = f_{i.} \cdot p_{.2},$$

wo $p_{.1} + p_{.2} = 1$ und $f_{.1} = f_{..} - f_{.2}$ sind. Daraus folgt

$$F_{i1} = f_{i.} (1 - p_{.2}) = f_{i.} - f_{i.} p_{.2},$$
$$F_{i2} = f_{i.} p_{.2}.$$

Die Differenzen $(f_{i1} - F_{i1})$ und $(f_{i2} - F_{i2})$ sind dann gleich

$$(f_{i1} - F_{i1}) = f_{i1} - (f_{i.} - f_{i.} p_{.2}) = f_{i1} - f_{i.} + f_{i.} p_{.2}$$

und

$$(f_{i2} - F_{i2}) = f_{i2} - f_{i.} p_{.2}.$$

Setzt man $f_{i1} = f_{i.} - f_{i2}$ ein, so ergibt sich

$$(f_{i1} - F_{i1}) = f_{i.} - f_{i2} - f_{i.} + f_{i.} p_{.2} = -(f_{i2} - f_{i.} p_{.2}),$$

d. h. die Differenzen in den beiden Spalten stimmen bis auf das Vorzeichen miteinander überein. Die so erhaltenen Zwischenergebnisse können nun in die Formel für die χ^2-Werte eingesetzt werden.

$$\chi^2 = \sum_{i=1}^{n} \sum_{j=1}^{m} \frac{(f_{ij} - F_{ij})^2}{F_{ij}} = \sum_{i=1}^{n} \left\{ \frac{[-(f_{i2} - f_{i.} p_{.2})]^2}{f_{i.} (1 - p_{.2})} + \frac{(f_{i2} - f_{i.} p_{.2})^2}{f_{i.} p_{.2}} \right\} =$$

$$= \sum_{i=1}^{n} (f_{i2} - f_{i.} p_{.2})^2 \left[\frac{1}{f_{i.} (1 - p_{.2})} + \frac{1}{f_{i.} p_{.2}} \right] =$$

$$= \sum_{i=1}^{n} (f_{i2} - f_{i.} p_{.2})^2 \left[\frac{p_{.2} + (1 - p_{.2})}{f_{i.} p_{.2} (1 - p_{.2})} \right] =$$

$$= \sum_{i=1}^{n} \frac{(f_{i2} - f_{i.} p_{.2})^2}{f_{i.} p_{.2} (1 - p_{.2})} = \sum_{i=1}^{n} \frac{f_{i2}^2 - 2 f_{i2} f_{i.} p_{.2} + f_{i.}^2 p_{.2}^2}{f_{i.} p_{.2} (1 - p_{.2})} =$$

$$= \frac{1}{p_{.2} (1 - p_{.2})} \sum_{i=1}^{n} \frac{f_{i2}^2 - 2 f_{i2} f_{i.} p_{.2} + f_{i.}^2 p_{.2}^2}{f_{i.}} =$$

$$= \frac{1}{p_{.2} (1 - p_{.2})} \left[\sum_{i=1}^{n} \frac{f_{i2}^2}{f_{i.}} - 2 p_{.2} \sum_{i=1}^{n} f_{i2} + p_{.2}^2 \sum_{i=1}^{n} f_{i.} \right].$$

Nun ist offensichtlich

$$\frac{f_{i2}}{f_{i.}} = p_{i2} \qquad \sum_{i=1}^{n} f_{i2} = f_{.2} \quad \text{und} \quad \sum_{i=1}^{n} f_{i.} = f_{..}$$

Berücksichtigt man diese Resultate, so wird:

$$\chi^2 = \frac{1}{p_{.2} (1 - p_{.2})} \left[\sum_{i=1}^{n} f_{i2} p_{i2} - 2 p_{.2} f_{.2} + p_{.2}^2 f_{..} \right] =$$

$$= \frac{1}{p_{.2} (1 - p_{.2})} \left[\sum_{i=1}^{n} f_{i2} p_{i2} - 2 p_{.2}^2 f_{..} + p_{.2}^2 f_{..} \right].$$

Es gilt nämlich die Beziehung $f._2/f.. = p._2$

$$\chi^2 = \frac{1}{p._2\,(1-p._2)}\left(\sum_{i=1}^{n} f_{i2}\,p_{i2} - p._2^2 f..\right).\qquad(59)$$

Da bekanntlich $p._2 = f._2/f..$ ist, kann man auch schreiben:

$$\chi^2 = \frac{1}{p._2\,(1-p._2)}\left(\sum_{i=1}^{n} f_{i2}\,p_{i2} - f._2\,p._2\right).\qquad(59\,\text{a})$$

Diese letzte Formel ist von G. W. Snedecor und M. R. Irwin im Jahre 1933 vorgeschlagen worden. Die Zahl der Freiheitsgrade beziffert sich hier auf $(n-1)$.

Fall $m = n = 2$: Dieser Fall entspricht der folgenden Vierfeldertabelle.

Merkmal A	Merkmal B		Zusammen
	B_1	B_2	
A_1	f_{11}	f_{12}	$f_1.$
A_2	f_{21}	f_{22}	$f_2.$
Zusammen	$f._1$	$f._2$	$f..$

Aus der Beziehung (57) lassen sich die theoretischen durch die empirischen Häufigkeiten ausdrücken.

$$F_{11} = \frac{f._1\,f_1.}{f..} \qquad F_{12} = \frac{f._2\,f_1.}{f..}$$

$$F_{21} = \frac{f._1\,f_2.}{f..} \qquad F_{22} = \frac{f._2\,f_2.}{f..}$$

Daraus folgt:

$$(f_{11} - F_{11}) = f_{11} - \frac{f._1\,f_1.}{f..} = \frac{f_{11}\,f.. - (f_{11} + f_{21})\,(f_{11} + f_{12})}{f..} =$$

$$= \frac{f_{11}\,f.. - (f_{11}^2 + f_{11}\,f_{12} + f_{11}\,f_{21} + f_{12}\,f_{21})}{f..} =$$

$$= \frac{f_{11}\,(f_{11} + f_{12} + f_{21} + f_{22}) - f_{11}^2 - f_{11}\,f_{12} - f_{11}\,f_{21} - f_{12}\,f_{21}}{f..} =$$

$$= \frac{f_{11}^2 + f_{11}\,f_{12} + f_{11}\,f_{21} + f_{11}\,f_{22} - f_{11}^2 - f_{11}\,f_{12} - f_{11}\,f_{21} - f_{12}\,f_{21}}{f..} =$$

$$= \frac{f_{11}\,f_{22} - f_{12}\,f_{21}}{f..}.$$

In entsprechender Weise läßt sich zeigen, daß:

$$(f_{12}-F_{12}) = -\frac{f_{11}f_{22}-f_{12}f_{21}}{f_{..}}$$

$$(f_{21}-F_{21}) = -\frac{f_{11}f_{22}-f_{12}f_{21}}{f_{..}}$$

$$(f_{22}-F_{22}) = \frac{f_{11}f_{22}-f_{12}f_{21}}{f_{..}}$$

sind. Der Wert χ^2 ermittelt sich demnach folgendermaßen:

$$\chi^2 = \frac{(f_{11}f_{22}-f_{12}f_{21})^2}{f_{..}}\left(\frac{1}{f_{1.}f_{.1}}+\frac{1}{f_{1.}f_{.2}}+\frac{1}{f_{2.}f_{.1}}+\frac{1}{f_{2.}f_{.2}}\right) =$$

$$= \frac{(f_{11}f_{22}-f_{12}f_{21})^2}{f_{..}}\,\frac{f_{..}^2}{f_{1.}f_{.1}f_{.2}f_{2.}} =$$

$$= \frac{f_{..}(f_{11}f_{22}-f_{12}f_{21})^2}{f_{1.}f_{.1}f_{.2}f_{2.}}. \tag{60}$$

Die Berechnungsweise soll an einem einfachen Beispiel dargelegt werden. An einer Universität wurde eine Erhebung unter Doktoranden durchgeführt, um zu erfahren, ob eine Abhängigkeit zwischen Zivilstand und Studiendauer besteht. Zu diesem Zwecke wurden zufällig 300 männliche Doktoranden befragt. Das Ergebnis findet sich in der folgenden Tabelle.

Zivilstand der Doktoranden	Examen bestanden		Zusammen
	termingemäß	verspätet	
Verheiratet			
im 1. Studienjahr	8	12	20
im 2. Studienjahr	20	14	34
im 3. Studienjahr	85	25	110
Ledig	110	26	136
Zusammen	223	77	300

Die Abhängigkeit soll hier mit Hilfe des χ^2-Tests geprüft werden. Um den Wert χ^2 zu bestimmen, kann man sich der Formeln (59) oder (59 a) bedienen. Im folgenden wurde die Formel (59 a) herangezogen. Um diese Formel auswerten zu können, bedürfen wir der Werte $p_{.2}$, $f_{.2}$, $p_{i.}$ und f_{i2}. Aus der angeführten Tabelle erhält man:

$$p_{.2} = \frac{77}{300} = 0{,}2567 \quad\text{und}\quad f_{.2} = 77.$$

Die übrigen Werte ergeben sich auf Grund der folgenden Übersicht:

i	f_{i2}	$p_{i\cdot}$	$f_{i2}p_i$
1	12	12/20	7,200
2	14	14/34	5,765
3	25	25/110	5,682
4	26	26/136	4,971
Zusammen			23,618

$$\chi_e^2 = \frac{1}{0{,}2567 \cdot 0{,}7433}\,(23{,}618 - 77 \cdot 0{,}2567) = 20{,}189.$$

Die Anzahl der Freiheitsgrade ist hier $\nu = (4-1)(2-1) = 3$. Als Bedeutungsschwelle soll $\alpha = 0{,}05$ angenommen werden. Aus einer χ^2-Tafel (Tafel 4, S. 185) findet man den kritischen χ^2-Wert $\chi_{kr}^2 = 7{,}815$. Es ist also $\chi_e^2 > \chi_{kr}^2$; die Nullhypothese muß folglich bei einem Vertrauenskoeffizienten von 0,95 abgelehnt werden. Es ist also zu vermuten, daß auf Grund der angeführten Erhebung zwischen dem Zivilstand und dem Studienerfolg ein Zusammenhang besteht.

Nun soll das angeführte Beispiel insofern abgeändert werden, daß nur noch zwischen verheirateten und ledigen Doktoranden unterschieden wird. Es ergibt sich somit die folgende Vierfeldertabelle.

Zivilstand der Doktoranden	Examen bestanden		Zusammen
	termingemäß	verspätet	
verheiratet	113	51	164
ledig	110	26	136
Zusammen	223	77	300

Ändert sich nun das soeben gefundene Ergebnis? Der empirische χ^2-Wert kann hier auf Grund der Beziehung (60) gefunden werden. Es sind hier

$$f_{\cdot\cdot} = 300 \quad f_{1\cdot} = 164 \quad f_{2\cdot} = 136 \quad f_{\cdot 1} = 223 \quad f_{\cdot 2} = 77$$

$$f_{11} = 113 \quad f_{22} = 26 \quad f_{12} = 51 \quad \text{und} \quad f_{21} = 110.$$

Folglich ergibt sich:

$$\chi_e^2 = \frac{300\,(113 \cdot 26 - 51 \cdot 110)^2}{164 \cdot 136 \cdot 223 \cdot 77} = 5{,}600.$$

Die Anzahl der Freiheitsgrade ist hier $\nu = 1$. Bei einem angenommenen Typ-I-Fehler von $5\,^0/_0$ findet man aus einer χ^2-Tafel (Tafel 4, S. 185) den kritischen Wert $\chi^2_{kr} = 3{,}841$. Folglich ist $\chi^2_e > \chi^2_{kr}$, d. h. daß wiederum ein Zusammenhang zwischen Zivilstand und Studienerfolg bei einem Vertrauenskoeffizienten von 0,95 bestehen dürfte.

Können die Elemente einer untersuchten Stichprobe in solche aufgeteilt werden, die durch ein bestimmtes Merkmal gekennzeichnet sind, und solche, die dieses Merkmal nicht aufweisen (alternative Aufteilung), dann kann χ^2 durch einen normalverteilten Parameter dargestellt werden. Dies geht aus der folgenden Ableitung hervor. Gegeben ist die folgende Zufallsstichprobe aus n Elementen:

Merkmale i	Beobachtete Häufigkeiten	Wahrscheinlichkeiten
M_1 M_2	f $n - f$	p $1 - p$
Zusammen	n	1

Der Wert χ^2 läßt sich nun folgendermaßen bestimmen:

$$\chi^2 = \sum_{i=1}^{2} \frac{(f_i - F_i)^2}{F_i} = \frac{(f - np)^2}{np} + \frac{[(n - f) - n(1 - p)]^2}{n(1 - p)} =$$

$$= \frac{(f - np)^2}{np} + \frac{(-f + np)^2}{n(1 - p)} =$$

$$= (f - np)^2 \left(\frac{1}{np} + \frac{1}{n(1 - p)} \right) =$$

$$= (f - np)^2 \left(\frac{1 - p + p}{np(1 - p)} \right) = \frac{(f - np)^2}{np(1 - p)} = \frac{(f - np)^2}{\sigma^2} = z^2,$$

wo z normalverteilt ist (zentraler Grenzwertsatz). Die Anzahl der Freiheitsgrade ist hier offensichtlich $\nu = 1$.

Bisher wurde angenommen, daß die Gegen-Hypothese zweiseitig ist, d. h. daß die empirische Häufigkeit ungleich der entsprechenden theoretischen Häufigkeit ist. So wurde für das Beispiel des Zivilstandes der Studenten und deren Studienerfolg als Gegen-Hypothese stillschweigend angenommen, daß beispielsweise die theoretische Anzahl der verheirateten Doktoranden, die ihre Examina termingemäß abgelegt hatten, größer oder kleiner als 113 sein kann. Nun ist es aber oft notwendig, eine einseitige Gegen-Hypothese einzuführen. Es stellt sich deshalb die Frage, wie in einem solchen Falle vorzugehen ist.

Gegeben sei die folgende Vierfeldertabelle.

Merkmal A	Merkmal B		Zusammen
	B_1	B_2	
A_1	f_{11}	f_{12}	$f_1.$
A_2	f_{21}	f_{22}	$f_2.$
Zusammen	$f._1$	$f._2$	$f..$

Zuerst wird die empirische Häufigkeit f_{11} mit der entsprechenden theoretischen Häufigkeit F_{11} und weiter $p_1 = f_{11}/f_1.$ mit $p_2 = f_{21}/f_2.$ verglichen. Es werden die Differenzen

$$f_{11} - F_{11} \quad \text{und} \quad p_1 - p_2$$

gebildet. Sind beide Differenzen gleich Null, dann wird die Null-Hypothese angenommen. Sind aber die Vorzeichen dieser Differenzen gleich, so wird — wie gezeigt worden ist — $z_e = \sqrt{\chi_e^{2|}}$ unterstellt. Ist nun in diesem Falle $z_e > z_{kr}$ bei einer bestimmten Bedeutungsschwelle α $(z_{kr} = z_{2\alpha})$, so wird die Null-Hypothese abgelehnt, andernfalls wird sie angenommen. Ein Beispiel soll das praktische Vorgehen veranschaulichen.

Es soll untersucht werden, ob das Rauchen die Anfälligkeit, an Krebs der Atmungsorgane zu sterben, bei Männern erhöht. Zu diesem Zwecke ist eine zufällige Stichprobe von 50 Männern gezogen und während einer bestimmten Zeit beobachtet worden. Die erhaltenen Häufigkeiten (fiktive Zahlen) finden sich in der folgenden Tabelle.

	Während der Beobachtungsperiode		Zusammen
	gestorben	nicht gestorben	
Nicht-Raucher	3	6	9
Raucher	27	14	41
Zusammen	30	20	50

Die Null-Hypothese lautet hier

$$H_0: \quad p_1 = p_2,$$

d. h. die Wahrscheinlichkeit, während der Beobachtungsperiode zu sterben, ist für Raucher und Nicht-Raucher die gleiche. Die Gegen-Hypothese wird hier folgendermaßen formuliert:

$$H_1: \quad p_1 < p_2 \quad \text{(einseitiger Test)}$$

Gemäß obiger Ausführungen bestimmt man $(f_{11} - F_{11})$ und $(p_1 - p_2)$. Im vorliegenden Falle ist bekanntlich

$$F_{11} = \frac{9 \cdot 30}{50} = 5,4,$$

Die Wahrscheinlichkeiten sind:

$$p_1 = \frac{3}{9} = 0,333 \quad \text{und} \quad p_2 = \frac{27}{41} = 0,658.$$

Es ergibt sich somit:

$$(f_{11} - F_{11}) = 3 - 5,4 < 0$$

und

$$(p_1 - p_2) = 0,333 - 0,658 < 0.$$

Beide Differenzen haben also gleiches Vorzeichen. In diesem Falle muß man $z_e = \sqrt{\chi_e^{2|}}$ bestimmen. Nach der Beziehung (60) ist:

$$\chi_e^2 = \frac{50 \, (3 \cdot 14 - 6 \cdot 27)^2}{9 \cdot 41 \cdot 30 \cdot 20} = 3,2520.$$

Daraus ergibt sich

$$z_e = \sqrt{3,2520^{|}} = 1,804.$$

Bei einer Bedeutungsschwelle von $2\alpha = 0,02$ findet man aus einer Tafel der Flächenstücke unter der Normalverteilung ein $z_{kr} = 2,054$. Da $z_e < z_{kr}$ kann die Null-Hypothese bei einem Vertrauenskoeffizienten von 0,98 angenommen werden, d. h. nach den angeführten Häufigkeiten kann angenommen werden, daß $p_1 = p_2$ ist. Es kann also vermutet werden, daß das Rauchen in diesem Falle keinen wesentlichen Einfluß auf die Sterbewahrscheinlichkeit an Krebs der Atmungsorgane hat[1].

Für den alternativen Fall (nur zwei Merkmalsvarianten), d. h. einem χ^2 mit einem Freiheitsgrad, sollte nach YATES die χ^2-Formel korrigiert werden. Mit dieser als Yates-Stetigkeitskorrektur bezeichneten Modifikation lautet die χ^2-Formel folgendermaßen:

$$\chi^2 = \sum_{i=1}^{2} \sum_{j=1}^{2} \frac{\left(|f_{ij} - F_{ij}| - \frac{1}{2}\right)^2}{F_{ij}}. \tag{61}$$

---

[1] Richtigerweise hätte man hier Störeinflüsse, wie Konstitution und Alter der Beobachtungsperson usw., durch einen geeigneten Versuchsplan zuerst ausschalten müssen.

Diese Korrektur beruht auf der Feststellung, daß die genaue empirische Häufigkeitsverteilung von χ^2 stets unstetig ist, während die mathematische Häufigkeitsverteilung nach der χ^2-Funktion[1] stetig ist. Sind nun die Erwartungswerte der Klassenhäufigkeiten klein, dann kann der Tafelwert χ^2 eine ungenaue Wahrscheinlichkeit $P\,(\chi^2 \geqq \chi^2_{kr})$ ergeben, weil in diesem Falle die Fläche unter einer (stetigen) Kurve verwendet wird, um die Summe nur weniger diskreter Wahrscheinlichkeiten anzunähern.

Es hat sich nun gezeigt, daß mit dieser Korrektur die Wahrscheinlichkeit eines Typ-I-Fehlers tiefer als vorgewählt liegt, d. h. daß die Korrektur eine Fehlerwahrscheinlichkeit ergibt, die eigentlich unerwünscht tief ist.

Zwischen den Werten χ^2 und F beim F-Test besteht eine Verbindung. Dividiert man die Werte χ^2 durch die entsprechende Anzahl Freiheitsgrade ν, so folgt dieser Parameter χ^2/ν der F-Verteilung mit $\nu_1 = \nu$ und $\nu_2 = \infty$ Freiheitsgraden. Es ist hier allerdings zu bemerken, daß der χ^2-Test eine etwas höhere Wahrscheinlichkeit aufzuweisen scheint, einen Typ-II-Fehler zu begehen, als der F-Test in der Varianzanalyse. Andrerseits scheint der F-Test eine höhere Wahrscheinlichkeit zu zeigen, einen Typ-I-Fehler zu begehen, als der χ^2-Test. Für alternative Grundgesamtheiten können beide Tests angewendet werden; dabei entstehen zwar immer Fehler, denn beim χ^2-Test müssen der Stichprobenumfang n groß und beim F-Test die Grundgesamtheit normalverteilt sein, was in praktischen Fällen oft nicht zutrifft.

Beim χ^2-Test ist darauf zu achten, daß nach einer Faustregel die einzelnen theoretischen Häufigkeiten nicht kleiner als 5 nach den einen Statistikern und nicht kleiner als 10 nach anderen Statistikern sein sollte sowie die Stichprobe nicht weniger als 50 Elemente umfassen sollte. Ist die Bedingung der minimalen Klassenhäufigkeit nicht erfüllt, können Klassen vereinigt werden, wobei allerdings ein Informationsverlust in Kauf genommen werden muß.

Ein weiteres Problem stellt die Wahl der Anzahl Klassen dar, in welche die Stichprobenwerte aufgeteilt werden, und in diesem Zusammenhange auch das Problem der Klassenbreiten. Es besteht die allgemeine Ansicht, daß die Anzahl Klassen nicht zu groß (z. B. zwischen 10 und 25) und die Klassenbreiten untereinander gleich sein sollten. Untersuchungen von MANN und WALD (68) sowie von GUMBEL (43) haben gezeigt, daß die Klassenbreiten auf Grund der Bedingung gleich großer erwarteter Häufigkeiten je Klasse zu bestimmen sind. Nach MANN und WALD kann die günstigste Anzahl Klassen k aus der folgenden Formel bestimmt werden:

$$k = 4 \left[\frac{2\,(f.. - 1)^2}{c^2} \right]^{1/5}, \tag{62}$$

---

[1] Vgl. BILLETER, ERNST P.: (7).

wo c aus der Beziehung für die Normalverteilung

$$a = \frac{1}{\sqrt{2\pi}} \int\limits_{c}^{\infty} e^{-\frac{x^2}{2}}\, d x$$

ermittelt werden kann (α = Bedeutungsschwelle). Für $\alpha = 0,05$ ergibt sich $c = 1,64$.

Das Ergebnis von MANN und WALD ist von WILLIAMS (133) kritisch untersucht worden. WILLIAMS zeigt, daß das Optimum für k nach Formel (62) sehr breit ist und deshalb in der Praxis von den so berechneten Werten für k abgewichen werden kann. Als Richtlinie gibt WILLIAMS an, daß bei

$$f_{..} = 200 \text{ die erwartete Klassenhäufigkeit } = 12$$

$$f_{..} = 400 \text{ die erwartete Klassenhäufigkeit } = 20$$

$$f_{..} = 1000 \text{ die erwartete Klassenhäufigkeit } = 30$$

betragen sollte. Auf Grund dieser Werte kann dann die Anzahl Klassen bestimmt werden.

Ist in einer Vierfeldertabelle die Häufigkeit $f_{..}$ kleiner als 20 oder liegt sie zwischen 20 und 40, wobei die kleinste erwartete Häufigkeit kleiner als 5 ist, sollte statt des χ^2-Tests FISHERS genauer Test verwendet werden[1].

Da der χ^2-Test von der Größe der Stichprobe abhängt, ist bei der praktischen Verwendung dieses Tests Vorsicht geboten. Die statistische Grundlage für die Annahme einer Null-Hypothese bei kleinen Werten von χ^2 hängt nämlich wesentlich von der Größe der Stichprobe ab. Auf diese und andere Schwierigkeiten weist beispielsweise BERKSON (6) hin.

2.3. Verteilungsfreie (nicht-parametrische) Tests

2.3.1. Allgemeines

Während lange Zeit die parametrischen Tests eine wichtige Grundlage statistischer Untersuchungen bildeten, treten neuerdings daneben die nicht-parametrischen Tests immer mehr in den Vordergrund. Dies will nicht besagen, daß über kurz oder lang die nicht-parametrischen die parametrischen Tests ganz verdrängt haben werden. Dies dürfte vor allem aus zwei Gründen nicht wahrscheinlich sein; einmal haben sich gewisse parametrische Tests zu sehr in der statistischen Praxis eingebürgert, andrer-

---

[1] Dieser Test findet sich im Kapitel über nicht-parametrische Tests.

seits haben die parametrischen Tests nach wie vor ihre Daseinsberechtigung bei bestimmten statistischen Untersuchungen, welche die Bedingungen erfüllen, unter welchen solche Tests ohne große Gefahr von Fehlinterpretationen eingesetzt werden können. Die nicht-parametrischen Tests haben sich vor allem deshalb immer mehr ausgebreitet, weil das Anwendungsgebiet solcher Tests größer ist als das der parametrischen Tests. Dies gilt vor allem für die Anwendung statistischer Tests bei volks- und betriebswirtschaftlichen Problemen sowie solchen der Psychologie, wo sehr oft nicht-parametrische Tests angezeigt sind.

Dies dürfte auch mit ein Grund sein, weshalb die Zahl bekannter nicht-parametrischer Tests ziemlich groß ist. Es gilt deshalb, von dieser Vielheit solcher Tests eine Auswahl zu treffen, wobei vielleicht der eine oder andere nicht-parametrische Test nicht erwähnt oder auf welchen nur kurz hingewiesen werden kann. Die nachfolgend aufgeführten verteilungsfreien Tests stellen also keine erschöpfende Aufzählung dar.

Eine weitere Frage betrifft die der Gruppierung solcher Tests, da hier verschiedene Gruppierungskriterien zugrunde gelegt werden können. Ein solches Kriterium wäre das nach Ein-, Zwei- und Mehrstichprobentests, ein anderes könnte auf das Merkmal des Testzweckes (Prüfung von Häufigkeitsverteilung, Rangfolgen, Positionsmittelwerten usw.) hinweisen, wieder ein anderes Unterscheidungsmerkmal wäre das der Häufigkeitsverteilung der Testwerte usw. Im folgenden wird das Unterscheidungsmerkmal der Häufigkeitsverteilung der Testwerte als maßgeblich betrachtet, da dieses methodologisch ein für unsere Zwecke klareres Kriterium darzustellen scheint als andere Unterscheidungskriterien. Dabei muß man allerdings den Nachteil in Kauf nehmen, daß nicht alle nicht-parametrischen Tests nach diesem Merkmal eingereiht werden können. Es wird sich deshalb als notwendig erweisen, eine Sondergruppe zu bilden, in welcher die wichtigsten dieser nach der Häufigkeitsverteilung des Testwertes kaum aufteilbare Tests erscheinen werden. Dieser Gruppe wurden auch Tests zugeteilt, die z. B. durch den Zufallsmechanismus gekennzeichnet sind, der den Versuchsplänen eigen ist. Im folgenden soll mit dieser Gruppe allgemeiner Tests begonnen werden, weil sich hier ein Test befindet, der eine enge Beziehung zum χ^2-Test aufweist, der als letzter Test im vorhergehenden Kapitel besprochen worden ist. Er stellt deshalb eine natürliche Überleitung zum Kapitel der nicht-parametrischen Tests dar.

2.3.2. Allgemeine statistische Tests

Die in diese Gruppe fallenden Tests werden nachfolgend in drei Gruppen aufgeteilt. Die erste Gruppe umfaßt Tests, die es vor allem ermöglichen, Verteilungen und deren Parameter zu prüfen; in die zweite Gruppe fallen Tests, die sich auf die Korrelation beziehen; die dritte Gruppe vereinigt Tests, die für die Untersuchungen des Trends entwickelt worden sind.

2.3.2.1. Verteilungs-Tests

2.3.2.1.1 *Rizzi-Test*

Im Jahre 1961 führte RIZZI einen Test ein, der es ermöglicht, die Struktur einer Stichprobe mit einem bestimmten Modell zu vergleichen (99). Dieser nicht-parametrische Test stützt sich auf Häufigkeiten, während andere nicht-parametrische Test sich häufig auf Ordnungszahlen beziehen. Er kann deshalb dem χ^2-Test zur Seite gestellt werden, der ebenfalls auf Häufigkeiten beruht. Der Test von RIZZI dürfte deshalb innerhalb der nicht-parametrischen Tests, wie sie eingangs definiert worden sind, eine Sonderstellung einnehmen.

Er geht von einer zufälligen Stichprobe mit n Elementen aus. Dabei sei die Häufigkeit des Merkmals x_i $(i = 1, 2, \ldots a)$ mit f_i bezeichnet. Insgesamt werden a verschiedene Merkmale unterschieden. Es ist dann

$$\sum_{i=1}^{a} f_i = n \qquad (a > 1).$$

Nun wird für alle Merkmale die Anzahl der Paare, die mit der Häufigkeit eines bestimmten Merkmals gebildet werden kann, mit Koinzidenz (C_1) bezeichnet. Diese ist ganz allgemein gleich

$$C_1 = \sum_{i=1}^{a} \binom{f_i}{2}. \tag{63}$$

Bei gleichem Stichprobenumfang n und bei gleicher Anzahl Mermale a ergibt sich die kleinste Anzahl Koinzidenzen, wenn sich die Häufigkeiten gleichmäßig auf die einzelnen Merkmale aufteilen, d. h. wenn

$$f_i = \frac{n}{a}.$$

Der größte Wert der Koinzidenz aber stellt sich dann ein, wenn alle Häufigkeiten sich auf ein einziges Merkmal häufen, wobei allen anderen Merkmalen keine Häufigkeiten zukommen.

Nun wird eine relative Koinzidenz gebildet, indem die Koinzidenz C_1 durch ihren maximalen Wert

$$\sum_{i=1}^{a} \binom{f_i}{2} = \binom{n}{2}$$

dividiert wird; dabei wird angenommen, daß $\binom{0}{2} = \binom{1}{2} = 0$ ist. Es ergibt sich dadurch die Maßzahl

$$C = \frac{\sum\limits_{i=1}^{a} \binom{f_i}{2}}{\binom{n}{2}} = \frac{\sum\limits_{i=1}^{a} \dfrac{f_i(f_i-1)}{2}}{\dfrac{n(n-1)}{2}} = \frac{\sum\limits_{i=1}^{a} f_i(f_i-1)}{n(n-1)}. \tag{64}$$

In entsprechender Weise kann der kleinste Wert von C bestimmt werden. Dabei muß berücksichtigt werden, daß in diesem Falle $f_i = n/a$ ist. Es ergibt sich deshalb

$$C_{\min} = \frac{\sum\limits_{i=1}^{a} f_i(f_i-1)}{n(n-1)} = \frac{\sum\limits_{i=1}^{a} \dfrac{n}{a}\left(\dfrac{n}{a}-1\right)}{n(n-1)} = \frac{a\,\dfrac{n}{a}\left(\dfrac{n}{a}-1\right)}{n(n-1)} = \frac{n-a}{a(n-1)}. \tag{65}$$

Dieser Parameter wird offensichtlich dann gleich Null, wenn $n = a$ ist.

Wird der Stichprobenumfang sehr groß, d. h. strebt $n \to \infty$, dann erhält man die folgende Beziehung:

$$\lim_{n \to \infty} C_{\min} = \frac{1}{a} \lim_{n \to \infty} \frac{n-a}{n-1} = \frac{1}{a}. \tag{66}$$

Zwischen dem χ^2-Test und dem Rizzi-Test besteht eine Beziehung, die aus der folgenden Ableitung hervorgeht. Da bekanntlich

$$\sum_{i=1}^{a} f_i = n$$

ist, folgt aus der Beziehung (64) unmittelbar

$$C n(n-1) = \sum_{i=1}^{a} f_i(f_i-1) = \sum_{i=1}^{a} f_i^2 - \sum_{i=1}^{a} f_i = \sum_{i=1}^{a} f_i^2 - n$$

oder

$$C n(n-1) + n = \sum_{i=1}^{a} f_i^2. \tag{67}$$

Subtrahiert man auf beiden Seiten n^2/a und dividiert man durch a, so ergibt sich

$$\frac{1}{a}\left[C n(n-1) + n - \frac{n^2}{a}\right] = \frac{\sum\limits_{i=1}^{a} f_i^2}{a} - \left(\frac{n}{a}\right)^2. \tag{68}$$

Die rechte Seite der Beziehung (68) stellt nichts anderes als die Streuung der Werte f_i um ihren Mittelwert $\bar{f}$ dar, was aus der folgenden Ableitung hervorgeht.

$$\sigma^2 = \frac{1}{a} \sum_{i=1}^{a} (f_i - \bar{f})^2 = \frac{1}{a} \left[\sum_{i=1}^{a} f_i^2 - 2\bar{f} \sum_{i=1}^{a} f_i + a\bar{f}^2 \right] =$$

$$= \frac{1}{a} \left[\sum_{i=1}^{a} f_i^2 - a\bar{f}^2 \right] = \frac{1}{a} \left[\sum_{i=1}^{a} f_i^2 - \frac{\left(\sum_{i=1}^{a} f_i \right)^2}{a} \right] =$$

$$= \frac{\sum_{i=1}^{a} f_i^2}{a} - \frac{\left(\sum_{i=1}^{a} f_i \right)^2}{a^2} = \frac{\sum_{i=1}^{a} f_i^2}{a} - \left(\frac{n}{a} \right)^2,$$

d. h. also der gleiche Ausdruck wie auf der rechten Seite der Beziehung (68). Man kann also auf der rechten Seite der Beziehung (68) das Symbol σ^2 setzen und erhält

$$\frac{1}{a} \left[C\,n\,(n-1) + n - \frac{n^2}{a} \right] = \sigma^2. \tag{69}$$

Andrerseits ist der theoretische Wert von σ^2, d. h. σ_{th}^2, bekanntlich gleich

$$\sigma_{th}^2 = n\,p\,q = n\,\frac{1}{a} \left(1 - \frac{1}{a} \right). \tag{70}$$

Weiter kann χ^2 auch durch die folgende Beziehung gekennzeichnet werden:

$$\chi^2 = \frac{\sigma^2}{\sigma_{th}^2} (a - 1), \tag{71}$$

wo $(a-1)$ die Anzahl Freiheitsgrade darstellen. Führt man nun die Beziehungen (69) und (70) in diese Formel (71) ein, so ergibt sich

$$\chi^2 = \frac{(a-1)}{a} \frac{[C\,n\,(n-1) + n - n^2/a]}{n\,1/a\,(1 - 1/a)} = (a-1) \frac{[a\,C\,n\,(n-1) + n\,a - n^2]}{n\,(a-1)} =$$

$$= \frac{1}{n} [a\,C\,n\,(n-1) + n\,a - n^2] = a\,C\,(n-1) + a - n. \tag{72}$$

Daraus ist der Zusammenhang zwischen C und χ^2 ohne weiteres ersichtlich. Aus der Beziehung (72) geht überdies hervor, daß

$$C = \frac{\chi^2 - a + n}{a\,(n-1)} \tag{73}$$

ist. Der Testwert C ist also wie χ^2 verteilt, wobei die Anzahl der Freiheitsgrade $(a-1)$ beträgt.

Die Werte des C-Tests können ebenfalls auf Grund von Tafeln auf ihre Bedeutsamkeit hin geprüft werden (Tafel 5, S. 186). Ein Beispiel soll auch hier die Auswertung dieses Tests praktisch aufzeigen.

Es soll untersucht werden, ob sich die Anzahl der bei Verkehrsunfällen getöteten Fußgänger im Jahre 1969 in der Schweiz[1] in zufälliger Weise auf die Wochentage verteilt. Die nachfolgende Tabelle enthält diese Häfigkeiten sowie die für die Berechnung notwendigen Zahlenwerte.

Bei Verkehrsunfällen getötete Fußgänger, Schweiz 1969

Wochentage i	Getötete Fußgänger f_i	$f_i\,(f_i-1)$
Sonntag	61	3 660
Montag	70	4 830
Dienstag	70	4 830
Mittwoch	69	4 692
Donnerstag	73	5 256
Freitag	74	5 402
Samstag	77	5 852
Zusammen	494	34 522

Auf Grund der Formel (64) kann nun die Testgröße C ermittelt werden. Es ergibt sich

$$C_e = \frac{34\,522}{494 \cdot 493} = 0,142.$$

In der Tafel für den Rizzi-Test (Tafel 5, S. 186) findet man die folgenden C-Werte, wobei eine Bedeutungsschwelle von 5 % angenommen werden soll.

n	$a=4$	$a=10$
500	0,252	0,101

Die lineare Interpolation zwischen $a=4$ und $a=10$ ergibt für $a=7$ den Testwert $C_{th} = 0,126$. Da $C_{th} < C_e$ ist, ist in diesem Falle die Null-Hypothese, daß die Häufigkeiten zufällig auf die einzelnen Wochentage verteilt sind, abzulehnen.

---

[1] Statistisches Jahrbuch der Schweiz, 1970; S. 253.

2.3.2.1.2. Kolmogorov-Smirnov-Test

Einen wichtigen Test dieser Gruppe, der in enger Beziehung zum χ^2-Test steht, stellt der Kolmogorov-Smirnov-Test dar. Dieser Test bildet zusammen mit den Cramér-v.-Mises-Tests eine Familie von Tests.

Gegeben sind n verschiedene unabhängige und zufällige Beobachtungsvariable $X_1, X_2, \ldots X_n$, von welchen jede durch die gleiche Verteilungsfunktion $U(x) = P(X_i < x)$, $i = 1, 2, \ldots n$, gekennzeichnet ist[1]. Die Funktion

$$F_n(x) = \frac{1}{n} \sum_{i=1}^{n} e\,(x - X_i), \tag{74}$$

wo

$$e\,(y) = \begin{cases} 1 & \text{wenn } y > 0 \\ 0 & \text{wenn } y \leqq 0 \end{cases}$$

ist die empirische Verteilungsfunktion der Merkmalswerte, d. h. der Anteil der Werte X_i $(i = 1, 2, \ldots n)$, die kleiner sind als x. Der Erwartungswert dieser Funktion ist offensichtlich

$$E\,[F_n(x)] = U(x) = P(X_i < x). \tag{75}$$

Nach dem starken Gesetz der Großen Zahl strebt $F_n(x)$ für jedes x mit der Wahrscheinlichkeit 1 gegen den Erwartungswert $U(x)$. Eine Verallgemeinerung dieses Ergebnisses findet sich auf Grund des Lemma von CANTELLI-GLIVENKO[2], wonach mit der Wahrscheinlichkeit 1

$$\sup_{-\infty < x < \infty} |F_n(x) - U(x)| \to 0. \tag{76}$$

In diesem Zusammenhange kann man zwei Varianten der Null-Hypothese unterscheiden:

$$H_0: \quad F(x) = U(x) \qquad \text{Ein-Stichproben-Fall}$$

und

$$H_0': \quad U(x) = V(x) \qquad \text{Zwei-Stichproben-Fall}$$

wo $V(x) = P(Y_i < x)$ ($Y_1, Y_2, \ldots Y_m$ sind m unabhängige Zufallsvariable) und $F(x)$ eine gegebene stetige Verteilungsfunktion darstellen. Die erstgenannte Null-Hypothese liegt dem χ^2-Test von PEARSON zugrunde. Die zweite Null-Hypothese betrifft den Vergleich von zwei Stichproben.

---

[1] Vgl. DARLING, D. A.: (24).
[2] Vgl. GLIVENKO, V.: (41).

Im Jahre 1928 schlug CRAMÉR[1] für die Prüfung der oben genannten Null-Hypothese H_0 die folgende Maßzahl vor:

$$\omega^2 = \int\limits_{-\infty}^{\infty} [F_n(x) - F(x)]^2 \, d K(x), \qquad (77)$$

wo $K(x)$ eine passende nichtfallende Gewichtsfunktion bezeichnet. Zu einer ähnlichen Prüffunktion gelangte — unabhängig von CRAMÉR — v. MISES[2]. Später (1936, 1937) modifizierte SMIRNOV[3] diese Funktion, die nun durch die folgende Beziehung dargestellt ist:

$$\omega_n^2 = n \int\limits_{-\infty}^{\infty} [F_n(x) - F(x)]^2 \, \psi\,[F(x)] \, d\,F(x), \qquad (78)$$

wo $\psi(t)$, $0 \leq t \leq 1$, eine zu wählende positive Gewichtsfunktion darstellt. Dieser Test hat den Vorteil gegenüber dem χ^2-Test, daß er durch keine willkürliche Gruppierung der Merkmalswerte beeinflußt ist.

Die Beziehung (78) kann nun dem Zwei-Stichproben-Fall mit der Null-Hypothese H_0' angepaßt werden. Es ergibt sich dadurch die folgende Beziehung[4]:

$$\frac{mn}{m+n} \int\limits_{-\infty}^{\infty} [F_n(x) - G_m(x)]^2 \, \psi\left(\frac{n\,F_n + m\,G_m}{n+m}\right) d\left(\frac{n\,F_n + m\,G_m}{n+m}\right), \quad (78\,a)$$

wo $F_n(x)$ und $G_m(x)$ empirische Häufigkeitsverteilungen der Variablen X_i $(i = 1, 2, \ldots n)$ und Y_j $(j = 1, 2, \ldots m)$ bezeichnen.

KOLMOGOROV[5] entwickelte im Jahre 1933 einen Test, um die Null-Hypothese H_0 zu prüfen. Dieser Test ist durch die folgende Beziehung gekennzeichnet:

$$K_n = \sqrt{n} \; \sup_{-\infty < x < \infty} |F_n(x) - F(x)|, \qquad (79)$$

wo H_0 zu verwerfen ist, wenn K_n genügend groß ist. Ist die Null-Hypothese richtig, so ist die Verteilung von K_n unabhängig von jener von $F(x)$, d. h. es handelt sich hier um einen verteilungsfreien Test. SMIRNOV[6] erwei-

---

[1] Vgl. CRAMÉR, H.: (22).

[2] Vgl. v. MISES, R.: (77).

[3] Vgl. SMIRNOV, N. V.: (106, 107).

[4] Vgl. LEHMANN, E. L.: (63).

[5] Vgl. KOLMOGOROV, A. N.: (58).

[6] Vgl. SMIRNOV, N. V.: (108).

terte 1939 diesen Test für den Zwei-Stichproben-Fall und stellte die folgende Beziehung auf:

$$D_{mn} = \sqrt{\frac{m \cdot n}{m+n}} \; \sup_{-\infty < x < \infty} |F_n(x) - G_m(x)|. \tag{80}$$

Diese Tests gelten, wenn die Gegen-Hypothese einen zweiseitigen Test definiert. Bei einseitigem Test gelten die folgenden Formeln:

$$K_n^+ = \sqrt{n} \; \sup_{-\infty < x < \infty} [F_n(x) - F(x)], \tag{79 a}$$

$$K_n^- = \sqrt{n} \; \sup_{-\infty < x < \infty} [F(x) - F_n(x)], \tag{79 b}$$

$$D_{mn}^+ = \sqrt{\frac{m\,n}{m+n}} \; \sup_{-\infty < x < \infty} [F_n(x) - G_m(x)], \tag{80 a}$$

$$D_{mn}^- = \sqrt{\frac{m\,n}{m+n}} \; \sup_{-\infty < x < \infty} [G_m(x) - F_n(x)]. \tag{80 b}$$

Smirnov[1] und Wald-Wolfowitz[2] entwickelten überdies noch die folgenden Grenzverteilungen für diese Parameter $(m = n)$:

$$\lim P(K_n^+ < x) = \lim P(D_{mn}^+ < x) = 1 - e^{-2x^2} \tag{81}$$

$$(0 \leqq x < \infty)$$

und

$$\lim P(D_{mn}^+ < x, D_{mn}^- < y) = 1 + \sum_{i=1}^{\infty} \{2\, e^{-i^2(x+y)^2} - e^{-2[ix+(i-1)y]^2} -$$

$$- e^{-2[iy+(i-1)x]^2}\} \tag{82}$$

$$x \geqq 0, \quad y < \infty.$$

Nach dieser kurzen Darstellung der Entwicklung des Kolgomorov-Smirnov-Tests soll nun dieser Test und seine praktische Anwendung beleuchtet werden. Die Formel für diesen Test lautet:

$$D_n = \sup |F_n(x) - F(x)|, \tag{83}$$

wo bekanntlich $F_n(x)$ eine relative empirische Summenverteilung und $F(x)$ die zu Vergleichszwecken herangezogene relative theoretische Summenverteilung darstellen. Um die Auswertung des Tests zu erleichtern, sind wiederum die kritischen Testwerte D_{kr}, d. h. die Testwerte bei bestimmten

---

¹ Vgl. Smirnov, N. V.: (108, 109).
² Vgl. Wald, A. — J. Wolfowitz: (120, 122).

Bedeutungsschwellen, für verschiedene Stichprobenumfänge ermittelt und in Tafeln zusammengestellt worden. Solche Test-Tafeln finden sich beispielsweise bei MASSEY (73), BIRNBAUM (9) und MILLER (76).

Ein Beispiel soll die praktische Anwendung dieses Tests veranschaulichen. Es soll angenommen werden, daß allgemein befürchtet wird, ein Konjunkturrückgang stehe bevor. Ein Wirtschaftsinstitut möchte diese Behauptung überprüfen und befragt deshalb je fünf zufällig ausgewählte Wirtschaftsfachleute aus den Wirtschaftsbranchen Industrie, Banken und Versicherung, sowie Handel, d. h. also insgesamt 15 Personen, nach ihrer Ansicht darüber. Die Antworten wurden nach folgendem Schlüssel bewertet:

1   Hochkonjunktur hält weiter an,

2   Hochkonjunktur schwächt sich vorübergehend langsam ab,

3   Konjunkturrückgang ist zu befürchten,

4   Konjunkturrückgang wird sich innerhalb von 6 Monaten einstellen,

5   schwere Wirtschaftskrise wird nach spätestens 12 Monaten ausbrechen.

Die für die einzelnen Autoren eingesetzten Punkte sind nachfolgend aufgeführt.

2, 1, 3, 3, 5, 1, 3, 2, 1, 5, 3, 4, 2, 3, 1.

Die zu prüfende Antwort sei durch die Schlüsselzahl 3 (Konjunkturrückgang ist zu befürchten) gekennzeichnet. Bestände nun allgemeine Übereinstimmung bei den befragten Wirtschaftsfachleuten, daß ein Konjunkturrückgang zu befürchten sei, müßten alle Antworten so ausgefallen sein, daß sie mit der Schlüsselzahl 3 zu bewerten gewesen wären. Weichen nun die gegebenen Antworten derart von dieser Richt-Schlüsselzahl 3 ab, daß die allgemeine Annahme eines bevorstehenden Konjunkturrückganges nicht als fundiert angesehen werden kann? Der Prüfung soll ein Typ-I-Fehler von 5 % zugrunde gelegt werden.

Die Null-Hypothese lautet hier:

$$H_0: \quad F_n(x) = F(x)$$

und die Gegen-Hypothese

$$H_1: \quad F_n(x) \neq F(x) \quad \text{(zweiseitiger Test)}$$

Um den Kolmogorov-Smirnov-Test anwenden zu können, sind die relative empirische und die entsprechende theoretische Häufigkeitsverteilung zu erstellen.

Schlüsselzahlen	Häufigkeiten	
	empirisch	theoretisch
1	4	0
2	3	0
3	5	15
4	1	0
5	2	0
Zusammen	15	15

Die relativen Summen-Häufigkeitsverteilungen lassen sich aus diesen Verteilungen direkt ableiten.,

Schlüsselzahlen	$F_n(x)$	$F(x)$	$\lvert F_n(x) - F(x) \rvert$
1	4/15	0/15	4/15
2	7/15	0/15	7/15
3	12/15	15/15	3/15
4	13/15	15/15	2/15
5	15/15	15/15	0

Die absolut größte Differenz $\lvert F_n(x) - F(x) \rvert$ ist in diesem Falle $D = {}^7/_{15} = 0{,}467$. Einer Tafel für den Kolmogorov-Smirnov-Test (Tafel 6, S. 187) ist zu entnehmen, daß für $n = 15$ und $\alpha/2 = 0{,}025$ (zweiseitiger Test) der kritische Testwert $D_{kr} = 0{,}3706$ ist. Dies besagt, daß bei einer Wahrscheinlichkeit $P(D_n \geqq D_{kr}) = \alpha/2 = 0{,}025$ ein Testwert von $D_{kr} = 0{,}3706$ noch zulässig wäre. Der empirische Testwert von $D_n = 0{,}467$ ist aber größer als D_{kr}, weshalb die Wahrscheinlichkeit, aus einer anderen zufälligen Stichprobe von 15 Wirtschaftsfachleuten aus den drei angeführten Wirtschaftsbranchen einen Testwert zu erhalten, der gleich oder größer ist als D_n, kleiner ist als $0{,}025$. Die Null-Hypothese muß folglich verworfen werden, d. h. es ist bei einem Vertrauenskoeffizienten von $0{,}95$ anzunehmen, daß die von den befragten Wirtschaftsfachleuten gegebenen Antworten die allgemeine Behauptung, ein Konjunkturrückgang stände bevor, nicht stützen.

Der Kolmogorov-Smirnov-Test kann auch im Zwei-Stichproben-Fall angewendet werden. Hier soll geprüft werden, ob zwei unabhängige Stichproben der gleichen Grundgesamtheit entnommen worden sind. Gegeben sind hier zwei Stichproben, $\{x_1, x_2, \ldots x_n\}$ und $\{y_1, y_2, \ldots y_m\}$, für welche die empirischen Verteilungsfunktionen $F_n(x)$ und $G_m(y)$ bestehen. Die Null-Hypothese lautet in diesem Falle

$$H_0: \quad F_n(x) = G_m(y).$$

Die Gegen-Hypothesen entsprechen jenen im Ein-Stichproben-Fall. Die Testbeziehungen nehmen nun folgende Gestalt an:

$$D_{mn} = \sup |F_n(x) - G_m(y)| \qquad (84)$$

$$D_{mn}^{+} = \sup [F_n(x) - G_m(y)] \qquad (84\,\text{a})$$

$$D_{mn}^{-} = \sup [G_m(y) - F_n(x)] \qquad (84\,\text{b})$$

wo D_{mn} bei der Gegen-Hypothese H_1: $F_n(x) \neq G_m(y)$, D_{mn}^{+} bei der Gegen-Hypothese H_1: $F_n(x) > G_m(y)$ und D_{mn}^{-} bei der Gegen-Hypothese H_1: $F_n(x) < G_m(y)$ einzusetzen sind.

Auch für diesen Fall soll ein Beispiel angeführt werden. Zwei Gruppen von Wirtschaftsfachleuten werden unabhängig voneinander nach den Konjunkturaussichten in einem bestimmten Lande befragt. Die Antworten sind nach dem gleichen Schlüssel bewertet worden wie beim vorhergehenden Beispiel, nämlich:

Schlüsselzahl 1: Hochkonjunktur hält weiter an,

Schlüsselzahl 2: Hochkonjunktur schwächt sich vorübergehend langsam ab,

Schlüsselzahl 3: Konjunkturrückgang ist zu befürchten,

Schlüsselzahl 4: Konjunkturrückgang wird sich innerhalb von 6 Monaten einstellen,

Schlüsselzahl 5: schwere Wirtschaftskrise wird nach spätestens 12 Monaten ausbrechen.

In beiden Gruppen werden je 15 zufällig ausgewählte Personen aus Industrie, Banken und Versicherungen, sowie Handel befragt. Die Antworten der ersten Gruppe entsprechen jenen beim vorhergehenden Beispiel; die der zweiten Gruppe sind nachfolgend wiedergegeben:

5, 1, 3, 1, 2, 2, 1, 4, 3, 3, 4, 5, 5, 2, 1.

Danach läßt sich die folgende Häufigkeitsverteilung ableiten:

Schlüsselzahlen	Häufigkeiten
1	4
2	3
3	3
4	2
5	3
Zusammen	15

Es stellt sich die Frage, ob die Ansichten dieser beiden Gruppen als statistisch übereinstimmend bewertet werden können oder ob bedeutsame Unterschiede festzustellen sind.

Wir bilden wiederum die relativen Summenverteilungen $F_n(x)$ und $G_m(y)$, wo $n = m$ ist.

Schlüsselzahlen	1. Gruppe $F_n(x)$	2. Gruppe $G_m(y)$	$F_n(x) - G_m(y)$
1	4/15	4/15	0
2	7/15	7/15	0
3	12/15	10/15	2/15
4	13/15	12/15	1/15
5	15/15	15/15	0

Die Null-Hypothese ist hier H_0: $F_n(x) = G_m(y)$ und die Gegen-Hypothese H_1: $F_n(x) \neq G_m(y)$. Die größte absolute Differenz D_{mn} ist gleich $2/15$. Da $n = m = 15$, ist der aus einer Test-Tafel (Tafel 7, S. 188) für $n = m = 15$ bei einer Bedeutungsschwelle von α zu erwartende kritische Testwert D_{kr} bzw. (je nach Tafel) der kritische Zählerwert k_{kr} herauszulesen und mit dem empirisch gewonnenen entsprechenden Wert zu vergleichen. Für $n = m = 15$ und bei einer Bedeutungsschwelle von 0,05 (bzw. 0,025 bei zweiseitigem Test) stellt sich der kritische Zählerwert auf $k_{kr} = 8$, d. h. also der kritische Testwert auf $D_{kr} = 8/15$ (Tafel 7, S. 188). Da der empirische Testwert ($2/15$) kleiner als der bei der Bedeutungsschwelle $\alpha = 0,05$ zu erwartende kritische Testwert ($8/15$) ist, kann die Null-Hypothese H_0: $F_n(x) = G_m(y)$ angenommen werden, d. h. die beiden Gruppen von Wirtschaftsfachleuten dürften bei einem Vertrauenskoeffizienten von 0,95 in ihrer Ansicht über die Konjunkturlage nicht voneinander abweichen.

In den Tafeln für den Kolmogorov-Smirnov-Test findet man bekanntlich die kritischen Testwerte D_{kr}, d. h. jene Werte, die der jeweiligen Bedeutungsschwelle (bei gegebenem Stichprobenumfang) entsprechen, bzw. die kritischen Zahlenwerte k_{kr}. Es ist also

$$P\left[\sup \left| F_n(x) - F(x) \right| \geq D_{kr}\right] = \alpha$$

und auch

$$P\left[\sup \left| F_n(x) - F(x) \right| < D_{kr}\right] = 1 - \alpha.$$

Aus der zweiten Beziehung folgt unmittelbar, daß

$$\pm \sup \left[F_n(x) - F(x) \right] < D_{kr}$$

ist, d. h.

$$F_n(x) < F(x) + D_{kr}$$
$$F_n(x) > F(x) - D_{kr}$$

oder daß $F_n(x)$ mit der Wahrscheinlichkeit $1-\alpha$ innerhalb der Grenzen

$$F(x) \pm D_{kr}$$

liegt. Es besteht folglich die Beziehung

$$F(x) - D_{kr} < F_n(x) < F(x) + D_{kr}. \tag{85}$$

Dies sind die Vertrauensgrenzen für die empirische kumulierte Häufigkeitsverteilung. In entsprechender Weise gilt

$$F(x) > F_n(x) - D_{kr}$$

und

$$F(x) < F_n(x) + D_{kr},$$

d. h. also

$$F_n(x) - D_{kr} < F(x) < F_n(x) + D_{kr}. \tag{85 a}$$

Bei großen Stichproben (n, $m > 40$, $n = m$) können bei zweiseitigem Test die kritischen Testwerte auf Grund der folgenden Formeln berechnet werden:

Bedeutungsschwellen α	kritische Testwerte D_{kr}
0,05	$1{,}36 \sqrt{\dfrac{n+m}{n \cdot m}}$
0,025	$1{,}48 \sqrt{\dfrac{n+m}{n \cdot m}}$
0,01	$1{,}63 \sqrt{\dfrac{n+m}{n \cdot m}}$
0,005	$1{,}73 \sqrt{\dfrac{n+m}{n \cdot m}}$

Handelt es sich um einen zweiseitigen Test und sind die Stichprobenumfänge n und m groß (n, $m > 40$), wobei n nicht unbedingt gleich m sein muß, so kann nach GOODMAN (42) die folgende Beziehung zwischen dem Kolmogorov-Smirnov-Test und dem χ^2-Test angenommen werden:

$$\chi^2 = 4 \, (D_{mn}^{+;-})^2 \, \frac{n \cdot m}{n+m}, \tag{86}$$

wo die Anzahl Freiheitsgrade gleich 2 ist. Der Test-Wert $D_{mn}^{+;-}$ wird nach den angegebenen Beziehungen (84 a) und (84 b) berechnet.

Der Test von KOLMOGOROV-SMIRNOV ist dem χ^2-Test überlegen, denn er ist sehr oft wirkungsvoller als der χ^2-Test; überdies sind die Bedingungen für seine Verwendung weniger streng als beim χ^2-Test. Der Kolmogorov-Smirnov-Test verlangt nur, daß die Auswahl der Elemente in der Stichprobe zufällig und daß die Grundgesamtheit, aus der die Stichprobe entnommen worden ist, stetig ist. Demgegenüber verlangt der χ^2-Test beispielsweise, daß die Stichprobe unendlich groß ist, daß die Häufigkeiten in Klassen zusammengefaßt sind, wobei die Klassenbildung eine unerwünschte Willkür darstellt, und daß die Klassenhäufigkeiten nicht zu klein sind. Vorteile des χ^2-Tests sind andrerseits, daß hier die hypothetische Grundgesamtheit nicht unbedingt vollständig bekannt sein muß und daß der χ^2-Test bei unstetigen Grundgesamtheiten eingesetzt werden kann.

2.3.2.1.3. *Smirnovs Test der größten Abweichung*

Sehr viele nicht-parametrische Tests bezwecken, Stichproben daraufhin zu prüfen, ob sie einer gemeinsamen Grundgesamtheit entnommen worden sind. Dabei werden sehr oft nur bestimmte Verteilungsmerkmale (z. B. Positionsmittelwerte, Rangfolgen usw.) auf stochastische Gleichheit oder Verschiedenheit hin untersucht. Der Test der größten Abweichung von SMIRNOV, der in enger Beziehung zum Kolmogorov-Smirnov-Test steht, bezweckt nun, die allgemeine stochastische Gleichheit oder Verschiedenheit zwischen den Grundgesamtheiten zu untersuchen, aus welchen Stichproben entnommen worden sind.

Gegeben sind zwei Stichproben mit n bzw. m Elementen. Die Merkmalswerte der ersten Stichprobe sollen mit x ($\{x_1, x_2, \ldots x_n\}$) und die der zweiten Stichprobe mit y ($\{y_1, y_2, \ldots y_m\}$) bezeichnet werden. Dabei soll angenommen werden, daß die Merkmale beider Stichproben stetig sind. Es gilt hier zu prüfen, ob beide Stichproben einer gemeinsamen Grundgesamtheit entnommen worden sind; und zwar soll sich diese Prüfung nicht nur auf bestimmte Parameter beziehen, sondern allgemein sein. Die Null-Hypothese sagt also aus, daß die Stichproben einer gemeinsamen Grundgesamtheit angehören. Trifft dies zu, so können die beiden Stichproben ja als Untermengen einer übergeordneten Menge, nämlich der Vereinigung beider Stichproben mit zusammen $(n + m)$ Elementen, betrachtet werden. Die Elemente der beiden Untermengen (Stichproben) müßten sich dann in zufälliger Anordnung in der gemeinsamen Stichprobe vorfinden. Insgesamt bestehen $\binom{n + m}{n}$ verschiedene mögliche Anordnungen der n Elemente der ersten Stichprobe innerhalb der $(n + m)$ Elemente der gemeinsamen Stichprobe.

Nun werden in der gemeinsamen Stichprobe die $(n + m)$ Elemente nach zunehmender Größe des Merkmalwertes geordnet, wobei aber die Herkunft aus der einen oder anderen Stichprobe der so geordneten Elemente weiterhin noch unterschieden wird. Die derart geordneten Elemente sollen nun mit z bezeichnet werden. Nun wird die Anzahl der z-Elemente, für welche $z \leq z_i$ (i ist gleich der Rangordnungszahl der nach der Größe des Merkmalswertes geordneten Elemente beider Stichproben und durchläuft die Reihe $1, 2, 3, \ldots n + m$) und welche ursprünglich der Stichprobe der x-Elemente angehört hatten, mit r_i bezeichnet. In entsprechender Weise soll s_i die Anzahl der ursprünglich der Stichprobe mit den y-Elementen angehörenden Elemente der gemeinsamen Stichprobe bezeichnen, für welche $z \leq z_i$ ist. Für jede Rangordnungszahl i wird die Differenz

$$d_i = \frac{r_i}{n} - \frac{s_i}{m} \tag{87}$$

gebildet. Mit D^+ soll der größte postive Wert von d_i und mit D der größte absolute Wert von d_i bezeichnet werden, d. h.

$$D^+ = \max d_i \qquad \text{einseitiger Test}$$
$$D = \max |d_i| \qquad \text{zweiseitiger Test}$$

Ist $n = m$, so wird

$$\max |d_i| = \frac{1}{n} \max |r_i - s_i|.$$

Bezeichnet man die größte absolute Differenz mit k, so ergibt sich

$$\max |d_i| = \frac{k}{n}. \tag{88}$$

Die noch zulässigen Werte von k (Minimalwerte) können für bestimmte Werte von n und bestimmte Bedeutungsschwellen aus Tafeln für diesen Test entnommen werden, wie z. B. den Tafeln bei BIRNBAUM-HALL (10).

Die praktische Anwendung dieses Tests soll an Hand eines Beispiels erläutert werden. Es soll untersucht werden, ob die Befragungsergebnisse der beiden schon herangezogenen Gruppen von Wirtschaftsfachleuten vermuten lassen, daß sie der gleichen Grundgesamtheit entnommen worden sind, d. h. daß die Ansichten beider Gruppen nicht in bedeutsamer Weise voneinander abweichen. Zu diesem Zwecke soll auf den Test der größten Abweichung von SMIRNOV abgestellt werden. Die Null-Hypothese besagt hier, daß beide Gruppen der gleichen Grundgesamtheit entnommen sind $[F(x) = G(y)]$; die Gegen-Hypothese soll dahingehend umschrieben werden, daß die beiden Gruppen nicht der gleichen Grundgesamtheit entstammen, d. h. daß ihre Ansichten nicht übereinstimmen $[F(x) \neq G(y)$, zweiseitiger Test]. Als Bedeutungsschwelle soll $\alpha = 0{,}05$ angenommen werden. Weiter ist $n = m = 15$.

Die Befragungsergebnisse werden nun in aufsteigender Reihenfolge aufgezeichnet, wobei das Zugehörigkeitsmerkmal zu einer (x) oder einer anderen Gruppe (y) beibehalten wird. Es ergibt somit die folgende Tabelle.

Schlüsselzahlen in den Gruppen		r_i/n	s_i/m	$d_i = \lvert r_i/n - s_i/m \rvert$
x	y			
1		1/15	0/15	1/15
1		2/15	0/15	2/15
1		3/15	0/15	3/15
1		4/15	0/15	4/15
	1	4/15	1/15	3/15
	1	4/15	2/15	2/15
	1	4/15	3/15	1/15
	1	4/15	4/15	0/15
2		5/15	4/15	1/15
2		6/15	4/15	2/15
2		7/15	4/15	3/15
	2	7/15	5/15	2/15
	2	7/15	6/15	1/15
	2	7/15	7/15	0/15
3		8/15	7/15	1/15
3		9/15	7/15	2/15
3		10/15	7/15	3/15
3		11/15	7/15	4/15
3		12/15	7/15	5/15
	3	12/15	8/15	4/15
	3	12/15	9/15	3/15
	3	12/15	10/15	2/15
4		13/15	10/15	3/15
	4	13/15	11/15	2/15
	4	13/15	12/15	1/15
5		14/15	12/15	2/15
5		15/15	12/15	3/15
	5	15/15	13/15	2/15
	5	15/15	14/15	1/15
	5	15/15	15/15	0/15

Die größte absolute Differenz $\lvert d_i \rvert$ ist folglich gleich $D = {}^5/_{15}$, d. h. $k = 5$. Auf Grund der Tafel für diesen Test (Tafel 7, S. 188) ergibt sich für $n = m = 15$ und $\alpha/2 = 0{,}025$ (zweiseitiger Test) ein zulässiger Wert für k von 8. Die Wahrscheinlichkeit $P(D \geq k/n)$ ist ebenfalls aus dieser Tafel zu entnehmen; sie ist gleich $2 \cdot 0{,}01312 = 0{,}02624$. Da der empirische Wert für k (5) kleiner ist als der zulässige Wert (8) und da die Eintreffenswahrscheinlichkeit für diesen empirischen Wert größer ist als die angenommene Bedeutungsschwelle, kann die Null-Hypothese bei einem Vertrauenskoeffizienten von 0,95 angenommen werden. Es ist also anzunehmen, daß die Absichten über die Konjunkturlage der beiden Gruppen von Wirtschaftsfachleuten miteinander übereinstimmen, d. h. das früher erhaltene Ergebnis ist hier bestätigt.

Dieser Test beruht auf der Annahme, daß es sich um Zufallsstichproben handelt, daß die Grundgesamtheit unendlich groß ist und daß die einzelnen Beobachtungsergebnisse nicht miteinander verbunden sind. Wenn es sich um ein stetiges Merkmal handelt, ist dies in der Regel gegeben.

Die Voraussetzungen für die genaue Berechnung der asymptotischen relativen Wirksamkeit, oder auch Pitmansche Wirksamkeit genannt, sind für diesen Test nicht gegeben. CAPON (15) hat gleichwohl versucht, etwas Licht in die Frage der Wirksamkeit dieses Tests zu bringen. Nach MASSEY (72) ist dieser Test für endlich große Stichproben verzerrt.

2.3.2.1.4. Leerzellen-Test von David

Der Grundgedanke bei diesem Test, der im Jahre 1950 von DAVID (25) vorgeschlagen worden ist[1], kann folgendermaßen wiedergegeben werden. Es ist eine aus n Elementen bestehende Stichprobe einer Grundgesamtheit entnommen worden. Auf Grund dieser Stichprobe soll nun entschieden werden, ob die Grundgesamtheit, aus welcher diese Stichprobe entnommen worden ist, gleich einer anderen, zu Vergleichszwecken herangezogenen hypothetischen Grundgesamtheit ist. Diese hypothetische Grundgesamtheit soll durch eine stetige Verteilungskurve gekennzeichnet sein. Es ist nun möglich, die Fläche unter dieser stetigen Verteilungskurve in c untereinander gleich große Flächenstücke aufzuteilen. Den vertikalen Trennungsgeraden zwischen diesen Flächenstücken entsprechen bestimmte Abszissenwerte. Die Zwischenräume zwischen diesen Abszissenwerten sollen als Zellen bezeichnet werden. Es sind folglich c solcher Zellen zu unterscheiden. Die Wahrscheinlichkeit, daß ein zufällig aus der hypothetischen Grundgesamtheit entnommenes Element in eine dieser Zellen fällt, ist für alle Zellen offensichtlich gleich groß. Dasselbe gilt aber auch für die Elemente einer zufällig dieser hypothetischen Grundgesamtheit entnommenen Stichprobe.

Daraus kann man nun folgern, daß eine Stichprobe, deren Elemente gleichmäßig auf die einzelnen Zellen verteilt sind, wahrscheinlich einem Universum entstammen, das gleich der hypothetischen Grundgesamtheit ist. Bezeichnet man die hypothetische Grundgesamtheit mit G_h und das Universum, welchem die Stichprobe entnommen ist, mit G_e, so lautet die Null-Hypothese

$$H_0: \quad G_e = G_h.$$

Die Gegen-Hypothese kann dann folgendermaßen formuliert werden:

$$H_1: \quad G_e \neq G_h.$$

---

[1] Vgl. auch CSORGO-GUTTMAN: (23).

Stellt es sich aber heraus, daß sich die Elemente der Stichprobe ungleich auf die einzelnen Zellen verteilen, dann kann man annehmen, daß die Null-Hypothese unrichtig ist und daß folglich die Gegen-Hypothese angenommen werden muß. Das Testkriterium ist also durch die Anzahl Zellen gegeben, welchen keine Elemente zugeteilt sind (Leerzellen).

Die Summe aus der Anzahl der Leerzellen (c_0) und der besetzten Zellen (c_1) ist gleich der Gesamtzahl der Zellen (c), d. h. $c_0 + c_1 = c$. Die Wahrscheinlichkeit, daß alle n Elemente der Stichprobe in eine Gruppe von i ($i \leq c$) bestimmten Zellen fallen, ist P_i. Da nun die Wahrscheinlichkeit, daß ein Element einer bestimmten Zelle zugeordnet ist, für alle Zellen gleich groß ist, beziffert sich die Wahrscheinlichkeit, daß ein Element in die Gruppe der i Zellen fällt, auf (i/c). Die Wahrscheinlichkeit, daß alle n Elemente auf diese Gruppe von i Zellen aufgeteilt werden, ist nach dem Multiplikationssatz gleich

$$P_i = (i/c)^n. \qquad (89)$$

Es ist nun aber nichts darüber ausgesagt, ob alle i Zellen wenigstens ein Element der Stichprobe enthalten oder ob auch Leerzellen unter den i Zellen möglich sind.

Ist $i = 1$, so ist P_1 die Wahrscheinlichkeit, daß alle n Elemente in diese einzige Zelle fallen; es ist offensichtlich

$$P_1 = (1/c)^n.$$

Ist $i = 2$, so ist es möglich, daß beide Zellen Elemente der Stichprobe enthalten oder daß eine der beiden Zellen leer ist. Die Wahrscheinlichkeit aber, daß sie nur in eine der beiden Zellen fallen, ist wiederum $P_1 = (1/c)^n$. Da in diesem Falle die eine oder andere der beiden Zellen mit den Elementen der Stichprobe aufgefüllt sein kann, tritt dieses Ereignis auf $\binom{2}{1}$ mögliche Arten ein. Die Wahrscheinlichkeit, daß sich entweder alle Elemente der Stichprobe auf die beiden Zellen verteilen (wobei dann keine Leerzellen bestehen dürfen) oder aber nur in einer der beiden Zellen vorzufinden sind, ist nach dem Additionssatz

$$P_2 = P_2' + \binom{2}{1} P_1$$

oder die Wahrscheinlichkeit, daß beide Zellen ausnahmslos besetzt sind

$$P_2' = P_2 - \binom{2}{1} P_1, \qquad (90)$$

wo $P_2 = (2/c)^n$ und $P_1 = (1/c)^n$ sind. Die Wahrscheinlichkeit P_2 bezieht sich auf das Ereignis, daß die Elemente der Stichprobe irgendwie auf die einzelnen Zellen verteilt sind, wobei eine Zelle nicht unbedingt ein Element aufzunehmen braucht.

Für $i = 3$ ist die Wahrscheinlichkeit, daß alle Zellen ausnahmslos besetzt sind, gleich P_3'. Die Wahrscheinlichkeit, daß nur zwei von den drei Zellen besetzt sind, ist bekanntlich P_2'. Dieses Ereignis stellt sich aber auf $\binom{3}{2}$ mögliche Arten ein. Die Wahrscheinlichkeit endlich, daß die n Elemente in nur eine Zelle fallen, ist P_1. Dieses Ereignis tritt nun in $\binom{3}{1}$ Fällen ein. Daraus läßt sich nun die Wahrscheinlichkeit bestimmen, daß entweder alle oder nur zwei oder nur eine der Zellen besetzt sind; sie ist gleich:

$$P_3 = P_3' + \binom{3}{2} P_2' + \binom{3}{1} P_1$$

oder die Wahrscheinlichkeit, daß alle drei Zellen ausnahmslos besetzt sind:

$$P_3' = P_3 - \binom{3}{2} P_2' - \binom{3}{1} P_1. \tag{91}$$

Ganz allgemein läßt sich die Wahrscheinlichkeit, daß alle i Zellen ausnahmslos Elemente enthalten, durch die folgende Beziehung angeben:

$$P_i' = P_i - \binom{i}{i-1} P_{i-1}' - \binom{i}{i-2} P_{i-2}' - \ldots - \binom{i}{2} P_2' - \binom{i}{1} P_1. \tag{92}$$

Nun bestehen $\binom{c}{c_1}$ Möglichkeiten, c_1 besetzte Zellen auf die insgesamt c Zellen zu verteilen. Nach dem Additionssatz stellt sich also die Wahrscheinlichkeit, daß alle i Zellen ausnahmslos besetzt sind, wobei auch noch die möglichen Anordnungen der besetzten Zellen unter den insgesamt c Zellen berücksichtigt werden, auf:

$$P(c_1) = \binom{c}{c_1} \left[P_i - \binom{i}{i-1} P_{i-1}' - \binom{i}{i-2} P_{i-2}' - \ldots - \binom{i}{2} P_2' - \binom{i}{1} P_1 \right] =$$

$$= \binom{c}{c_1} \left[P_i - \sum_{j=1}^{i-1} \binom{i}{j} P_j' \right] = P(c_0). \tag{93}[1]$$

Diese Beziehung ist in Tafeln für diesen Test ausgewertet worden.

---

[1] Diese Beziehung kann in eine andere Form gebracht werden, die für rechnerische Auswertungen besser geeignet ist, nämlich:

$$P(c_0) = P(c_1) = \binom{c}{c_0} \sum_{j=0}^{c-c_0} (-1)^j \binom{c-c_0}{j} \left(\frac{c-c_0-j}{c} \right)^n.$$

Wiederum soll der praktische Einsatz dieses Tests an Hand eines Beispiels dargelegt werden. In einem Fabrikationsprozeß wird der Durchmesser einer hergestellten Welle an Hand von sieben zufällig ausgewählten Wellen gemessen. Die Ergebnisse sind die folgenden:

56, 58, 55, 55, 57, 56, 54 mm.

Der Soll-Durchmesser beträgt 55 mm bei einer mittleren quadratischen Abweichung von 2,0 mm (Normalverteilung vorausgesetzt). Es soll geprüft werden, ob die Stichprobe aus sieben Meßergebnissen einer Grundgesamtheit (Produktion) entstammt, die gleich einer Normalverteilung mit Mittelwert 55 mm und mittlerer quadratischer Abweichung von 2,0 mm ist. Als Bedeutungsschwelle sollen 5 % angenommen werden.

Die Fläche unter der Normalverteilung mit $\bar{x} = 55$ und $\sigma = 2,0$ soll in fünf gleiche Flächenstücke ($c = 5$) aufgeteilt werden. Die Abszissenwerte der Trennungsgeraden für diese Flächen lassen sich an Hand einer Tafel der normierten Normalverteilungs-Fläche ($\bar{x} = 0$ und $\sigma = 1$) bestimmen. Es ist also

$$z_j = \frac{x_j - \bar{x}}{\sigma}.$$

Da die Gesamtfläche unter der normierten Normalverteilung in fünf gleiche Flächenstücke aufgeteilt ist, muß man aus einer solchen Tafel (Tafel 1, S. 180) für die Flächenstücke F_j (0,2; 0,4; 0,6; 0,8) die entsprechenden z_j-Werte herauslesen und daraus $x_j = \sigma z_j + \bar{x}$ bestimmen.

F_j	z_j	x_j
0,2	$-0,84162$	53,316760
0,4	$-0,25335$	54,493300
0,6	0,25335	55,506700
0,8	0,84162	56,683240

Die Zellen sind also durch die folgenden Grenzen gekennzeichnet:

Zellengrenzen	empirische Zellen-Häufigkeiten
bis 53,32	0
53,32 bis 54,49	1
54,49 bis 55,51	2
55,51 bis 56,68	2
56,68 bis	2

Ordnet man nun die gemessenen Wellendurchmesser diesen Zellen zu, so ergeben sich die angeführten empirischen Zellen-Häufigkeiten. Aus einer Tafel für diesen Test (Tafel 8, S. 189) liest man für eine bestimmte Bedeutungsschwelle und für die gegebenen Werte von n ($= 7$) und c ($= 5$) die größtzulässigen Werte von c_0 ab. Im vorliegenden Falle ergibt sich ein größtzulässiger Wert von c_0 von 3. Die Wahrscheinlichkeit, daß ein aus einer anderen Stichprobe gewonnener c_0-Wert größer oder gleich 3 ist, stellt sich auf 0,0162. Da sich im angegebenen Beispiel eine Leerzelle ergeben hat, d. h. also ein Wert, der kleiner ist als der kritische Tafelwert von 3, kann die Null-Hypothese bei einem Vertrauenskoeffizienten von 0,95 angenommen werden. Es ist also zu vermuten, daß die Stichprobe einer Grundgesamtheit entnommen worden ist, die mit der hypothetischen Grundgesamtheit (Normalverteilung mit $\bar{x} = 55$ und $\sigma = 2,0$) identisch ist.

DAVID (25) hat auch einen sensibleren Leerzellentest vorgeschlagen. Bei diesem wird die Fläche unter der hypothetischen Verteilungskurve in $2\,c$ gleich große Teilflächen aufgeteilt. Für den Test werden aber gleichwohl nur c Teilflächen herangezogen. Dadurch können auch einseitige Gegen-Hypothesen geprüft werden (indem je $c/2$ Zellen des unteren und oberen Flächenbereiches der Prüfung zugrunde gelegt werden). Dieser Test ist wie der Kolmogorov-Smirnov-Test ein allgemein anwendbarer Test.

2.3.2.1.5. Wilcoxon-Test

Der Wilcoxon-Test (128, 129, 130) geht von der gleichen Test-Grundlage aus wie der *Test der Wertungsdifferenzen von Fisher* (Fisher's test of difference-score population). Es empfiehlt sich deshalb, zuerst kurz auf diesen Test einzugehen, um dann zum Wilcoxon-Test überzuleiten.

Der Fisher-Test beruht auf der Differenz zwischen den Wertungen bei zwei Grundgesamtheiten $(x - y)$, wo x und y Wertungen bezüglich der Grundgesamtheiten X bzw. Y bezeichnen. Ein Test, der prüft, ob die Gesamtheit der Wertungsdifferenzen $(x - y)$ symmetrisch bezüglich Null ist, ermöglicht es, die Null-Hypothese zu prüfen, daß die Grundgesamtheiten X und Y entweder symmetrisch zu einer gemeinsamen Symmetrieachse oder aber identisch sind. Unter dieser Voraussetzung können nun n solche Wertungsdifferenzen $(x_i - y_i)$ gebildet werden, von welchen jede zufällig aus den n Gesamtheiten aller Wertungsdifferenzen gezogen worden ist. Jede dieser Wertungsdifferenzen ist symmetrisch bezüglich Null verteilt, sofern die angeführte Null-Hypothese zutrifft. Unter dieser Annahme ist anzunehmen, daß von den n Wertungsdifferenzen mit gleicher Wahrscheinlichkeit positive wie auch negative Differenzen verzeichnet werden können. Nun bestehen 2^n verschiedene, voneinander unterscheidbare Wertungsdifferenzen, wenn das eine oder andere Vorzeichen ($+$ oder $-$) jeder der n Wertungsdifferenzen zugeordnet wird. Von diesen weist jede die gleiche a-priori-Wahrscheinlichkeit auf, wenn H_0 zutrifft.

Nun sei angenommen, daß für jede der 2^n verschiedenen Wertungsdifferenzen deren Mittelwerte $\overline{(x - y)}$ berechnet worden sind. Diese Mittelwerte ergeben eine Häufigkeitsverteilung. Fällt nun eine empirisch gegebene Wertungsdifferenz unter jene α von den 2^n möglichen Wertungsdifferenzen, die am ausgefallensten sind, so muß die Null-Hypothese bei
einer Bedeutungsschwelle α abgelehnt werden. Statt des Parameters $\overline{(x-y)}$
verwendet FISHER den t-Test, wo

$$t = \frac{\overline{(x - y)}}{\sqrt{\sum\limits_{i=1}^{n} [(x_i - y_i) - \overline{(x-y)}]^2}} \sqrt{n\,(n-1)}.$$

Beim *Wilcoxon-Test* geht man auch von der mittleren Wertungsdifferenz $\overline{(x-y)}$ aus. Allerdings werden hier die Wertungsdifferenzen durch
die entsprechenden Rangordnungszahlen bezüglich der größenmäßigen Anordnung der vorzeichenfreien Wertungsdifferenzen ersetzt. Hernach werden diese Rangordnungszahlen mit den entsprechenden Vorzeichen der
Wertungsdifferenzen versehen. Zwei Fälle sind hier zu unterscheiden: der
Ein-Stichproben-Fall und der Zwei-Stichproben-Fall. Beim Ein-Stichproben-Fall spricht man auch vom *vorzeichenversehenen Rangordnungs-
Test bei Wertepaaren*, während man beim Zwei-Stichproben-Fall vom
Rangordnungs-Summentest spricht.

Beim Ein-Stichproben-Fall, d. h. beim vorzeichenversehenen Rangord-
nungs-Test, werden n zufällig gezogene Elementepaare zwei verschiedenen
Behandlungen (X und Y) unterzogen. Das Behandlungsergebnis (Wertung)
für jedes Element eines Elementepaares wird aufgezeichnet. Hierauf geht
man folgendermaßen vor.

— Es werden für jedes Elementepaar i ($i = 1, 2, \ldots n$) die Differenzen
  der entsprechenden Behandlungsergebnisse ($x_i - y_i$) bestimmt, wobei
  auch das Vorzeichen dieser Differenzen beachtet wird (Null-Differenzen werden vernachlässigt und die Anzahl der Paare um diese Anzahl
  der vernachlässigten Null-Differenzen verringert) [PRATT (96)];

— die absoluten Differenzen $|x_i - y_i|$ werden nach ihrer Größe mit Rang-
  ordnungszahlen (R_i) versehen;

— hierauf wird die Summe der positiven Rangordnungszahlen (W_+) und
  die der negativen Rangordnungszahlen (W_-) gebildet. Der kleinere
  der Werte W_+ und $|W_-|$ gilt als empirischer Testwert (W_e);

— dieser Testwert W_e wird mit entsprechenden Tafelwerten verglichen.

Wirkt sich die Behandlung auf die Elemente der Elementepaare gleich aus,
müßten die Vorzeichen $+$ und $-$ a priori gleich wahrscheinlich sein.

Jede der 2^n möglichen Vorzeichenzuteilungen an die Rangordnungszahlen müßte folglich mit gleicher a-priori-Wahrscheinlichkeit die empirisch festgestellte Vorzeichenzuteilung ergeben haben. Trifft aber die Null-Hypothese nicht zu, d. h. haben die Behandlungen einen unterschiedlichen Einfluß auf die Elemente der Elementepaare, so müßten gewisse extreme Vorzeichenverteilungen häufiger vorkommen als ausgeglichene Zuteilungen. Der empirische W-Wert kann deshalb als Ausdruck für den Einfluß einer bestimmten Behandlung aufgefaßt werden.

Dieser Ein-Stichproben-Fall soll nun an Hand eines Beispiels verdeutlicht werden. Bei der Herstellung eines Nahrungsmittel-Produktes hat es sich gezeigt, daß ein einfacheres technisches Herstellungsverfahren möglich ist. Die betreffende Firma weiß aber nicht, ob der durch dieses neue Verfahren veränderte Geschmack dieses Produktes bei den Käufern gut oder schlecht aufgenommen wird. Es werden deshalb zwölf Verkaufsstellen zufällig ausgewählt und daraus in zufälliger Weise sechs Paare gebildet ($n = 6$). Der einen Verkaufsstelle eines jeden Paares (Gruppe A) wird nun das nach dem herkömmlichen Verfahren erzeugte Produkt geliefert, die anderen Verkaufsstellen eines jeden Paares (Gruppe B) aber werden mit den nach dem neuen Verfahren hergestellten Produkten beliefert. Nun werden die Bestellungen dieser Verkaufsstellen während eines Vierteljahres beobachtet; die Ergebnisse sind nachfolgend zusammengestellt.

	Bestellungen (Pakete) der Verkaufsstellen-Paare						
	1	2	3	4	5	6	Summe
Gruppe A: x_i Gruppe B: y_i	223 193	196 217	305 250	174 198	186 205	190 183	
Differenz $(x_i - y_i)$	30	-21	55	-24	-19	7	
Rangordnung der Differenzen, absolut: R_i	5	3	6	4	2	1	
Rangordnung mit Vorzeichen	$+5$	-3	$+6$	-4	-2	$+1$	
W_+ W_-	$+5$	-3	$+6$	-4	-2	$+1$	12 -9

Der kleinere der Werte W_+ und $|W_-|$ wird als empirischer Testwert W_e zugrunde gelegt, d. h. $W_e = 9$. Als Bedeutungsschwelle soll die Wahrscheinlichkeit $\alpha = 0,05$ angenommen werden. Da die Abweichungen in den Bestellungen positiv oder negativ sein können, handelt es sich hier um einen zweiseitigen Test. In der Tafel 9, S. 190 findet man für $\alpha/2 = 0,025$

und $n = 6$ kritische Werte für W_+ von 0 und 1, welchen einseitige kumulierte Wahrscheinlichkeiten von 0,0156 bzw. 0,0313 entsprechen. Die entsprechende zweiseitige Wahrscheinlichkeit ist gleich dem doppelten Wert, d. h. 0,0312 bzw 0,0626. Da aber W_e (und W_+) wesentlich größer ist als der Tafelwert 1, dem eine zweiseitige Wahrscheinlichkeit von 0,0626 zukommt, die größer ist als die zugrunde gelegte Bedeutungsschwelle, muß die Null-Hypothese bei einem Vertrauenskoeffizienten von 0,95 angenommen werden. Das neue technische Herstellungsverfahren wirkt sich also auf den Verkauf dieses neuen Produktes nicht wesentlich aus.

Ist n so groß, daß die Wilcoxon-Tafeln nicht mehr verwendet werden können, kann der folgende Weg eingeschlagen werden. Bei großen Werten von n nähert sich die Testverteilung des Wilcoxon-Tests einer Normalverteilung. Das arithmetische Mittel dieser Normalverteilung ist

$$m = \frac{n(n+1)}{4} \tag{94}$$

und die entsprechende Streuung

$$\sigma^2 = \frac{n(n+1)(2n+1)}{24}. \tag{95}$$

Mit diesen Werten kann man einen neuen Testwert bilden, nämlich:

$$z = \frac{W_+ - \dfrac{n(n+1)}{4}}{\sqrt{\dfrac{n(n+1)(2n+1)}{24}}}. \tag{96}$$

der normalverteilt ist, wenn $n \to \infty$. Dieser Testwert kann nun an Hand einer Tafel der Flächenstücke unter der Normalverteilung in bekannter Weise auf seine Bedeutsamkeit hin geprüft werden.

Das angeführte Beispiel betraf den Ein-Stichproben-Fall, d. h. den vorzeichenversehenen Rangordnungstest bei Wertepaaren. Daneben ist aber bekanntlich der Zwei-Stichproben-Fall, d. h. der Rangordnungs-Summentest, zu unterscheiden. In diesem Falle liegen zwei Stichproben mit n bzw. m Elementen vor $(m \geq n)$. Diese beiden Stichproben können zwei verschiedenen Grundgesamtheiten entstammen oder aber aus ein und derselben Grundgesamtheit gezogen worden sein. Die Null-Hypothese sagt hier aus, daß die beiden Grundgesamtheiten, welchen die Stichproben entstammen, identisch sind, d. h. daß die beiden Stichproben aus dem gleichen Universum gezogen worden sind. Die Gegen-Hypothese lautet hier, daß die beiden Stichproben zwei verschiedenen Populationen entnommen worden sind. Ist H_0 richtig, so stellen die beiden Stichproben zwei Teilmengen der Stichprobe aus den $(n+m)$ Elementen dar. Die Aufteilung in eine Stichprobe mit n Elementen ist in $\binom{n+m}{n}$ verschiedenen Arten möglich. Die Tafeln für diesen Test enthalten die kritischen W-Werte, wenn alle $\binom{n+m}{n}$ verschiedenen Stichproben gleichmöglich sind.

Die Testuntersuchung verläuft folgendermaßen. Die Merkmalswerte der beiden Stichproben werden nach der Größe der Merkmalswerte mit Rangordnungszahlen versehen, wobei die beiden Stichproben als eine einzige betrachtet werden. Hernach werden für beide Stichproben getrennt die Rangordnungszahlen addiert. Die Summe jener Stichprobe, die weniger Elemente umfaßt, wird als maßgeblicher Testwert W_e betrachtet. Die Verteilung der Testwerte ist um ihr arithmetisches Mittel $\overline{W}$ symmetrisch. Nunmehr bestimmt man die Differenz

$$W_e^- = 2\,\overline{W} - W_e^+,$$

wobei $2\,\overline{W}$ in der Test-Tafel aufgezeichnet ist. Dies geht aus der folgenden Graphik hervor (Abb. 12).

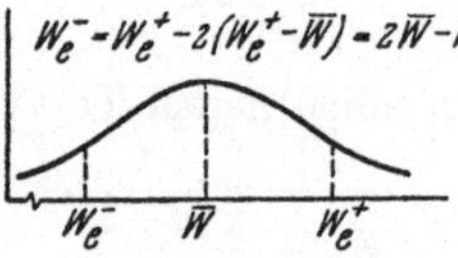

Abb. 12

Ist diese Differenz für bestimmte Werte von n und m und für eine bestimmte Bedeutungsschwelle kleiner als der in der Tafel angegebene kritische Wert, so wird die Null-Hypothese verworfen. Bei einem zweiseitigen Test ist zusätzlich noch darauf zu achten, daß die in der Tafel aufzusuchende Bedeutungsschwelle halb so groß ist wie die gewählte Bedeutungsschwelle.

Als Beispiel für diesen Fall des Wilcoxon-Tests soll das für den Ein-Stichproben-Fall dieses Tests angeführte Beispiel herangezogen werden. Es soll aber angenommen werden, daß die größte Bestellmenge in der Gruppe A (Verkaufstellen-Paar 3; Bestellmenge 305 Pakete) wenig zuverlässig ist, weshalb sie hier weggelassen wird. Die 11 Bestellmengen der Verkaufsstellen sollen als eine einzige Stichprobe betrachtet werden, wobei 5 Verkaufsstellen der Gruppe A und 6 Verkaufsstellen der Gruppe B angehören ($m = 6$, $n = 5$). Diese 11 Bestellmengen werden mit Rangordnungszahlen entsprechend ihrer Größe versehen. Es ergibt sich dadurch die folgende Tabelle:

	Rangordnungszahlen						Summe
Gruppe *A*	10	6	—	1	3	4	24
Gruppe *B*	5	9	11	7	8	2	42

Der maßgebliche Testwert ist $W_e = 24$, d. h. jene Summe der Rangordnungszahlen, die der kleineren Stichprobe (Gruppe A) entspricht.

Als Bedeutungsschwelle soll $\alpha = 0,05$ angenommen werden. Die Gegen-Hypothese kann hier so formuliert werden, daß die Bestellmengen der Verkaufsstellen aus der einen Gruppe größer (kleiner) sind als jene der Verkaufsstellen der anderen Gruppe (einseitiger Test). Der Tafel 10, S. 191, entnimmt man für $n = 5$ und $m = 6$ bei $\alpha = 0,05$ den kritischen W-Wert von 20. Der doppelte Wert des arithmetischen Mittels, $2\overline{W}$, ist ebenfalls der Tafel zu entnehmen; im vorliegenden Falle ist er gleich 60. Nun bestimmt man

$$2\overline{W} - W_e = 60 - 24 = 36.$$

Ist nun dieser Wert kleiner als der kritische Tafelwert (20), so ist die Null-Hypothese zu verwerfen. Im vorliegenden Falle ist sie anzunehmen, d. h. bei einem Vertrauenskoeffizienten von 0,95 kann angenommen werden, daß die beiden Stichproben der gleichen Grundgesamtheit entstammen, daß also wahrscheinlich keine wesentlichen Unterschiede in den Bestellmengen bestehen.

Auch in diesem Zwei-Stichproben-Fall nähert sich die Testverteilung der Normalverteilung, wenn $n \rightarrow \infty$ und $m \rightarrow \infty$, wobei aber $n/m = \text{konst.}$ bleibt. Für große Stichproben kann daher die folgende Formel herangezogen werden:

$$z = \frac{W_e - \dfrac{n(n+m+1)}{2}}{\sqrt{\dfrac{nm(n+m+1)}{12}}}, \tag{97}$$

wo

$$\frac{n(n+m+1)}{2}$$

das arithmetische Mittel der Testverteilung und

$$\frac{nm(n+m+1)}{12}$$

deren Streuung bezeichnen. Der Parameter z kann an Hand einer Tafel der Flächenstücke unter der Normalverteilung geprüft werden. Für beide Test-Varianten müssen die Elemente der Stichproben zufällig ausgewählt worden sein.

2.3.2.1.6. Mann-Whitney-Test

Dem Wilcoxon-Test nahestehend ist der Mann-Whitney-U-Test[1]. Dieser stellt eine lineare Transformation des Testwertes W_e im Wilcoxon-Test dar. Er vermittelt Entscheidungsunterlagen dafür, ob zwei unabhängige Stichproben der gleichen Grundgesamtheit entnommen worden sind. Verglichen mit parametrischen Tests kann er als wirksames nicht-parametrisches Gegenstück zum t-Test betrachtet werden. Das Vorgehen bei diesem Test kann folgendermaßen umschrieben werden.

Gegeben sind zwei Stichproben mit n_1 und n_2 Elementen $(n_1 \leqq n_2)$. Den einzelnen Elementen kommen auf Grund eines Versuchs Wertungen zu, die größenmäßig geordnet werden, wobei aber das Merkmal der Zugehörigkeit zur einen oder anderen Stichprobe beibehalten wird. Nun wird bestimmt, wie oft ein Element der kleineren Stichprobe einem solchen der größeren Stichprobe in der Rangordnung vorangestellt ist. Diese Häufigkeiten werden addiert und ergeben den Testwert U. Die Bedeutsamkeit dieses Testwertes wird dann an Hand von Test-Tafeln geprüft.

Die Null-Hypothese besagt hier, daß die Grundgesamtheiten, aus welchen die Stichproben entnommen worden sind, die gleiche Häufigkeitsverteilung aufweisen. Bei der Gegen-Hypothese kann man wiederum einen ein- und einen zweiseitigen Fall unterscheiden. Bei einem einseitigen Test besagt die Gegen-Hypothese, daß die eine Grundgesamtheit höhere Wertungen aufweist als die andere. Die Gegen-Hypothese ist anzunehmen, wenn die Wahrscheinlichkeit, daß eine Wertung in der einen Gruppe größer ist als die Wertung in der anderen Gruppe, größer ist als 0,5. Formelmäßig kann diese Gegen-Hypothese folgendermaßen dargestellt werden:

$$H_1: \quad P(a > b) > 0,5,$$

wo a und b Beobachtungswerte aus den Grundgesamtheiten A und B bezeichnen. Umgekehrt gilt auch:

$$H_1: \quad P(a > b) < 0,5,$$

während die Null-Hypothese durch die Beziehung

$$H_0: \quad P(a > b) = 0,5$$

dargestellt werden kann.

Der praktische Einsatz dieses Tests soll wiederum mit Hilfe eines Beispiels veranschaulicht werden, wobei auf das beim Wilcoxon-Test angeführte Beispiel zurückgegriffen sei. Allerdings wollen wir annehmen, daß

---

[1] MANN, H. B., und D. R. WHITNEY: (69).

die Gruppe A nur aus den ersten 4 Verkaufsstellen besteht. Wir können also die folgende Tabelle aufstellen.

	Bestellungen					
Gruppe A	223	196	305	174		
Gruppe B	193	217	250	198	205	183

Der Umfang der ersten Stichprobe (Gruppe A) ist $n_1 = 4$ und der der zweiten Stichprobe (Gruppe B) stellt sich auf $n_2 = 6$. Nun werden diese Werte beider Stichproben größenmäßig geordnet, wobei aber das Merkmal der Gruppenzugehörigkeit beibehalten wird. Das Ergebnis findet sich in der folgenden Übersicht.

Rangordnungszahlen	Merkmalswerte	Gruppen	Anzahl der Merkmale A vor Merkmal B
1	174	A	
2	183	B	1
3	193	B	1
4	196	A	
5	198	B	2
6	205	B	2
7	217	B	2
8	223	A	
9	250	B	3
10	305	A	
Summe ($= U$)			11

In der Test-Tafel 11, S. 192, findet man für $n_2 = 6$ und $n_1 = 4$, bei einem Wert $U = 11$, die Wahrscheinlichkeit 0,457. Es zeigt sich also, daß das Ereignis $U \leqq 11$ eine Eintreffenswahrscheinlichkeit (bei gegebener Null-Hypothese) von 0.457 hat. Bei einer Bedeutungsschwelle von 0,05 kann die Null-Hypothese noch angenommen werden, denn die Wahrscheinlichkeit, daß $U \leqq 11$ ist, stellt sich bei gegebener Null-Hypothese auf 0,457, d. h. sehr nahe bei 0,5. Es ist also anzunehmen, daß bei einem Vertrauenskoeffizienten von 0,95 die beiden Stichproben der gleichen Grundgesamtheit entstammen (das neue technische Herstellungsverfahren wirkt sich auf den Verkauf des neuen Produktes nicht aus).

Ergibt sich in einem bestimmten Beispiel ein U-Wert, der in der Tafel für gegebene Werte n_1 und n_2 nicht mehr enthalten ist, so ist das unrichtige Vergleichsmerkmal zugrunde gelegt worden. Bezeichnet man diesen zu hohen U-Wert mit U', so gilt die Beziehung

$$U + U' = n_1 n_2.$$

Daraus kann der verwertbare U-Wert abgeleitet werden:

$$U = n_1\, n_2 - U', \tag{98}$$

wobei dann auch die Beziehung

$$P\,(U \geqq U') = P\,[U \leqq (n_1\, n_2 - U')] \tag{99}$$

gilt. Im vorliegenden Beispiel ergibt sich $U' = 13$.

Die angeführten Test-Tafeln sehen Werte von n_2 bis 8 vor. Ist nun aber $8 < n_2 \leqq 20$, so können die Tafeln von AUBLE herangezogen werden[1]. Für größere Stichproben kann der Testwert U statt durch Abzählen auch durch Rechnung erhalten werden. Dabei werden den größenmäßig geordneten Wertungen die Rangordnungszahlen 1 bis $(n_1 + n_2)$ zugeordnet, wo die Rangordnungszahl 1 die kleinste und die Rangordnungszahl $(n_1 + n_2)$ die größte Wertung bezeichnen. Es gelten hier die folgenden Formeln:

$$U_1 = n_1\, n_2 + \frac{n_1\,(n_1 + 1)}{2} - R_1 \tag{100}$$

und

$$U_2 = n_1\, n_2 + \frac{n_2\,(n_2 + 1)}{2} - R_2, \tag{101}$$

wo R_1 die Summe der Rangordnungszahlen für die Stichprobe mit n_1 Elementen und R_2 die Summe der Rangordnungszahlen für die Stichprobe mit n_2 Elementen bezeichnen. Für das angegebene Beispiel ergeben sich die folgenden U-Werte.

Gruppe A	Rangordnungs-zahlen	Gruppe B	Rangordnungs-zahlen
223	8	193	3
196	4	217	7
305	10	250	9
174	1	198	5
		205	6
		183	2
Summen	$23 = R_1$		$32 = R_2$

$$U_1 = 4 \cdot 6 + \frac{4\,(4 + 1)}{2} - 23 = 11 = U$$

$$U_2 = 4 \cdot 6 + \frac{6\,(6 + 1)}{2} - 32 = 13 = U'.$$

---

[1] AUBLE, D.: (3).

Auch für den Mann-Whitney-Test nähert sich die Testverteilung bei wachsenden n_1 und n_2 der Normalverteilung[1]. Die Parameter dieser Normalverteilung sind

$$m = \frac{n_1 \cdot n_2}{2} \quad \text{und} \quad \sigma^2 = \frac{n_1 \cdot n_2 (n_1 + n_2 + 1)}{12}.$$

Auf Grund dieser Werte läßt sich der Parameter z bestimmen:

$$z = \frac{U - \dfrac{n_1 \cdot n_2}{2}}{\sqrt{\dfrac{n_1 \cdot n_2 (n_1 + n_2 + 1)}{12}}}. \tag{102}$$

Seine Bedeutsamkeit kann mit Hilfe der Tafeln der Flächenstücke unter der Normalverteilung geprüft werden.

Es kann nun vorkommen, daß einige Wertungen mehrmals erscheinen. In diesem Falle werden den sich wiederholenden Wertungen die Rangordnungszahlen zugeordnet, die sich bei ungleichen Wertungen ergeben hätten. Aus diesen Rangordnungszahlen wird dann das arithmetische Mittel gebildet und jeder der sich wiederholenden Wertungen beigegeben. Das folgende Beispiel soll dieses Vorgehen verdeutlichen.

Wertungen	Rangordnungszahlen	
	unbereinigt	bereinigt
5	1	1,5
5	2	1,5
7	3	4
7	4	4
7	5	4
8	6	6
9	7	7,5
9	8	7,5

wo z. B. $4 = \dfrac{3+4+5}{3}$ ist. In der Beziehung (102) für z muß dann die Streuung durch den folgenden Ausdruck ersetzt werden:

$$\sigma^2 = \left[\frac{n_1 n_2}{(n_1 + n_2)(n_1 + n_2 - 1)} \right] \left[\frac{(n_1 + n_2)^3 - (n_1 + n_2)}{12} - \Sigma T \right], \tag{103}$$

wo

$$T = \sum_{l=1}^{h} \frac{t_l^3 - t_l}{12} \quad (h = \text{Anzahl Wiederholungssequenzen}) \tag{104}$$

---

[1] Vgl. Mann, H. B., und D. R. Whitney: (69).

ist. Die Werte t_i stellen die Wiederholungen der Wertungen dar, also in unserem Falle:

$$t_1 = 2, \quad t_2 = 3, \quad t_3 = 2.$$

Der Wert ΣT stellt sich hier also auf:

$$\Sigma T = \frac{2^3 - 2}{12} + \frac{3^3 - 3}{12} + \frac{2^3 - 2}{12} = 3.$$

Zwei weitere Tests, die im wesentlichen dem Mann-Whitney-Test gleichwertig sind, sollen hier nur erwähnt werden. Es handelt sich um den Test von FESTINGER (30) und den Test von WHITE (127). Daneben sind noch andere Tests entwickelt worden, die hier weder erwähnt noch dargestellt werden sollen.

2.3.2.1.7. *Walsh-Test*

Der Zweck dieses Tests besteht darin, zu untersuchen, ob zwei Stichproben aus symmetrischen Grundgesamtheiten gezogen worden sind. Dabei ist es zulässig, daß diese Grundgesamtheiten nicht normalverteilt sind. Der Walsh-Test prüft also nur die Symmetrie der Grundgesamtheiten, ohne auszusagen, ob die beiden Stichproben dem gleichen Universum entstammen.

Der Walsh-Test weicht von den bisher betrachteten Tests insofern ab, als die Testformel sich mit dem Umfang der Stichproben und mit dem Wert der Bedeutungsschwelle ändert. WALSH hat in seiner Tafel die einzelnen Testformeln für verschiedene Stichprobenumfänge und Bedeutungsschwellen angegeben[1].

Das Vorgehen bei diesem Test kann kurz folgendermaßen umschrieben werden. Gegeben ist eine Stichprobe mit n Elementen. Jedes Element dieser Stichprobe wird zwei Versuchen unterworfen, und jeder Versuch ergibt eine Wertung. Für jedes Element wird weiter die Differenz (d_i) der beiden Wertungen bestimmt. Diese Wertungsdifferenzen d_i werden nun nach ihrer Größe geordnet. In dieser Reihenfolge werden sie mit $d_1, d_2, \ldots d_n$ bezeichnet, d. h. d_1 entspricht der algebraisch kleinsten Differenz und d_n der algebraisch größten Differenz $(d_1 \leqq d_2 \leqq \ldots \leqq d_n)$.

Die zu prüfende Null-Hypothese besagt, daß die beiden Stichproben Grundgesamtheiten entnommen worden sind, deren gemeinsamer Medianwert gleich Null ist. Da aber der Walsh-Test bekanntlich von der Annahme ausgeht, daß die Grundgesamtheiten symmetrisch sind, ist hier der Medianwert gleich dem arithmetischen Mittel. Mit anderen Worten, die Null-Hypothese nimmt an, daß das arithmetische Mittel aus allen

---

[1] Vgl. WALSH: (124, 125).

Wertungsdifferenzen μ_0 gleich Null ist. Die Gegen-Hypothese für einen zweiseitigen Test lautet:

$$H_1: \quad \mu_1 \neq 0$$

und für einen einseitigen Test:

$$H_1: \quad \mu_1 < 0 \quad \text{oder} \quad \mu_1 > 0.$$

Die praktische Verwendung dieses Tests wird am zweckmäßigsten durch ein Beispiel veranschaulicht. Eine Werbeagentur hat ein Inserat zu entwerfen. Es soll in einer Tageszeitung und in einer wöchentlich erscheinenden Zeitschrift veröffentlicht werden. Bevor sie es aber verschickt, möchte sie das voraussichtliche Ergebnis in den beiden Publikationsorganen abschätzen. Zu diesem Zwecke werden die zehn Mitarbeiter der Werbeagentur unabhängig voneinander nach den voraussichtlichen Erfolgsaussichten des Inserates in den beiden Publikationsorganen befragt. Die Antworten werden mit den Ziffern 1 bis 5 bewertet, wobei 1 sehr schlechte und 5 sehr gute Erfolgsaussichten bezeichnen. Das Ergebnis ist nachfolgend zusammengestellt.

Mitarbeiter i	Bewertungen		Differenzen	d_i
	Tageszeitung	Zeitschrift		
1	1	2	-1	d_4
2	3	1	2	d_{10}
3	2	1	1	d_7
4	4	3	1	d_8
5	1	3	-2	d_2
6	1	3	-2	d_3
7	2	2	0	d_6
8	3	2	1	d_9
9	1	4	-3	d_1
10	2	3	-1	d_5

Als Bedeutungsschwelle soll $\alpha = 0,05$ angenommen werden. Die Null-Hypothese lautet:

$$H_0: \quad \mu_0 = 0,$$

d. h. der Median der Differenzen ist gleich Null und die Gegen-Hypothese

$$H_1: \quad \mu_1 > 0,$$

d. h. die Wertungen für die Tageszeitung sind höher als jene für die Zeitschrift (bei $H_1: \mu_1 < 0$ wären die Wertungen für die Tageszeitung tiefer als jene für die Zeitschrift).

Der Tafel für den Walsh-Test (Tafel 12, S. 193)[1] kann für $n = 10$ folgendes entnommen werden:

Bedeutungsschwellen α	Testformeln für $\mu_1 > 0$
0,056	$\min [d_5,\ ^1/_2\ (d_1 + d_7)] > 0$
0,025	$\min [d_4,\ ^1/_2\ (d_1 + d_6)] > 0$
0,011	$\min [d_3,\ ^1/_2\ (d_1 + d_5)] > 0$
0,005	$\min [d_2,\ ^1/_2\ (d_1 + d_5)] > 0$

Die Testformel $\min [d_5,\ ^1/_2\ (d_1 + d_7)] > 0$ beispielsweise besagt, daß der kleinste der Werte d_5 und $^1/_2\ (d_1 + d_7)$ maßgeblich ist und daß dieser Wert positiv sein sollte, wenn die Gegenhypothese bei einer Bedeutungsschwelle von 0,056 anzunehmen ist. Auf Grund des angeführten Beispiels ergeben sich somit die folgenden Testwerte:

Bedeutungsschwellen α	Testwerte	H_1
0,056	$\min (-1,\ -1)$ d.h. $-1 \not> 0$	verworfen
0,025	$\min (-1, -1{,}5)$ d.h. $-1{,}5 \not> 0$	verworfen
0,011	$\min (-2,\ -2)$ d.h. $-2 \not> 0$	verworfen
0,005	$\min (-2,\ -2)$ d.h. $-2 \not> 0$	verworfen

Da in unserem Falle $\alpha = 0{,}05$ angenommen worden ist, kann die Gegenhypothese bei den Bedeutungsschwellen 0,056 und 0,025, welche den angenommenen Wert $\alpha = 0{,}05$ einschließen, bei einem Vertrauenskoeffizienten von 0,95 verworfen werden. Dies besagt, daß für die Häufigkeitsverteilungen der beiden Wertungen in der Grundgesamtheit $(n = N)$ die Hypothese $\mu_1 > 0$ statistisch nicht gesichert ist. Es besteht also keine statistisch gesicherte Tendenz einer besseren geschätzten Erfolgsaussicht des Inserates, wenn es in der Tageszeitung erscheint.

Man könnte nun noch die andere Gegen-Hypothese H_1: $\mu_1 < 0$ prüfen, d.h. die Hypothese, daß das Inserat erfolgreicher ist, wenn es in der Zeitschrift erscheint. In diesem Falle ergeben sich die folgenden Entscheidungsunterlagen:

Bedeutungsschwellen α	Testformeln für $\mu_1 < \sigma$	Testwerte	H_1
0,056	$\max [d_6,\ ^1/_2\ (d_4 + d_{10})] < 0$	$\max (0,\ ^1/_2) = \ ^1/_2 \not< 0$	verworfen
0,025	$\max [d_7,\ ^1/_2\ (d_5 + d_{10})] < 0$	$\max (1,\ ^1/_2) = \ 1 \not< 0$	verworfen
0,011	$\max [d_8,\ ^1/_2\ (d_6 + d_{10})] < 0$	$\max (1,\ 1) = \ 1 \not< 0$	verworfen
0,005	$\max [d_9,\ ^1/_2\ (d_6 + d_{10})] < 0$	$\max (1,\ 1) = \ 1 \not< 0$	verworfen

---

[1] In der Tafel steht statt d das Symbol x.

Die Gegen-Hypothese ist auch hier zu verwerfen, d. h. es besteht keine statistisch gesicherte Tendenz, daß das Inserat in der Zeitschrift nicht mehr Erfolg aufweisen dürfte. Faßt man beide Ergebnisse zusammen, so ergibt sich, daß den beiden Publikationsorganen von den Mitarbeitern der Werbeagentur gleiche Erfolgsaussichten zugeordnet worden sind.

Der Walsh-Test ist ein sehr wirkungsvoller Test. Verglichen mit dem (parametrischen) t-Test weist er eine Wirksamkeit von rund 95 % auf, die bei $n = 9$ und $\alpha = 0{,}01$ als einseitiger Test sogar 99 % erreicht.

2.3.2.1.8. *Kruskal-Wallis-H-Test*

Dieser Test stellt eine Verallgemeinerung des Wilcoxon-Summentests für zwei Stichproben dar, indem hier mehr als zwei Stichproben betrachtet werden. Es wird hier angenommen, daß k Stichproben gegeben sind, die der Reihe nach $n_1, n_2, \ldots n_k$ Elemente umfassen. Alle Stichproben zusammen enthalten

$$\sum_{i=1}^{k} n_i = N$$

Elemente. Es stellt sich die Frage, ob diese k Stichproben der gleichen oder identischen Grundgesamtheit entnommen sind (Null-Hypothese). Die Gegen-Hypothese lautet dann, daß diese k Stichproben aus verschiedenen Grundgesamtheiten stammen, wobei sich diese Verschiedenheit auf die Lageparameter (Mittelwerte) bezieht.

Der Testvorgang besteht darin, daß man die Merkmalswerte der einzelnen Elemente für jede Stichprobe getrennt aufzeichnet. Jedem Merkmalswert wird dann, unter der Annahme, daß alle k Stichproben vereinigt sind, eine Rangordnungszahl zugeordnet. Für jede Stichprobe getrennt wird hierauf die Summe dieser Rangordnungszahlen bestimmt; diese sei mit T_i bezeichnet. Es wird auch der Mittelwert dieser Rangordnungszahlen ermittelt, indem für jede Stichprobe diese Summe durch die entsprechende Anzahl Elemente dividiert wird:

$$\overline{T_i} = \frac{T_i}{n_i}.$$

Das arithmetische Mittel aller Rangordnungszahlen ist offensichtlich gleich

$$E\left(\overline{T_i}\right) = \frac{N(N+1)}{2N} = \frac{N+1}{2}. \tag{105}$$

Dieser Wert stellt den Erwartungswert für $\overline{T_i}$ dar, wenn alle Rangordnungszahlen zufällig auf die k Stichproben verteilt wären. Auf Grund dieser Resultate errechnet sich dann der Testwert

$$H = \frac{12}{N(N+1)} \sum_{i=1}^{k} n_i \left[\overline{T}_i - E\left(\overline{T}_i\right)\right]^2 = \frac{12}{N(N+1)} \sum_{i=1}^{k} n_i \left(\overline{T}_i - \frac{N+1}{2}\right)^2. \qquad (106)$$

Diese Beziehung kann folgendermaßen umgeformt werden:

$$H = \frac{12}{N(N+1)} \sum_{i=1}^{k} n_i \left[\overline{T}_i^2 - \overline{T}_i (N+1) + \frac{(N+1)^2}{4}\right] =$$

$$= \frac{12}{N(N+1)} \sum_{i=1}^{k} \left[n_i \overline{T}_i^2 - n_i \overline{T}_i (N+1) + n_i \frac{(N+1)^2}{4}\right].$$

Bedenkt man nun, daß bekanntlich

$$\overline{T}_i = \frac{T_i}{n_i}, \quad \sum_{i=1}^{k} n_i \overline{T}_i = \frac{N(N+1)}{2} \quad \text{und} \quad \sum_{i=1}^{k} n_i = N \ .$$

sind, so ergibt sich:

$$H = \frac{12}{N(N+1)} \left[\sum_{i=1}^{k} \frac{T_i^2}{n_i} - (N+1) \sum_{i=1}^{k} T_i + \frac{(N+1)^2}{4} \sum_{i=1}^{k} n_i\right] =$$

$$= \frac{12}{N(N+1)} \left[\sum_{i=1}^{k} \frac{T_i^2}{n_i} - \frac{N(N+1)^2}{2} + \frac{N(N+1)^2}{4}\right] =$$

$$= \frac{12}{N(N+1)} \left[\sum_{i=1}^{k} \frac{T_i^2}{n_i} - \frac{N(N+1)^2}{4}\right] =$$

$$= \frac{12}{N(N+1)} \sum_{i=1}^{k} \frac{T_i^2}{n_i} - \frac{12 N(N+1)^2}{4 N(N+1)}.$$

Daraus ergibt sich die vor allem für praktische Auswertungen nützliche weitere Test-Beziehung:

$$H = \frac{12}{N(N+1)} \sum_{i=1}^{k} \frac{T_i^2}{n_i} - 3 (N+1). \qquad (106\,\text{a})$$

Dieser Testwert wird nun an Hand von Tafelwerten[1] geprüft. Eine angenäherte Prüfung kann auch mit Hilfe des χ^2-Tests durchgeführt werden, wobei sich die Anzahl Freiheitsgrade auf $(k-1)$ stellt, wie KRUSKAL (60) nachgewiesen hat. Dies zu wissen ist vor allem dann nützlich, wenn die Stichproben eine große Anzahl von Elementen umfassen. Es wird hier allerdings angenommen, daß alle Stichproben gleich viele Elemente enthalten, d. h. $n_i =$ konst. $= n$. Die Werte T_i können (wenn die Null-Hypothese gilt) als Summen von n zufällig und ohne Zurücklegen aus einer

---

[1] Vgl. KRUSKAL, W. H., und W. A. WALLIS: (61); OWEN, D. B.: (90).

rechteckverteilten Grundgesamtheit ausgewählten Merkmalswerten betrachtet werden, wobei diese Rechteckverteilung durch die ganzen Zahlen von 1 bis N gegeben ist. Der Mittelwert dieser Rechteckverteilung ist bekanntlich $\dfrac{N+1}{2}$ [Formel (105)] und die Streuung $\dfrac{N^2-1}{12}$. Die Streuung des Stichprobenmittels $\overline{T}_i$ wird durch die Beziehung

$$\sigma^2_{\overline{T}_i} = \frac{N-n}{N-1}\,\frac{(N^2-1)}{12}\,\frac{1}{n}$$

gekennzeichnet. Die Variable T_i wird bei der Null-Hypothese H_0 durch eine Verteilung dargestellt, deren Mittelwerts- und Streuungsformeln mit n bzw. n^2 zu multiplizieren sind.

Auf Grund des zentralen Grenzwertsatzes kann gesagt werden, daß sich die Verteilung von T_i bei wachsendem Stichprobenumfang n der Normalverteilung annähert. Es kann folglich die normierte Variable z gebildet werden:

$$z = \frac{T_i - \dfrac{n\,(N+1)}{2}}{\sqrt{\dfrac{n\,(N^2-1)\,(N-n)}{12\,(N-1)}}}.$$

Die Summe der Quadrate der sich für jede der k Stichproben ergebenden normierten Variablen ist nach der χ^2-Verteilung mit k Freiheitsgraden verteilt, sofern alle k normierten Variablen voneinander unabhängig sind. Tatsächlich aber sind nur $(k-1)$ unter ihnen voneinander unabhängig, so daß die mit $\dfrac{k-1}{k}$ multiplizierte Summe der Quadrate dieser normierten Variablen ungefähr χ^2-verteilt ist, wobei die Anzahl Freiheitsgrade selbstverständlich $(k-1)$ beträgt.

$$\chi^2 \sim \frac{k-1}{k}\sum_{i=1}^{k}\frac{\left[T_i - \dfrac{n\,(N+1)}{2}\right]^2}{\dfrac{n\,(N^2-1)\,(N-n)}{12\,(N-1)}}.$$

Für (N^2-1) kann man bekanntlich auch $(N+1)\,(N-1)$ setzen.

$$\chi^2 \sim \frac{k-1}{k}\sum_{i=1}^{k}\frac{\left[T_i - \dfrac{n\,(N+1)}{2}\right]^2}{\dfrac{n\,(N+1)\,(N-1)\,(N-n)}{12\,(N-1)}} =$$

$$= \frac{k-1}{k}\,\frac{12}{(N+1)\,(N-n)}\sum_{i=1}^{k}\frac{\left[T_i - \dfrac{n\,(N+1)}{2}\right]^2}{n}.$$

Nun ist, wie wir wissen, $T_i = n_i \overline{T}_i$, d. h. im vorliegenden Falle $T_i = n \overline{T}_i$.

$$\chi^2 \sim \frac{12\,(k-1)}{k\,(N+1)\,(N-n)} \sum_{i=1}^{k} \frac{\left[\overline{T}_i \cdot n - \dfrac{n\,(N+1)}{2}\right]^2}{n}.$$

Weiter ist offensichtlich $N = k \cdot n$. Setzt man dies ein, so findet man:

$$\chi^2 \sim \frac{12\,(k-1)\,n}{N\,(N+1)\,n\,(k-1)} \sum_{i=1}^{k} n \left[\overline{T}_i - \frac{(N+1)}{2}\right]^2,$$

d. h.

$$\chi^2 \sim \frac{12}{N\,(N+1)} \sum_{i=1}^{k} n \left(\overline{T}_i - \frac{N+1}{2}\right)^2. \tag{107}$$

Auf der rechten Seite dieser Beziehung steht der gleiche Ausdruck wie in Formel (106).

Der H-Test von KRUSKAL-WALLIS entspricht also im nicht-parametrischen Bereich der parametrischen Varianzanalyse, durch welche bekanntlich auch untersucht werden kann, ob k Stichproben der gleichen Grundgesamtheit entnommen worden sind. Er ist allerdings an bestimmte Bedingungen geknüpft, nämlich an die Bedingungen, daß den untersuchten Variablen eine stetige unendliche Grundgesamtheit entspricht und daß die Stichproben zufällig sind.

Bestehen zwischen einigen Merkmalswerten Bindungen, so daß diesen Merkmalswerten die gleiche Rangordnungszahl gegeben werden müßte, so wird jedem betroffenen Merkmalswert das arithmetische Mittel aus den Rangordnungszahlen zugeordnet, die sich ergeben hätten, wenn keine Bindungen bestanden hätten. Dieses Vorgehen entspricht jenem beim Mann-Whitney-Test (S. 106—110). In diesem Falle ist allerdings die Testbeziehung gemäß Formel (106) bzw. (106a) zu korrigieren. Diese Korrektur besteht darin, daß der H-Wert durch den Ausdruck

$$1 - \frac{\sum\limits_{j=1}^{h} (t_j^3 - t_j)}{N\,(N^2 - 1)} \tag{108}$$

geteilt wird. Hier bedeuten wiederum t_i die Wiederholungen der Rangordnungszahlen und h die Anzahl der Wiederholungssequenzen.

Die Pitmansche Wirksamkeit des Kruskal-Wallis-Tests verglichen mit dem F-Test in der Varianzanalyse ist nicht kleiner als 0,864[1]. Ist die den Tests unterstellte Grundgesamtheit normalverteilt, so erhöht sich die Wirksamkeit auf 0,955; ist aber die unterstellte Grundgesamtheit rechteckig verteilt, so erreicht die Wirksamkeit den Wert 1,0.

---

[1] Vgl. HODGES, J. C., und E. L. LEHMANN: (49).

Einen Test, der diesem Test sehr ähnlich ist, stellt der Rijkoort-Test (98) dar. Diese beiden Tests stimmen dann überein, wenn $n_i = n = $ konst. ist.

Ein Beispiel soll die Anwendung des Kruskal-Wallis-H-Tests aufzeigen. Das beim Wilcoxon-Test angeführte Beispiel soll hier (abgeändert) durch eine weitere Gruppe (Gruppe C) erweitert werden. Es soll folglich untersucht werden, ob die folgenden drei Stichproben der gleichen Grundgesamtheit entstammen.

Bestellungen

Gruppe A	223	196	305	174	
Gruppe B	193	217	198	205	183
Gruppe C	218	306	180	197	110

Die Null-Hypothese lautet hier, daß diese drei Stichproben der gleichen Grundgesamtheit entnommen worden sind. Die Gegen-Hypothese soll hier besagen, daß diese drei Stichproben nicht der gleichen Grundgesamtheit angehören. Als Bedeutungsschwelle sollen 5 % angenommen werden. Der Rechengang ist der folgenden Übersicht zu entnehmen.

Stichproben

I		II		III		
MW	RO	MW	RO	MW	RO	
223	12	193	5	218	11	
196	6	217	10	306	14	
305	13	198	8	180	3	
174	2	205	9	197	7	
		183	4	110	1	
n_i	4		5		5	$\sum\limits_{i=1}^{3} n_i = 14 = N$
T_i	33		36		36	
T^2_i	1089		1296		1296	
T^2_i/n_i	272,25		259,20		259,20	$\sum\limits_{i=1}^{3} T_i^2/n_i = 790,65$

(MW = Merkmalswerte, RO = Rangordnungszahlen)

Gemäß Beziehung (106 a) ergibt sich ein empirischer H-Wert von

$$H = \frac{12}{14 \cdot 15}\, 790,65 - 3 \cdot 15 = 0,18.$$

Einer H-Tafel (Tafel 13, S. 194) kann man entnehmen, daß diesem H-Wert eine Wahrscheinlichkeit zukommt, die größer ist als 10 %. Die Null-Hypothese kann hier also angenommen werden.

Die Beziehung (106a) kann bekanntlich aber auch mit Hilfe des χ^2-Tests geprüft werden. Die Anzahl Freiheitsgrade ist hier $(k-1) = 2$. Eine χ^2-Tafel (Tafel 4, S. 185) zeigt für zwei Freiheitsgrade einen theoretischen χ^2-Wert von 5,991. Dies besagt, daß die Wahrscheinlichkeit, bei einer Bedeutungsschwelle von 5 % einen gleich großen oder größeren Wert als 5,991 zu erhalten, 5 % beträgt, d. h.

$$P\,(\chi^2_e \geqq \chi^2_{th}) = 0,05.$$

In unserem Falle ist $\chi^2 = H = 0,18$, d. h. also wesentlich kleiner als 5,991. Die Null-Hypothese kann also bei einem Vertrauenskoeffizienten von 0,95 angenommen werden. Dies besagt, daß die drei Stichproben wahrscheinlich der gleichen Grundgesamtheit entnommen worden sind.

2.3.2.1.9. *Friedman-S-Test*

Der Friedman-S-Test (36, 37) geht davon aus, daß R zufällig gezogene Stichproben mit je C Elementen gegeben sind. Die C Elemente jeder Stichprobe werden bestimmten Behandlungen unterzogen. Es gilt nun, zu untersuchen, ob diese Behandlungen in allen Stichproben die gleichen Auswirkungen ergeben haben (Null-Hypothese) oder ob sich verschiedene Auswirkungen zeigen (Gegen-Hypothese). Maßgeblich sollen dabei Unterschiede der Medianwerte für die einzelnen Behandlungen sein.

Zu diesem Zwecke werden die einzelnen Merkmalswerte in den Stichproben in eine Tabelle eingetragen, deren Tabellenvorspalte die einzelnen Stichproben und deren Tabellenkopf die einzelnen Behandlungen angeben. Bezeichnet man die Stichproben mit den Ziffern 1, 2, ... R und die Behandlungen mit I, II, ... C sowie die Merkmalswerte mit x_{ij} $(i = 1, 2, ... R; j = 1, 2, ... C)$, so ergibt sich die folgende Tabelle.

Stichproben	Behandlungen				
	I	II	III	...	C
1	$x_{1\,\mathrm{I}}$	$x_{1\,\mathrm{II}}$	$x_{1\,\mathrm{III}}$	...	x_{1C}
2	$x_{2\,\mathrm{I}}$	$x_{2\,\mathrm{II}}$	$x_{2\,\mathrm{III}}$	...	x_{2C}
3	$x_{3\,\mathrm{I}}$	$x_{3\,\mathrm{II}}$	$x_{3\,\mathrm{III}}$	...	x_{3C}
...	...	...	...	...	...
R	$x_{R\,\mathrm{I}}$	$x_{R\,\mathrm{II}}$	$x_{R\,\mathrm{III}}$	...	x_{RC}

Nun werden den einzelnen Merkmalswerten x_{ij} entsprechend ihrer Größe Rangordnungszahlen, für jede Stichprobe getrennt, d. h. in horizontaler Richtung, beigegeben. Wirken sich die einzelnen Behandlungen auf alle Stichproben gleich aus, so müßte die größenmäßige Reihenfolge der Merkmalswerte für alle Stichproben gleich sein. Trifft dies nicht zu, so sollten sich die Rangordnungszahlen weitgehend zufällig auf die einzelnen Stichprobenelemente verteilen. Um dies festzustellen, werden nun die Rangordnungszahlen für jede Behandlung getrennt über alle Stichproben, d. h. in vertikaler Richtung, addiert. Diese Summen sind mit T_j $(j = 1, 2, \ldots C)$ bezeichnet.

Nun wird die Summe der Abweichungsquadrate zwischen T_j und $\overline{T}$ gebildet. Der Wert $\overline{T}$ ist gleich dem arithmetischen Mittel aus allen T_j. Es ergibt sich somit die Testformel:

$$S = \sum_{j=1}^{C} (T_j - \overline{T})^2. \tag{109}$$

Der zu erwartende Mittelwert auf jeder Zeile nimmt offensichtlich den Wert $\dfrac{(C+1)}{2}$ an, denn es sind nur C Rangfolge-Wertungen möglich. Diese durchschnittliche Rangfolge-Wertung wiederholt sich aber auf jeder Zeile, weshalb der Gesamtdurchschnitt $\overline{T}$ gleich $\dfrac{R(C+1)}{2}$ ist (Rechteck-Verteilung). Die Testformel nimmt deshalb die folgende Gestalt an:

$$S = \sum_{j=1}^{C} \left[T_j - \frac{R(C+1)}{2} \right]^2. \tag{109 a}$$

Diese Beziehung kann in folgender Weise umgeformt werden.

$$S = \sum_{j=1}^{C} \left[T_j - \frac{R(C+1)}{2} \right]^2 = \sum_{j=1}^{C} \left[T_j^2 - T_j R(C+1) + \frac{R^2(C+1)^2}{4} \right] =$$

$$= \sum_{j=1}^{C} T_j^2 - R(C+1) \sum_{j=1}^{C} T_j + \frac{C R^2 (C+1)^2}{4} =$$

$$= \sum_{j=1}^{C} T_j^2 - R(C+1) \frac{C R(C+1)}{2} + \frac{C R^2 (C+1)^2}{4}.$$

denn es ist:

$$\frac{\sum\limits_{j=1}^{C} T_j}{C} = \frac{R(C+1)}{2},$$

$$S = \sum_{j=1}^{C} T_j^2 - \frac{C R^2 (C+1)^2}{2} + \frac{C R^2 (C+1)^2}{4} =$$

$$= \sum_{j=1}^{C} T_j^2 - \frac{C R^2 (C+1)^2}{4}. \tag{109 b}$$

Die S-Tafeln erstrecken sich nun auf einige Werte von R und C. Können aus diesem Grunde in einem praktischen Falle die S-Tafeln nicht verwendet werden, so ist es möglich, die Bedeutsamkeit eines bestimmten S-Wertes mit Hilfe der χ^2-Verteilung mit $(C-1)$ Freiheitsgraden angenähert zu bestimmen. Dies geht aus der folgenden Ableitung hervor.

Das arithmetische Mittel und die Streuung der rechteckverteilten Rangordnungszahlen von 1 bis C sind durch die folgenden Werte gekennzeichnet:

$$m = \frac{C+1}{2}, \qquad \sigma^2 = \frac{C^2-1}{12}.$$

Nimmt nun die Anzahl der Stichproben R zu, so nähert sich gemäß dem zentralen Grenzwertsatz die Häufigkeitsverteilung der T_j-Werte der Normalverteilung mit den Parametern $m = \dfrac{R(C+1)}{2}$ und $\sigma^2 = \dfrac{R(C^2-1)}{12}$. Es kann deshalb die folgende normierte Beziehung eingeführt werden:

$$z = \frac{T_j - m}{\sigma} = \frac{T_j - \dfrac{R(C+1)}{2}}{\sqrt{\dfrac{R(C^2-1)}{12}}}.$$

Die Summe der Abweichungsquadrate [Beziehung (109)] der C zufälligen und unabhängigen Werte z ist nun χ^2-verteilt mit C Freiheitsgraden. Da aber wiederum die C Spaltensummen nicht unabhängig sind, da ihre Summe den Wert $\dfrac{R(C+1)}{2}$ ergeben muß, so bestehen in diesem Falle $(C-1)$ Freiheitsgrade.

Wir können nun wiederum[1] die Beziehung

$$\chi^2 \sim \frac{C-1}{C} \sum_{j=1}^{C} \frac{\left[T_j - \dfrac{R(C+1)}{2}\right]^2}{\dfrac{R(C^2-1)}{12}} =$$

$$= \frac{C-1}{C} \sum_{j=1}^{C} \frac{12\left[T_j - \dfrac{R(C+1)}{2}\right]^2}{R(C^2-1)} =$$

$$= \frac{12(C-1)}{CR(C-1)(C+1)} \sum_{j=1}^{C} \left[T_j - \dfrac{R(C+1)}{2}\right]^2$$

---

[1] Vgl. den Abschnitt über den Kruskal-Wallis-H-Test.

aufstellen. Daraus ergibt sich [unter Berücksichtigung von Formel (109 b)]:

$$\chi^2 \sim \frac{12\,S}{C\,R\,(C+1)} = \frac{12}{C\,R\,(C+1)} \sum_{j=1}^{C} T_j{}^2 - 3\,R\,(C+1). \qquad (110)$$

Für diesen Ausdruck hat KENDALL (54) eine Stetigkeitskorrektur vorgeschlagen, wodurch sich die bereinigte Beziehung

$$\chi^2 = \frac{12\,R\,(C-1)\,(S-1)}{R^2\,C\,(C^2-1)+24} \qquad (110\,\text{a})$$

ergibt.

Dieser Test ist an die Bedingung gebunden, daß die einzelnen Elemente in den Stichproben in zufälliger Weise den C Behandlungen unterworfen werden und daß auf den einzelnen Zeilen keine Merkmalswerte mit gleichen Rangordnungszahlen vorkommen.

Verglichen mit dem F-Test in der Streuungszerlegung, kommt diesem Test eine Pitmansche Wirksamkeit von

$$\left(\frac{3}{\pi}\right) \frac{C}{C+1}$$

zu. Die Wirksamkeit nimmt mit zunehmenden Werten von C (Behandlungen) zu. Für $C \to \infty$ ergibt sich ein Wirkungsgrad von 0,955 ($= 3/\pi$), während für $C = 2$ ein solcher von 0,637 ($= 2/\pi$) festzustellen ist.

Wiederum soll der Rechengang an Hand eines Beispiels erläutert werden. Eine Werbeagentur will den Einfluß von vier Inseraten auf die Leser einer Tageszeitung ermitteln. Zu diesem Zwecke werden fünf Personen zufällig herausgegriffen, welchen diese Inserate vorgelegt werden. Die Reaktionen dieser Personen werden mit Noten von 1 bis 10 gekennzeichnet (1 sehr schlechte Aufnahme, 10 sehr gute Aufnahme). Das Ergebnis ist in der folgenden Tabelle zusammengestellt.

Personen	Inserate			
	I	II	III	IV
A	3	5	1	6
B	2	7	8	5
C	5	8	9	6
D	3	4	1	2
E	8	9	10	7

Die Auswertung dieser Ergebnisse geschieht in der Weise, daß diese Wertungen, für jede Person getrennt (Zeilen), zahlenmäßig geordnet und mit Rangordnungszahlen bezeichnet werden. Diese werden dann für jedes

Inserat (jede Spalte) zusammengezählt und ergeben die T_j-Werte. Hierauf wird die Testbeziehung (109 a) zahlenmäßig ausgewertet. Dieses Vorgehen ist in der folgenden Tabelle veranschaulicht ($R = 5$, $C = 4$).

Personen	Rangordnungszahlen, Inserate			
	I	II	III	IV
A	2	3	1	4
B	1	3	4	2
C	1	3	4	2
D	3	4	1	2
E	2	3	4	1
T_j	9	16	14	11
$T_j - \dfrac{R(C+1)}{2}$	$-3{,}5$	$3{,}5$	$1{,}5$	$-1{,}5$
$\left[T_j - \dfrac{R(C+1)}{2} \right]^2$	$12{,}25$	$12{,}25$	$2{,}25$	$2{,}25$

$$S = \sum_{j=1}^{C} \left[T_j - \frac{R(C+1)}{2} \right]^2 = 29{,}00.$$

Aus einer S-Tafel (Tafel 14, S. 195) findet man bei einer angenommenen Bedeutungsschwelle von $\alpha = 0{,}05$ sowie für $C = 4$ und $R = 5$ einen kritischen S-Wert von $65{,}00$[1]. Da in diesem Falle der empirische S-Wert ($= 29{,}00$) kleiner ist als der hier höchstzulässige S-Wert ($= 65{,}00$), kann die Null-Hypothese angenommen werden, d. h. es kann angenommen werden, daß diese Inserate von allen fünf Versuchspersonen, bei einem Vertrauenskoeffizienten von 0,95, statistisch gleich bewertet worden sind.

Vergleichsweise soll hier noch nach Formeln (110) und (110a) der χ^2-Test angewendet werden. Wir erhalten als unbereinigten χ^2-Wert [Formel (110)] den Wert:

$$\chi^2 \sim \frac{12}{4 \cdot 5 \cdot 5} \, 654 - 3 \cdot 5 \cdot 5 = 3{,}48$$

und den bereinigten Wert nach Formel (110a)

$$\chi_b^2 = \frac{12 \cdot 5 \cdot 3 \cdot 28}{25 \cdot 4 \cdot 15 + 24} = 3{,}41.$$

---

[1] Bei Verwendung von Tafel 14 ist folgendes zu beachten. Aus Beziehung (110) bestimmt sich $S = \dfrac{\chi^2 C R(C+1)}{12}$. Aus Tafel 14a findet man für $C = 4$ und $R = 5$ bei $\alpha = 0{,}049$ ein χ^2 von 7,80. Setzt man diesen Wert in die obige Beziehung ein, so ergibt sich $S = 65{,}00$.

Die Anzahl der Freiheitsgrade ist hier $(C-1) = 3$. Aus einer χ^2-Tafel (Tafel 4, S. 185) findet man bei einer Bedeutungsschwelle von $\alpha = 0,05$ einen kritischen χ^2-Wert von 7,815. Auch hier ist $\chi^2_{kr} > \chi^2_e$, weshalb wiederum die Null-Hypothese angenommen werden kann.

Ein dem Friedman-Test sehr ähnlicher Test ist der *Mood-Test* (78, 79). Hier werden zwei Stichproben mit n bzw. m Elementen zugrunde gelegt. Die Merkmalswerte der beiden Stichproben werden ebenfalls durch Rangordnungszahlen R_i $(i = 1, 2, 3, \ldots n + m)$ bezeichnet. Der Test beruht auf der Summe der Abweichungsquadrate zwischen den einzelnen Rangordnungszahlen und dem arithmetischen Mittel aller Rangordnungszahlen, das hier gleich $\dfrac{(n+m+1)}{2}$ ist. Dieser Testwert wird in eine normierte Maßzahl z transformiert, indem man vom Testwert das arithmetische Mittel der Häufigkeitsverteilung aller Testwerte bei zutreffender Null-Hypothese (Nullverteilung)[1]

$$\frac{n\,(n+m+1)\,(n+m-1)}{12}$$

subtrahiert und diese Differenz durch die entsprechende mittlere quadratische Abweichung[1]

$$\frac{n\,m\,(n+m+1)\,(n+m+2)\,(n+m-2)}{180}$$

dividiert. Diese Maßzahl z kann nun auf Grund einer Normalverteilungs-Tafel auf ihre Bedeutsamkeit hin untersucht werden.

2.3.2.1.10. Terry-Hoeffding-Test

Die bisher aufgeführten nicht-parametrischen Tests haben das gemeinsame Merkmal, daß die Merkmalswerte ihrer Größe entsprechend mit Rangordnungszahlen versehen werden und daß der Test auf diesen Rangordnungszahlen beruht. Diese Transformation verursacht nun einen Verlust an Wirksamkeit, verglichen mit analogen parametrischen Tests. Es wäre wünschenswert, wenn dieser Verlust einigermaßen wettgemacht werden könnte, indem statistische Tests entwickelt werden, die zwar die Vorteile der nicht-parametrischen Tests aufweisen, gleichzeitig aber weniger an Wirksamkeit verlieren. Es hat sich gezeigt, daß dies möglich ist, indem eine zweite Transformation vorgenommen wird. Diese ist dadurch gekennzeichnet, daß nunmehr die Rangordnungszahlen durch die entsprechenden Erwartungswerte der normalen[2] Ordungszahlen ersetzt werden. Dadurch aber wird der Rechengang etwas komplizierter und zeitraubender.

---

[1] Vgl. Mood: (79).

[2] Die Bezeichnung „normal" bezieht sich hier auf eine zugrunde gelegte Normalverteilung.

Beim nachfolgend besprochenen Terry-Hoeffding-Test wird dieser Weg beschritten (50, 114). Die Grundlage bilden zwei Stichproben mit n bzw. m Elementen. Es stellt sich die Frage, ob diese beiden Stichproben der gleichen Grundgesamtheit oder aus zwei verschiedenen Universen entnommen worden sind. Die Null-Hypothese besagt, daß beide Stichproben der gleichen Grundgesamtheit entstammen, während die Gegen-Hypothese darauf hinweist, daß die beiden Grundgesamtheiten hinsichtlich ihrer Lageparameter (z. B. Medianwert) ungleich sind.

Die Testuntersuchung verläuft derart, daß die beiden Stichproben vereinigt werden, wodurch diese vereinigte Stichprobe $(n + m) = N$ Elemente umfaßt. Diese N Elemente werden nun nach der Größe ihrer Merkmalswerte geordnet, wobei dem Element mit dem kleinsten Merkmalswert die Rangordnungszahl 1 usw. und dem Element mit dem größten Merkmalswert die Rangordnungszahl N zugeschrieben wird (1. Transformation). Nunmehr wird eine zweite Transformation vorgenommen, indem diese Rangordnungszahlen durch die den so geordneten Merkmalswerten und ihren Rangordungszahlen entsprechenden Erwartungswerte in einer zufällig aus einer standardisierten Normalverteilung gezogenen Stichprobe von N Elementen ersetzt werden. Diese Erwartungswerte sind besonderen Tafeln zu entnehmen (34, 46, 47, 113).

Hierauf werden die so gewonnenen Erwartungswerte für die Stichprobe mit den kleineren Merkmalswerten bei linksseitigem Test oder andrerseits für die Stichprobe mit den größeren Merkmalswerten bei rechtsseitigem Test getrennt algebraisch addiert.

$$S = \sum_{i=1}^{n,\,m} E_{NR_i}. \tag{111}$$

Die so gewonnene Summe S wird mit kritischen Tafelwerten für diese Summe verglichen (Tafel nach KLOTZ). Ein Beispiel soll dieses Vorgehen erläutern.

Es soll wiederum das Beispiel aufgegriffen werden, das für den Mann-Whitney-Test verwendet worden ist (S. 107). Gegeben sind also die Bestellungen von zwei Gruppen A und B, die nachfolgend nochmals aufgeführt sind.

Gruppe A	Gruppe B
223	193
196	217
305	250
174	198
	205
	183

Es stellt sich die Frage, ob angenommen werden kann, daß diese beiden Stichproben der gleichen Grundgesamtheit entnommen worden sind. Die Bedeutungsschwelle wird mit $\alpha = 0,05$ angenommen. Zur statistischen Prüfung werden diese beiden Stichproben vereinigt und deren Merkmalswerte größenmäßig geordnet.

Stichproben, geordnet		Rangordnungs-zahlen	E_{NR_i}	
A	B		A	B
174		1	$-1,53875$	
	183	2		$-1,00136$
	193	3		$-0,65606$
196		4	$-0,37576$	
	198	5		$-0,12267$
	205	6		$0,12267$
	217	7		$0,37576$
223		8	$0,65606$	
	250	9		$1,00136$
305		10	$1,53875$	
			$-1,91451$	$-1,78009$
			$2,19481$	$1,49979$
			$0,28030$	$-0,28030$

$$S = \pm\, 0,28030$$

Die Werte E_{NR_i} sind der Tafel 15, S. 197 für $N = 10$ und $R = 1, 2, 3, 4, 5$ entnommen worden. Der Tafel 15 a, S. 198, ist nun zu entnehmen, daß für $N = 10$, $n = 4$ und $\alpha = 0,05$ sich ein kritischer S-Wert von 2,44791 ergibt. Dies besagt, daß die Wahrscheinlichkeit, für andere Stichproben gleichen Umfangs aus den gleichen Grundgesamtheiten einen empirischen S-Wert zu erhalten, der größer oder gleich 2,44791 ist, ungefähr gleich der Bedeutungsschwelle ist (genau: 0,05238). In unserem Falle ist aber der empirische S-Wert kleiner als der kritische S-Wert, weshalb die Null-Hypothese bei einem Vertrauenskoeffizienten von 0,95 angenommen werden kann. Die beiden Stichproben dürften deshalb Grundgesamtheiten mit gleichem Medianwert entstammen.

Ist N so groß, daß die S-Tafeln nicht mehr benützt werden können, dann kann wiederum die Eigenschaft ausgewertet werden, daß bei $N \to \infty$ die Häufigkeitsverteilung von S bei der Null-Hypothese sich einer Normalverteilung mit Mittelwert Null und Streuung

$$\sigma_S^2 = \frac{n\,m}{N\,(N-1)} \sum_{R=1}^{N} (E_{NR})^2$$

annähert. Auf Grund dieser Tatsache kann wiederum die Variable

$$z = \cfrac{S}{\sqrt{\cfrac{n\,m}{N(N-1)} \sum\limits_{R=1}^{N} (E_{NR})^2}} \tag{112}$$

zugrunde gelegt werden. Diese Variable ist normalverteilt. Sie kann deshalb an Hand von Normalverteilungstafeln geprüft werden.

Eine genauere Annäherung wird gewonnen, wenn der Testuntersuchung die Variable

$$t \sim S \sqrt{\cfrac{(N-2)}{\cfrac{n\,m}{N} \sum\limits_{R=1}^{N} (E_{NR})^2 - S^2}} \tag{113}$$

unterstellt wird. Die Anzahl Freiheitsgrade stellt sich auf $(N-2)$. Diese Variable ist angenähert durch die t-Verteilung von Student gekennzeichnet.

Verglichen mit dem t-Test von Student weist der Terry-Hoeffding-Test eine Pitmansche Wirksamkeit auf, die größer als Eins ist. Bei normalverteilten Grundgesamtheiten stellt sich diese Wirksamkeit auf Eins[1]. Verglichen mit dem Wilcoxon-Test ergeben sich die folgenden Wirksamkeiten[2]:

— bei Normalverteilung der Grundgesamtheit: 1,047

— bei Cauchy-Verteilung der Grundgesamtheit: 0,708

Ein dem Terry-Hoeffding-Test ähnlicher Test ist von Van der Waerden (116) entwickelt worden. Dieser Test beruht auf inversen normalen Transformationen[3]. Solche inverse normale Transformationen setzt auch der Klotz-Test (57) voraus.

2.3.2.1.11. Sequenz-Test

Die bisher betrachteten statistischen Tests beruhten grundsätzlich darauf, daß den einzelnen Elementen in einer oder mehreren Stichproben Rangordnungszahlen gemäß der Größe ihrer Merkmalswerte gegeben wur-

---

[1] Vgl. Chernoff, H., und J. R. Savage: (17); Hodges, J. C., und E. L. Lehmann: (49).

[2] Vgl. P. W. Mikulski: (74).

[3] Eine inverse normale Transformation besteht dann, wenn aus einer Tafel kumulierter Wahrscheinlichkeiten einer standardisierten normalverteilten Variablen jener Variablenwert gesucht wird, dessen kumulierte Wahrscheinlichkeit gleich $(R/N+1)$ ist, und wenn diese Wahrscheinlichkeit an Stelle der Rangordnungszahl des R-ten kleinsten Wertes eingesetzt wird.

den und daß dann der Testwert auf diese Rangordnungszahlen ausgerichtet worden ist. Es ist nun aber auch ein anderes Vorgehen möglich. Wenn wir annehmen, daß eine Folge von Elementen aus solchen mit dem Merkmalswert M_1 und solchen mit dem Merkmalswert M_2 besteht, so kann die Aufeinanderfolge oder Sequenz (run) solcher Merkmalswerte als Testgrundlage verwendet werden. Diese Betrachtungsweise kennzeichnet die Sequenz- oder Run-Tests.

Bei einer solchen Aufeinanderfolge von Elementen ist anzunehmen, daß sich solche mit dem Merkmalswert M_1 und solche mit dem Merkmalswert M_2 in zufälliger Weise in der Aufeinanderfolge ablösen, sofern ihr Auftreten gleichwahrscheinlich ist. In diesem Falle kommt jeder Stelle in der Aufeinanderfolge die gleiche Wahrscheinlichkeit zu, von einem Element mit dem Merkmalswert M_1 oder einem solchen mit dem Merkmalswert M_2 besetzt zu sein.

Unter einer Sequenz versteht man die ununterbrochene Folge von Elementen mit gleichem Merkmalswert. Daraus folgen die Begriffe der Länge einer Sequenz und der Anzahl Sequenzen in einer Folge von Elementen. Als Beispiel kann die Warteschlange vor einer Kasse angeführt werden. Die Elemente sind hier Personen, die vor einer Kasse anstehen. Die Merkmalswerte können beispielsweise männlich und weiblich sein. Ist anzunehmen, daß diese Personen mit gleicher Wahrscheinlichkeit männlich oder weiblich sein können, so müßte man annehmen, daß die Reihenfolge in zufälliger Weise männliche und weibliche Personen enthält. Besteht aber die Möglichkeit, daß sich Gruppen von männlichen und weiblichen Personen vor der Kasse anstellen, so wird sich eine größere Wahrscheinlichkeit ergeben, daß z. B. auf eine anstehende männliche Person wiederum ein Mann und andrerseits auf eine weibliche Person wiederum eine Frau folgt. Bezeichnet man eine männliche Person mit M und eine weibliche Person mit F, so könnte beispielsweise eine Warteschlange aus den folgenden Personen (Elementen) bestehen:

$$M\ M\ F\ M\ F\ F\ F\ M\ M\ F\ M$$

In dieser Aufeinanderfolge finden sich sieben Sequenzen (runs), die hier durch Unterstreichungen gekennzeichnet sind. Für den Merkmalswert M finden sich der Reihe nach Sequenzen der Länge 2, 1, 2 und 1 und für den Merkmalswert F Sequenzen der Länge 1, 3 und 1. Anzahl und Länge von Sequenzen kennzeichnen also solche Folgen von Elementen.

Um einige grundlegende Beziehungen ableiten zu können, müssen bestimmte Bezeichnungen eingeführt werden. So sollen r_{ij} die Anzahl Sequenzen der Länge j für das Merkmal i, r_i die Anzahl aller Sequenzen (unabhängig von ihrer Länge) für das Merkmal i, n_i die Anzahl der Elemente mit dem Merkmalswert i sowie n die Gesamtzahl aller Elemente kennzeichnen. Unterstellt man zwei Merkmale (z. B. männlich, weiblich), so kann das eine Merkmal mit 1 und das zweite mit 2 bezeichnet werden. In diesem Falle bezeichnet offensichtlich r_1 die Anzahl der Sequenzen für das Merkmal 1 und r_2 die Anzahl der Sequenzen für das Merkmal 2. Es leuchtet ein, daß r_1 nur um 1 größer oder kleiner als r_2 oder gegebenenfalls gleich r_2 sein kann. Ist $r_1 = r_2 + 1$, so muß die Aufeinanderfolge der Elemente mit einer Sequenz des Merkmals 1 enden (wie im angegebenen Beispiel); ist aber $r_1 = r_2 - 1$, so muß am Ende der Elementenfolge eine Sequenz des Merkmals 2 erscheinen. Wenn aber $r_1 = r_2$, so ist es möglich, daß die Folge entweder mit einem Element des Merkmals 1 beginnt und mit einem solchen des Merkmals 2 endet und umgekehrt.

Nun können alle Sequenzen des Merkmals 1 innerhalb der Elementenfolge auf $r_1!$ verschiedene Weisen permutiert werden. Überdies können die r_{1j} Sequenzen gleicher Länge der Elemente mit dem Merkmal 1 auf $r_{1j}!$ mögliche Arten permutiert werden. In beiden Fällen ändert sich das ursprüngliche Bild der Elementenfolge nicht. Die Anzahl der unterscheidbaren Umstellungen der r_1 Sequenzen stellt sich also auf

$$P_1 = \frac{r_1!}{r_{11}!\, r_{12}! \ldots r_{1\,n_1}!}. \tag{114}$$

In gleicher Weise ergibt sich die Beziehung

$$P_2 = \frac{r_2!}{r_{21}!\, r_{22}! \ldots r_{2\,n_2}!}. \tag{114a}$$

Die Gesamtzahl unterscheidbarer Umstellungen stellt sich somit auf

$$P_1 \cdot P_2 \cdot f, \tag{115}$$

wo f einen Faktor darstellt, der die Möglichkeit berücksichtigt, daß $r_1 = r_2$ oder $r_1 \neq r_2$ sein kann. Ist $r_1 \neq r_2$, so ist $f = 1$; ist aber $r_1 = r_2$, so kann bekanntlich die Elementenfolge mit einem Element des Merkmals 1 beginnen und mit einem solchen des Merkmals 2 enden oder umgekehrt; es ergeben sich also zwei Möglichkeiten, weshalb in diesem Falle $f = 2$ ist.

Insgesamt ergeben sich $n!$ Permutationen aller Elemente und $n_1!$ bzw. $n_2!$ Permutationen der Elemente mit dem Merkmal 1 bzw. 2. Somit ergibt sich die Gesamtzahl der unterscheidbaren Permutationen der n_1 und n_2 Elemente

$$\frac{n!}{n_1!\, n_2!}. \tag{116}$$

Mit diesen Ergebnissen läßt sich nun die Wahrscheinlichkeit ermitteln, daß sich genau r_{1j} Sequenzen der Länge j ($j = 1, 2, \ldots n_1$) der Elemente mit dem Merkmal 1 und r_{2j} Sequenzen der Länge j $(j = 1, 2, \ldots n_2)$ der Elemente mit dem Merkmal 2 ergeben $[(n_1 + n_2)$-dimensionale Zufallsvariable]; die Wahrscheinlichkeit ist gleich:

$$P(\{r_{ij}\}) = \frac{r_1!}{r_{11}!\, r_{12}! \ldots r_{1\,n_1}!} \cdot \frac{r_2!}{r_{21}!\, r_{22}! \ldots r_{2\,n_2}!} \cdot \frac{f\, n_1!\, n_2!}{n!}. \qquad (117)$$

$$|\, r_1 - r_2\,| \lesseqgtr 1$$

$$\sum_{j=1}^{n_1} r_{1j} = r_1$$

$$\sum_{j=1}^{n_2} r_{2j} = r_2$$

$$\sum_{j=1}^{n_1} j\, r_{1j} = n_1$$

$$\sum_{j=1}^{n_2} j\, r_{2j} = n_2$$

Eine weitere Wahrscheinlichkeit ist nun ebenfalls wichtig, nämlich die Wahrscheinlichkeit, genau r_{11} Sequenzen der Länge 1, r_{12} Sequenzen der Länge 2 usw. festzustellen, wobei hier (im Gegensatz zur vorher angegebenen Wahrscheinlichkeit) die Umstellungen von Sequenzen der Elemente mit dem Merkmal 2 nicht interessieren. Es wird dabei unterstellt, daß alle n_2 Elemente mit dem Merkmal 2 in einer Reihe nebeneinander aufgestellt sind. In diesem Falle ergeben sich insgesamt $n_2 - 1$ Zwischenräume zwischen den n_2 Elementen. Einzelne Elemente aber bildeten in der ursprünglichen Aufstellung Sequenzen, deren Anzahl gleich r_2 ist. Berücksichtigt man die gegebenen Sequenzen, so ergeben sich in diesem Falle insgesamt r_2 Sequenzen. Daraus folgt, daß insgesamt

$$\binom{n_2 - 1}{r_2 - 1}$$

Zwischenräume gebildet werden können, in welche die r_1 Sequenzen der Elemente mit dem Merkmal 1 eingebettet werden können. Die gesuchte Wahrscheinlichkeit, daß genau r_{1j} Sequenzen der Länge j $(j = 1, 2, \ldots n_1)$ festzustellen sind, ohne die Umstellungen von Sequenzen der Elemente mit dem Merkmal 2 zu berücksichtigen, ist demnach gleich:

$$P(\{r_{1j}\}, r_2) = \frac{f\, r_1!\, n_1!\, n_2! \binom{n_2 - 1}{r_2 - 1}}{r_{11}!\, r_{12}! \ldots r_{1\,n_1}!\, n!}. \qquad (118)$$

Endlich ist noch eine dritte Wahrscheinlichkeit gegeben. Es kann noch nach der Wahrscheinlichkeit gefragt werden, genau r_{1j} Sequenzen der

Länge j ($j = 1, 2, \ldots n_1$) zu erhalten, wobei die Anzahl n_1 und n_2 gegeben sind. In diesem Falle interessiert uns weder die Gesamtzahl Sequenzen der Elemente mit dem Merkmal 2 noch die Länge dieser Sequenzen. Es zeigt sich, daß die r_1 Sequenzen der Elemente mit dem Merkmal 1 in die r_1 von insgesamt $(n_2 + 1)$ Zwischenräumen (nämlich vor, zwischen und nach den Elementen mit dem Merkmal 2) eingebettet werden können. Diese Anordnung ist offenbar auf $\binom{n_2 + 1}{r_1}$ verschiedene Arten möglich. Die gesuchte Wahrscheinlichkeit stellt sich folglich auf

$$P\left(\{r_{1j}\}\right) = \frac{r_1!\, n_1!\, n_2!\, \binom{n_2 + 1}{r_1}}{r_{11}!\, r_{12}! \ldots r_{1n_1}!\, n!}. \tag{119}$$

Es soll wiederum angenommen werden, daß allein die Anzahl Sequenzen, unabhängig von ihrer Länge, maßgeblich ist. Weiter soll vorausgesetzt werden, daß die n_1 Elemente mit dem Merkmal 1 nebeneinander aufgestellt sind. In diesem Falle bestehen offenbar $(n_1 - 1)$ Zwischenräume zwischen den einzelnen Elementen. Überdies können diese Elemente in r_1 Sequenzen gruppiert werden. Mit diesen Sequenzen können $(r_1 - 1)$ Zwischenräume gebildet werden, die dann mit Sequenzen der Elemente mit dem Merkmal 2 gefüllt werden. Diese $(r_1 - 1)$ Zwischenräume können offensichtlich auf $\binom{n_1 - 1}{r_1 - 1}$ verschiedene mögliche Arten gebildet werden. Für jede dieser verschiedenen Arten können in ähnlicher Weise die r_2 Sequenzen der Elemente mit dem Merkmal 2 auf $\binom{n_2 - 1}{r_2 - 1}$ verschiedene mögliche Arten entstanden sein. Es läßt sich nun die Wahrscheinlichkeit ermitteln, genau r_1 Sequenzen der Elemente mit dem Merkmal 1 und r_2 Sequenzen der Elemente mit dem Merkmal 2 zu erhalten; diese ist gleich:

$$P\left(r_1, r_2\right) = \frac{\binom{n_1 - 1}{r_1 - 1} \binom{n_2 - 1}{r_2 - 1}}{\binom{n}{n_1}} f. \tag{120}$$

Ist $r_1 = r_2 \pm 1$, so wird wiederum $f = 1$; für $r_1 = r_2$ ist aber $f = 2$.

Nun kann man sich die Frage stellen, welches die Wahrscheinlichkeit ist, eine bestimmte Anzahl S Sequenzen von Elementen mit den Merkmalen 1 und 2 zu erhalten. Auf Grund der Beziehung (120) stellt sich die Wahrscheinlichkeit $P(r_1, r_2)$ bei gleicher Anzahl Sequenzen von Elementen mit den Merkmalen 1 und 2, d. h. bei $r_1 = r_2 = r$ auf:

$$P\left(r_1, r_2\right)' = \frac{2 \binom{n_1 - 1}{r - 1} \binom{n_2 - 1}{r - 1}}{\binom{n}{n_1}}. \tag{120a}$$

Ist aber $r_1 \neq r_2$, so sind zwei Fälle zu unterscheiden:

a) $r_1 = r = r_2 - 1$, d. h. $r_2 = r + 1$:

$$P(r_1, r_2)' = \frac{\binom{n_1 - 1}{r - 1}\binom{n_2 - 1}{r}}{\binom{n}{n_1}},\qquad (120\,\mathrm{b})$$

b) $r_2 = r$, d. h. $r_1 = r_2 + 1 = r + 1$, $r_2 = r$:

$$P(r_1, r_2)' = \frac{\binom{n_1 - 1}{r}\binom{n_2 - 1}{r - 1}}{\binom{n}{n_1}}.\qquad (120\,\mathrm{c})$$

Auf Grund dieser Beziehungen kann nun die Wahrscheinlichkeit abgeleitet werden, eine bestimmte Anzahl S Sequenzen von Elementen mit den Merkmalen 1 und 2 zu erhalten. Es sind hier zwar die Fälle zu unterscheiden, daß S eine gerade Zahl ($S = 2\,r$) und S eine ungerade Zahl ($S = 2\,r + 1$) sein kann.

$$P(S = 2\,r) = \frac{2\binom{n_1 - 1}{r - 1}\binom{n_2 - 1}{r - 1}}{\binom{n}{n_1}}\qquad (121)$$

und

$$P(S = 2\,r + 1) = \frac{\binom{n_1 - 1}{r - 1}\binom{n_2 - 1}{r} + \binom{n_1 - 1}{r}\binom{n_2 - 1}{r - 1}}{\binom{n}{n_1}}.\qquad (121\,\mathrm{a})$$

Wenn wir nun wiederum nur die Sequenzen der Elemente mit dem Merkmal 1 betrachten, unabhängig davon, ob $r_2 = r_1 \pm 1$ oder $r_1 = r_2$ ist, so ergibt sich die folgende Wahrscheinlichkeit:

$$P(r_1) = \frac{\binom{n_1 - 1}{r_1 - 1}\binom{n_2 + 1}{r_1}}{\binom{n}{n_1}}.\qquad (122)$$

Hier ist zu berücksichtigen, daß die Elemente mit dem Merkmal 1 am Anfang, am Ende und innerhalb der Aufeinanderfolge der Elemente mit dem Merkmal 2 erscheinen können. Da bekanntlich innerhalb der Aufeinanderfolge dieser Elemente insgesamt $(n_2 - 1)$ Zwischenräume bestehen, so ergeben sich in diesem Falle insgesamt $(n_2 - 1 + 2) = (n_2 + 1)$ verfügbare Zwischenräume.

Für praktische Auswertungen ist es oft wichtig zu wissen, welches die Wahrscheinlichkeit ist, in einer Folge von Elementen mit den Merkmalen 1 und 2 mindestens eine Sequenz der Elemente mit dem Merkmal 1 festzustellen, welche mindestens die Länge S hat, d. h. also die Wahrscheinlichkeit, $P\,(r_{1,\,(\geqq S)} \geqq 1)$ zu ermitteln. Die Zahl der möglichen Fälle stellt sich offensichtlich auf $\binom{n}{n_1}$, denn n_1 Sequenzen der Elemente mit dem Merkmal 1 können auf $\binom{n}{n_1}$ verschiedene mögliche Arten aus $n = n_1 + n_2$ Elementen bezogen werden.

Was die Anzahl der günstigen Fälle, d. h. die Anzahl Sequenzen, die mindestens die Länge S aufweisen, betrifft, so ist diese Anzahl etwas schwieriger zu ermitteln. Der einfachste Fall stellt sich offensichtlich dann ein, wenn alle Elemente mit dem Merkmal 1 eine einzige Sequenz der Länge $S = n_1$ bilden. Diese Sequenz kann nur in eine der $(n_2 + 1)$ Lücken zwischen, vor oder nach den Elementen mit dem Merkmal 2 eingebettet werden. In diesem Falle ist die Anzahl der günstigen Fälle gleich $(n_2 + 1)$.

Ein weiterer Fall stellt sich dann ein, wenn $S > n_1/2$ ist. In einer Folge von Elementen mit dem Merkmal 2 kann dann nicht mehr als eine Sequenz von Elementen mit dem Merkmal 1 auftreten. Daraus folgt, daß hier wiederum insgesamt $(n_2 + 1)$ Möglichkeiten auftreten können. Die restlichen $(n_1 - S)$ Elemente mit dem Merkmal 1, die nicht der ersten Sequenz solcher Elemente angehören, können auf $\binom{n-S}{n_1-S}$ verschiedene mögliche Arten ausgewählt werden. Die Anzahl der günstigen Fälle stellt sich hier somit auf $(n_2 + 1)\,\binom{n-S}{n_1-S}$.

Verallgemeinert man diesen Fall, so kann man die Anzahl Möglichkeiten M_i ermitteln, insgesamt i Sequenzen von Elementen mit dem Merkmal 1 zu finden, deren Länge größer oder gleich S ist. Die i Zwischräume, in welche die i Sequenzen der Elemente mit dem Merkmal 1, die länger sind als S, eingeschoben werden, können nun auf $\binom{n_2+1}{i}$ verschiedene mögliche Arten auf die $(n_2 + 1)$ verfügbaren Zwischenräume verteilt werden. Von den verbleibenden $(n - iS)$ Elementen können n_2 Elemente mit dem Merkmal 2 auf $\binom{n-iS}{n_2}$ verschiedene mögliche Arten gewählt werden. Ein erstes Resultat für die Anzahl Möglichkeiten M_i stellt sich folglich auf

$$M_i' = \binom{n_2+1}{i}\binom{n-iS}{n_2}. \tag{123}$$

Hier ist allerdings zu bemerken, daß innerhalb einer bestimmten Aufeinanderfolge der Elemente mit den Merkmalen 1 und 2 die Sequenzen der Elemente mit dem Merkmal 1 in einer Länge, die größer oder gleich S ist, noch umgestellt werden können. Ein Beispiel soll dies veranschaulichen. Nimmt man an, eine bestimmte Aufeinanderfolge von Elementen mit dem Merkmal 1 (nachfolgend mit x bezeichnet) und solchen mit dem Merkmal 2 (nachfolgend mit y bezeichnet) sei durch die Folge

$$x_4\, y_3\, x_5\, y_2\, x_7\, y_1\, x_6\, y_3\, x_2\, y_2$$

gekennzeichnet, wo die Indizes 4, 3, 5 usw. die Länge der betreffenden Sequenzen angeben. So beginnt diese Aufeinanderfolge mit einer Sequenz von Elementen mit dem Merkmal 1 der Länge 4, gefolgt von einer Sequenz von Elementen mit dem Merkmal 2 der Länge 3, usw. Wird beispielsweise $S = 4$ gesetzt, d. h. werden nur solche Sequenzen der Elemente mit dem Merkmal 1 betrachtet, die eine Länge von mindestens 4 Elementen aufweisen, so ergibt sich die folgende Folge von Sequenzen der Elemente mit dem Merkmal 1, für welche die Länge S größer oder gleich 4 ist:

$$x_4\, x_5\, x_7\, x_6$$

Um die Gesamtzahl der Möglichkeiten zu ermitteln, insgesamt i Sequenzen von Elementen mit dem Merkmal 1 zu bilden, ist es notwendig, für die Anzahl Sequenzen i die Werte 1, 2, 3, ... einzusetzen. Will man also beispielsweise in der angegebenen Sequenzenfolge nur zwei solche Folgen berücksichtigen ($i = 2$), so müssen alle Möglichkeiten ermittelt werden, aus den insgesamt 4 Sequenzen ($x_4\, x_5\, x_7\, x_6$) alle möglichen Kombinationen von 2 Sequenzen zu bilden. Die Anzahl ist bekanntlich gleich $\binom{4}{2}$ oder gleich 6; diese sechs verschiedenen Zweier-Sequenzen sind nun:

$$x_4\, x_5, \quad x_4\, x_7, \quad x_4\, x_6, \quad x_5\, x_7, \quad x_5\, x_6, \quad x_7\, x_6$$

Will man aber aus der zugrunde gelegten Sequenzenfolge deren drei berücksichtigen ($i = 3$), so geschieht dies auf $\binom{4}{3}$ oder vier verschiedene Arten, nämlich:

$$x_4\, x_5\, x_7, \quad x_4\, x_5\, x_6, \quad x_4\, x_7\, x_6, \quad x_5\, x_7\, x_6$$

Verallgemeinert man dieses Ergebnis, so stellt sich das folgende Problem. Aus einer gegebenen Sequenzenfolge, die aus $(i + k)$ Sequenzen[1] besteht ($k = 1, 2, 3, ...$), sollen alle möglichen Sequenzenfolgen gebildet werden, die aus i Sequenzen bestehen. Diese Anzahl ist nun offenbar $\binom{i+k}{i}$. Bezeichnet man diese Sequenzenfolge mit $F_1, F_2, ...$, so ist die Gesamtzahl aller Möglichkeiten, insgesamt i Sequenzen von Elementen

---

[1] Im angegebenen Beispiel war $(i + k) = 4$ und folglich k der Reihe nach für $i = 2$: $k = 2$ und für $i = 3$: $k = 1$.

mit dem Merkmal 1 zu bilden, gleich der Summe dieser Sequenzenfolgen, d. h. also $F_1 + F_2 + F_3 + \ldots$ Beachtet man aber, daß

für $i = 1$:
$$M_1' = \sum_{k=0}^{(n_1 - S)/S} \binom{1+k}{1} F_{1+k}$$

für $i = 2$:
$$M_2' = \sum_{k=0}^{(n_1 - 2S)/S} \binom{2+k}{2} F_{2+k}$$

für $i = 3$:
$$M_3' = \sum_{k=0}^{(n_1 - 3S)/S} \binom{3+k}{3} F_{3+k}$$

usw. ist und daß weiter bekanntlich die Gesamtzahl der Möglichkeiten, insgesamt i Sequenzen von Elementen mit dem Merkmal 1 zu bilden, gleich der Summe aller Werte M_i $(i = 1, 2, 3, \ldots n_1/S)$ ist, so findet man:

$$M_1' = \binom{1}{1} F_1 + \binom{2}{1} F_2 + \binom{3}{1} F_3 + \binom{4}{1} F_4 + \ldots = \binom{n_1 + 1}{1} \binom{n - S}{n_2}$$

$$M_2' = \binom{2}{2} F_2 + \binom{3}{2} F_3 + \binom{4}{2} F_4 + \ldots = \binom{n_1 + 1}{2} \binom{n - 2S}{n_2}$$

$$M_3' = \binom{3}{3} F_3 + \binom{4}{3} F_4 + \ldots = \binom{n_1 + 1}{3} \binom{n - 3S}{n_2}$$

$$\cdots\cdots\cdots\cdots\cdots\cdots\cdots\cdots\cdots\cdots\cdots\cdots\cdots\cdots\cdots\cdots$$

Die Summe aller M_i-Werte ist aber offensichtlich nur dann gleich der gesuchten Summe $(F_1 + F_2 + F_3 + \ldots)$, wenn die Werte M_i, für welche i eine gerade Zahl ist, mit negativem Vorzeichen versehen werden. Es bestehen nämlich die folgenden Beziehungen:

$$1 = \binom{2}{1} - \binom{2}{2}$$

$$1 = \binom{3}{1} - \binom{3}{2} + \binom{3}{3}$$

$$1 = \binom{4}{1} - \binom{4}{2} + \binom{4}{3} - \binom{4}{4} \quad \text{usw.}$$

Die Anzahl der günstigen Fälle, in einer Folge von Elementen mit den Merkmalen 1 und 2 mindestens eine Sequenz der Elemente mit dem Merkmal 1 festzustellen, für welche die Länge der Sequenz mindestens gleich S ist, ist somit gleich:

$$\sum_{i=1}^{n_1/S} (-1)^{i+1} \binom{n_2 + 1}{i} \binom{n - iS}{n_2}.$$

Die gesuchte Wahrscheinlichkeit stellt sich folglich auf:

$$P\left(r_{1,(\geq S)} \geq 1\right) = \frac{\sum\limits_{i=1}^{n_1/S} (-1)^{i+1} \binom{n_2 + 1}{i} \binom{n - iS}{n_2}}{\binom{n}{n_1}}. \tag{124}$$

Auf diesen Überlegungen beruht der *Wald-Wolfowitz-Test*. Dieser kann eingesetzt werden, wenn es zu prüfen gilt, ob zwei zufällige Stichproben aus der gleichen Grundgesamtheit entnommen worden sind (Null-Hypothese) oder ob sie verschiedenen Grundgesamtheiten entstammen (Gegen-Hypothese). Gehören die beiden Stichproben der gleichen Grundgesamtheit an, so sollten sich in der größenmäßig geordneten Aufeinanderfolge der Elemente beider Stichproben die Elemente aus der ersten Stichprobe (Merkmal 1) und jene aus der zweiten Stichprobe (Merkmal 2) in zufälliger Weise ablösen, d. h. es ist dann zu erwarten, daß in dieser Aufeinanderfolge viele Sequenzen auftreten werden. Sind jedoch nur wenige Sequenzen zu beobachten, dann wird man die Null-Hypothese ablehnen müssen. Der Test beruht also auf der empirisch festgestellten Anzahl Sequenzen, die mit theoretischen Werten bei bestimmten Bedeutungsschwellen verglichen werden. Diese theoretischen Werte für die Anzahl Sequenzen können Tafeln entnommen werden (Tafel 16, S. 199). Dieser Test kann dann eingesetzt werden, wenn die Stichproben zufällig sind, wenn die Merkmale eindeutig in zwei sich ausschließende Klassen eingereiht werden können und wenn die Häufigkeitsverteilung in der zugrunde gelegten Grundgesamtheit stetig ist.

Nachdem nun die wichtigsten Formeln für den Sequenz-Test abgeleitet worden sind, soll die praktische Verwendung dieses Tests an Hand eines Beispiels aufgezeigt werden. Während 20 Tagen wurde festgestellt, an welchen Tagen es geregnet hat und an welchen Tagen kein Regen gefallen ist. Es stellt sich die Frage, ob die Folge von Regentagen und trockenen Tagen zufällig ist. Diese Hypothese soll bei einer Bedeutungsschwelle von 5 % mit Hilfe des Sequenz-Tests geprüft werden. Die Beobachtungen haben folgendes gezeigt (R: Regentag; T: trockener Tag):

$$R\ R\ T\ R\ T\ T\ T\ R\ T\ T\ R\ R\ R\ R\ T\ T\ R\ R\ R\ T$$

Die Gesamtzahl Regentage ist $n_1 = 11$, und die Gesamtzahl der trockenen Tage stellt sich folglich auf $n_2 = 9$ ($n_1 + n_2 = 20$). Die Anzahl Sequenzen für die Regentage ist $r_1 = 5$ und die der trockenen Tage ebenfalls $r_2 = 5$. Die Gesamtzahl Sequenzen U ist also gleich 10. Aus der Tafel 16, S. 199 findet man für $n_2 = 11$ und $n_1 = 9$ und für $\alpha = 0,05$ den kritischen Wert für die Gesamtzahl Sequenzen von 6. Die Wahrscheinlichkeit, daß der empirische Wert für die Gesamtzahl Sequenzen ($U = 10$) kleiner oder gleich dem theoretischen Wert ($U' = 6$) ist, dürfte kleiner sein als $\alpha = 0,05$. In unserem Falle aber ist, wie ersichtlich ist, $U > U'$. Weiter sieht man aus Tafel 16 a, S. 200, daß bei $n = 20$ Beobachtungen 10 Sequenzen mit einer Wahrscheinlichkeit von 0,0821 erwartet werden können. Da in unserem Falle $U > U'$ und die soeben ermittelte Wahrscheinlichkeit größer als α sind, kann die Null-Hypothese bei einem Vertrauenskoeffizienten von 0,95 angenommen werden; es ist also anzunehmen, daß sich im angeführten Beispiel Regentage und trockene Tage in zufälliger Weise ablösen.

Auf Grund der Beziehung (124) kann die Wahrscheinlichkeit ermittelt werden, daß sich mindestens eine Sequenz der Mindestlänge, beispielsweise $S = 3$, in zufälligen Stichproben aus der gleichen Grundgesamtheit einstellen wird. Diese Wahrscheinlichkeit ist gleich:

$$P\left(r_{1,\,(\geqq 3)} \geqq 1\right) = \frac{\sum\limits_{i=1}^{3} (-1)^{i+1} \binom{10}{i} \binom{20-3i}{9}}{\binom{20}{11}},$$

Diese Formel kann folgendermaßen ausgewertet werden:

$$i = 1: \qquad M_1: \quad \binom{10}{1}\binom{17}{9} = 243\,100$$

$$i = 2: \qquad M_2: \qquad\qquad\qquad\qquad -\binom{10}{2}\binom{14}{9} = -90\,090$$

$$i = 3: \qquad M_3: \quad \binom{10}{3}\binom{11}{9} = \quad 6\,600$$

Zusammen:	$249\,700$	$-90\,090$
	$-90\,090$	
	$159\,610$	

$$\binom{n}{n_1} = \binom{20}{11} = 167\,960.$$

Somit ergibt sich

$$P\left(r_{1,\,(\geqq 3)} \geqq 1\right) = \frac{159\,610}{167\,960} = 0,9503.$$

In entsprechender Weise wurden diese Wahrscheinlichkeiten für die S-Werte 2, 4 und 5 berechnet. Die Ergebnisse sind nachfolgend zusammengestellt:

S	$P\left(r_{1,\,(\geqq S)} \geqq 1\right)$
2	1,0000
3	0,9503
4	0,6249
5	0,2953

Wie zu erwarten ist, nimmt diese Wahrscheinlichkeit mit zunehmender minimaler Sequenzlänge S ab.

Sind in bestimmten Beispielen die Tafeln für den Sequenz-Test nicht mehr anwendbar, weil die Anzahl der Elemente in den Stichproben zu groß ist, so kann man auch hier eine normalverteilte Hilfsvariable z berechnen, die dann mit Hilfe der Normalverteilungs-Tafeln geprüft werden kann. Die Testgröße U ist nämlich durch die beiden Parameter (Mittelwert und Streuung):

$$m = \frac{2\,n_1 n_2}{n_1 + n_2} + 1, \qquad \sigma^2 = \frac{2\,n_1 n_2\,(2\,n_1 n_2 - n_1 - n_2)}{(n_1 + n_2)^2\,(n_1 + n_2 - 1)} \tag{125}$$

gekennzeichnet. Man kann somit die Hilfsvariable

$$z = \frac{U - \dfrac{2\,n_1 n_2}{n_1 + n_2} - 1}{\sqrt{\dfrac{2\,n_1 n_2\,(2\,n_1 n_2 - n_1 - n_2)}{(n_1 + n_2)^2\,(n_1 + n_2 - 1)}}} \tag{126}$$

bilden und diese an Hand einer Normalverteilungs-Tafel auf ihre Bedeutsamkeit hin prüfen.

Was die Wirksamkeit dieses Tests betrifft, ist ihm eine geringe Pitmansche Wirksamkeit eigen. Obwohl er diese Schwäche aufweist, wird er doch wegen seiner einfachen Berechnungsweise oft verwendet. Eine Erweiterung dieses Tests auf Elemente mit mehr als zwei sich ausschließende Merkmale ist von MOOD (78) vorgeschlagen worden. Der Sequenz-Test kann vor allem auf dem Gebiete der statistischen Qualitätsüberwachung eingesetzt werden (80, 95).

2.3.2.2. Korrelationstests

2.3.2.2.1. Hotelling-Pabst-Test

Die bisher angeführten statistischen Tests betrafen das Problem, zwei oder mehr *Verteilungen,* die durch bestimmte Parameter gekennzeichnet sind, miteinander zu vergleichen. Nunmehr wollen wir uns aber zwei Tests zuwenden, die besonders geeignet sind, *Korrelationen* auf ihre Bedeutsamkeit hin zu prüfen. Eine solche Prüfmethode wurde schon bei den parametrischen Tests erwähnt, wo der t-Test dazu verwendet worden ist, die Bedeutsamkeit eines Korrelationskoeffizienten zu prüfen[1].

Zuerst wollen wir uns hier dem Hotelling-Pabst-Test zuwenden. Dieser geht, im Gegensatz zum t-Test, von der Rangkorrelation aus. Gegeben sind zwei Merkmalsreihen, x und y. Jede dieser Reihen stellt eine Zufalls-Stichprobe aus einer bestimmten Grundgesamtheit dar. Es soll nun festgestellt werden, ob diese beiden Merkmalsreihen eine gleich- oder eine entgegengesetzt gerichtete Tendenz aufweisen, d. h. ob sie in positiver oder negativer Weise miteinander korrelieren. Die Null-Hypothese

---

[1] Vgl. S. 46 f.

besagt hier, daß die beiden Merkmalsreihen unabhängig sind und deshalb keine positive oder negative Korrelation aufweisen. Es soll angenommen werden, daß gleiche Merkmalswerte nicht auftreten. Nun werden den einzelnen Merkmalsreihen, in jeder Reihe getrennt entsprechend ihrer Größe, Rangordnungszahlen beigegeben. Grundsätzlich sind hier $n!$ verschiedene Rangordnungen möglich (n ist die Anzahl Merkmalswerte je Stichprobe). Für den Fall, daß die Null-Hypothese zu Recht besteht, kommen diesen $n!$ Rangordnungen gleiche Wahrscheinlichkeiten zu. Die empirisch gegebene Rangfolge stellt eine Realisation unter diesen $n!$ möglichen Rangfolgen dar.

Nun werden die Differenzen zwischen entsprechenden Rangordnungszahlen der beiden Merkmalsreihen gebildet. Diese Differenzen werden quadriert und addiert. Die sich ergebende Summe, die mit D bezeichnet wird, stellt das Testkriterium dar. In besonderen Tafeln (40) sucht man nun für einen gegebenen Stichprobenumfang n und für eine festgelegte Bedeutungsschwelle den kritischen D-Wert, d. h. den Wert, für welchen $P(D_e \leqq D_{th}) \leqq \alpha$ ist (D_{th} stellt den theoretischen und D_e den empirischen Testwert dar)[1].

Die praktische Berechnung der Testgröße D wird durch das folgende Beispiel veranschaulicht. Gegeben sind die beiden folgenden Merkmalsreihen:

x:	98	97	96	99	100	105	103	102	101	95
y:	200	207	203	198	199	210	211	204	201	202

Diese Merkmalswerte werden nun durch Rangordnungszahlen ersetzt.

	Rangordnungszahlen									
R_{1i}:	4	3	2	5	6	10	9	8	7	1
R_{2i}:	3	8	6	1	2	9	10	7	4	5
d_i	1	-5	-4	4	4	1	-1	1	3	-4
d_i^2	1	25	16	16	16	1	1	1	9	16

Die Summe dieser Quadrate d_i^2 ist nun gleich $D_e = 102$.

Als Bedeutungsschwelle soll $\alpha = 0{,}05$ angenommen werden. Aus der Hotelling-Pabst-Tafel (Tafel 17, S. 201), geht hervor, daß für $\alpha = 0{,}05$ und für einen Stichprobenumfang von $n = 10$ der theoretische Wert $D_{th} =$

---

[1] Die Summe D liegt bekanntlich der Berechnung des Rangkorrelationskoeffizienten zugrunde, der mit Hilfe der folgenden Formel berechnet werden kann:

$$r_s = 1 - \frac{6\,D}{n\,(n^2 - 1)}.$$

72 ist. Die Wahrscheinlichkeit, aus einem anderen Merkmalsreihenpaar der gleichen Grundgesamtheit einen D_e-Wert zu erhalten, der kleiner oder gleich $D_{th} = 72$ ist, stellt sich hier offenbar auf höchstens 0,05. In unserem Falle ist $D_e > D_{th}$; dieser Gegebenheit entspricht eine Wahrscheinlichkeit, die größer als die Bedeutungsschwelle ist. Die Null-Hypothese ist folglich bei einem Vertrauenskoeffizienten von 0,95 anzunehmen, d.h. die beiden Merkmalsreihen sind voraussichtlich voneinander unabhängig.

Verglichen mit dem t-Test weist dieser Test eine Pitmansche Wirksamkeit von 0,912 auf, wenn die zugrunde liegende Grundgesamtheit normalverteilt ist.

2.3.2.2.2. Kendall-Test

Ein Test, der ebenfalls auf der Rangkorrelation beruht, ist im Kendall-Test gegeben. Dieser weicht aber insofern vom vorher besprochenen Hotelling-Pabst-Test ab, als er auf Umstellungen oder Inversionen von Rangordnungszahlen abstellt. Gegeben sind wiederum zwei Reihen von Merkmalswerten, x und y, die je aus n zufällig gezogenen Elementen bestehen. Diese können folglich als Zufalls-Stichproben aus einer bestimmten Grundgesamtheit betrachtet werden. Nunmehr wird die eine der beiden Merkmalsreihen größenmäßig geordnet, wobei die zueinander gehörigen Wertepaare belassen werden. Die Merkmalswerte werden nun für jede Reihe getrennt mit Rangordnungszahlen versehen. Diese steigen bei der größenmäßig geordneten Reihe von 1 bis n an. Bei der anderen Reihe aber besteht keine natürliche Reihenfolge der Rangordnungszahlen; kleine Werte der Rangordnungszahlen können von größeren gefolgt sein oder umgekehrt. Folgt auf eine größere Rangordnungszahl eine kleinere, so bezeichnet man dies als eine Umstellung oder Inversion. Für jede Rangordnungszahl der zweiten Merkmalsreihe werden nun diese Umstellungen festgestellt und zusammengezählt; ihre Summe wird mit J bezeichnet. In entsprechender Weise werden auch die Fälle gezählt, in welchen eine kleinere Rangordnungszahl von einer größeren gefolgt wird; diese Anzahl wird addiert und ergibt die Summe T. Das Testkriterium ist durch die Differenz

$$S = T - J \tag{127}$$

gegeben. Der empirische Testwert S_e wird nun mit einem theoretischen Wert S_{th} verglichen, der besonderen Tafeln (52) entnommen werden kann.

Als Beispiel sollen die beiden Merkmalsreihen des Beispiels für den Hotelling-Pabst-Test (S. 138) herangezogen werden. Nachfolgend ist die x-Reihe größenmäßig geordnet worden:

x:	95	96	97	98	99	100	101	102	103	105
y:	202	203	207	200	198	199	201	204	211	210

Die entsprechenden Rangordnungszahlen sind nachfolgend aufgeführt:

$$R_1: \quad 1 \quad 2 \quad 3 \quad 4 \quad 5 \quad 6 \quad 7 \quad 8 \quad 9 \quad 10$$

$$R_2: \quad 5 \quad 6 \quad 8 \quad 3 \quad 1 \quad 2 \quad 4 \quad 7 \quad 10 \quad 9$$

Die zweite Reihe zeigt nun die folgenden Umstellungen:

$$J_i: \quad 4 \quad 4 \quad 5 \quad 2 \quad 0 \quad 0 \quad 0 \quad 0 \quad 1 \quad 0$$

Geht man vom ersten Wert (5) aus, so findet man 4 Umstellungen, nämlich (5, 3), (5, 1), (5, 2) und (5, 4); für den zweiten Wert (6) ergeben sich die folgenden Umstellungen: (6, 3), (6, 1), (6, 2) und (6, 4) usw. Die Umstellungen T_i ergeben die folgenden Häufigkeiten:

$$T_i: \quad 5 \quad 4 \quad 2 \quad 4 \quad 5 \quad 4 \quad 3 \quad 2 \quad 0 \quad 0$$

Die Häufigkeit 5 für den ersten Wert ergibt sich aus der folgenden Zahlenpaaren: (5, 6), (5, 8), (5, 7), (5, 10) und (5, 9); die Häufigkeit 4 für den zweiten Wert bezieht sich auf die Folgen (6, 8), (6, 7), (6, 10) und (6, 9) usw.

Nun werden diese Häufigkeiten J_i und T_i getrennt addiert. Es ergeben sich die Werte

$$J_i = 16 \quad \text{und} \quad T_i = 29.$$

Der Testwert berechnet sich auf Grund der Beziehung (127) und ist gleich

$$S_e = T - J = 13.$$

Bei gegebener Bedeutungsschwelle $\alpha = 0,05$ und für $n = 10$ findet man in der Tafel 18, S. 202, den theoretischen Testwert $S_{th} = 21$. Die Wahrscheinlichkeit, daß ein empirischer Wert S_e bei einer anderen Stichprobe größer oder gleich dem entsprechenden theoretischen Wert S_{th} ist, ist kleiner oder gleich der Bedeutungsschwelle. Im vorliegenden Falle ist $S_e < S_{th}$. Die Null-Hypothese ist deshalb anzunehmen. Bei einem Vertrauenskoffizienten von 0,95 ist deshalb anzunehmen, daß die beiden Merkmalsreihen voneinander unabhängig sind, d. h. also das gleiche Ergebnis wie beim Hotelling-Pabst-Test.

Die Pitmansche Wirksamkeit stellt sich — verglichen mit dem t-Test — für diesen Test auf 0,912. Vergleicht man aber diesen Test mit dem Hotelling-Pabst-Test, so ergibt sich eine Pitmansche Wirksamkeit von 1,00.

KENDALL (54) hat auf Grund des Wertes S die folgende Beziehung entwickelt, die als Maßzahl der Korrelation zwischen zwei Merkmalsreihen betrachtet werden kann.

$$r_k = \frac{2S}{n(n-1)}. \tag{128}$$

Dieser Parameter schwankt zwischen den Grenzen -1 und $+1$; er ist negativ, wenn zwischen den Merkmalen ein entgegengesetzter Einfluß festzustellen ist, und positiv, wenn ein gleichgerichteter Einfluß besteht.

2.3.2.2.3 Durbin-Watson-Test

Maßzahlen der Korrelation können dann eingesetzt werden, wenn es gilt, zwei oder mehr Reihen von Merkmalswerten miteinander zu vergleichen. Dabei können die Reihen in zeitlicher Folge gegeben sein. In diesem Falle vergleicht man den zeitlichen Verlauf von zwei oder mehr Merkmalsreihen. Es soll angenommen werden, daß die Merkmalsreihe durch die beobachteten Merkmalswerte $y_1, y_2, \ldots y_t, \ldots y_T$ gegeben sei, wo t die Zeitwerte $1, 2, \ldots T$ annimmt. v. NEUMANN (45) hat nun eine Testgröße entwickelt, die geeignet ist zu prüfen, ob in einer Folge von Merkmalswerten jeder Merkmalswert mit dem unmittelbar folgenden korreliert, d. h. verbunden ist, oder ob diese Werte voneinander unabhängig sind. Diese Maßzahl, die als Verhältnis der aufeinanderfolgenden mittleren quadratischen Differenzen bezüglich der Streuung oder kurz auch *Hart-v.-Neumann-Test* bezeichnet wird, ist durch die folgende Beziehung gegeben:

$$\frac{\delta^2}{s^2} = \frac{T}{T-1} \frac{\sum\limits_{t=1}^{T} (y_t - y_{t-1})^2}{\sum\limits_{t=1}^{T} (y_t - \bar{y})^2}. \tag{129}$$

Hier bezeichnen die Symbole y_t die beobachteten Merkmalswerte. Für diesen Testwert hat HART (45) eine Tafel berechnet, die es ermöglicht, die Bedeutsamkeit der Testwerte für bestimmte Stichprobenumfänge (Anzahl Werte in der Merkmalsreihe) T und bestimmte Bedeutungsschwellen abzuleiten.

Folgt auf einen hohen Wert von y_{t-1} ebenfalls ein hoher Wert von y_t, so ergeben sich kleine Differenzen $(y_{t-1} - y_t)$, d. h. der Test nimmt dann einen kleinen Wert an; folgen aber umgekehrt auf hohe Werte von y_{t-1} kleine Werte von y_t, dann erhöht sich der Testwert. Das arithmetische Mittel für die Testverteilung stellt sich auf

$$m = \frac{2T}{T-1}. \tag{130}$$

Die Test-Tafel 19 (Spalte 3), S. 203, gibt den untersten Testwert $\left(\frac{\delta^2}{s^2}\right)'$ an, für welchen die Null-Hypothese, daß zwischen den Merkmalswerten keine Abhängigkeit besteht, noch angenommen werden kann. Fällt der empirische Testwert unterhalb dieser Grenzen, so besteht positive Korrelation zwischen den Merkmalswerten. Die obere Grenze des Annahmebereiches für die Null-Hypothese ist durch die Beziehung

$$\left[2\,m - \left(\frac{\delta^2}{s^2}\right)'\right] = \frac{4\,T}{T-1} - \left(\frac{\delta^2}{s^2}\right)' \tag{131}$$

gegeben. Der Annahmebereich für die Null-Hypothese erstreckt sich folglich von

$$\left(\frac{\delta^2}{s^2}\right)' \quad \text{bis} \quad \left[\frac{4\,T}{T-1} - \left(\frac{\delta^2}{s^2}\right)'\right].$$

Empirische Testwerte, die oberhalb der Grenze

$$\frac{4\,T}{T-1} - \left(\frac{\delta^2}{s^2}\right)'$$

liegen, weisen auf eine negative Korrelation zwischen den Merkmalswerten hin.

Für den soeben angeführten Test sind wir von einer nach dem Merkmal Zeit geordneten Merkmalsreihe (Zeitreihe) ausgegangen. Nun wird aber in vielen praktischen Untersuchungen für diese Zeitreihe ein Modell angenommen, woraus theoretische Merkmalswerte berechnet werden können. Für gleiche Zeitabszissen t werden nun die empirisch gewonnenen Merkmalswerte den entsprechenden theoretisch abgeleiteten Merkmalswerten gegenübergestellt. Es ergeben sich dann in der Regel Abweichungen v_t zwischen diesen Wertepaaren. Nun ist es besonders bei ökonometrischen Untersuchungen wichtig zu wissen, ob diese Abweichungen untereinander unabhängig sind oder nicht. DURBIN und WATSON (28, 29) haben zu diesem Zwecke einen Test entwickelt, der auf dem soeben genannten Hart-v.-Neumann-Test beruht. Dieser *Durbin-Watson-Test* ist durch die Beziehung

$$d = \frac{\displaystyle\sum_{t=1}^{T} (v_t - v_{t-1})^2}{\displaystyle\sum_{t=1}^{T} v_t^2} \tag{132}$$

gegeben. Hier bedeuten v_t die Abweichungen zwischen den empirischen und theoretischen Merkmalswerten. DURBIN und WATSON ermittelten untere und obere Grenzwerte für diesen Test und stellten diese Grenzwerte (d_L und d_U) in Tafeln zusammen (Tafel 19, S. 203, Spalten 4—8). Ergibt sich ein empirischer d-Wert d_e, der kleiner ist als die untere Grenze d_L, so kann eine positive Korrelation zwischen v_t und v_{t-1} vermutet werden. Findet sich aber ein d_e-Wert, der größer als die obere Grenze d_U ist, so kann eine positive Korrelation zwischen v_t und v_{t-1} ausgeschlossen werden. Fällt aber der empirische d_e-Wert zwischen die Grenzen d_L und d_U, so kann keine bestimmte Aussage gemacht werden. Die Testverteilung ist symmetrisch bezüglich ihres Mittelwertes $m = 2$. Es kann somit ein Bereich angegeben werden, der auf ein Fehlen einer Korrelation zwischen v_t und v_{t-1} hinweist, wenn d_e in diesen Bereich fällt. Dieser ist durch die Grenzen d_U und $(4 - d_U)$ gekennzeichnet. Es ist zu berücksichtigen, daß diese Grenzen von der Anzahl unabhängiger Variablen in der Regression K abhängt. In den Durbin-Watson-Tafeln finden sich deshalb die Grenzen d_L und d_U für bestimmte Bedeutungsschwellen, für bestimmte Werte von K und für bestimmte Stichprobenumfänge T[1].

2.3.2.3. Trendtests

2.3.2.3.1. Daniels Test

Wird beim Hotelling-Pabst-Test (vgl. 2.3.2.2.1, S. 137) die Variable durch die Zeitvariable ersetzt, so ergibt sich eine Zeitreihe. Diese kann nun prinzipiell nach dem gleichen Vorgehen wie beim Hotelling-Pabst-Test daraufhin geprüft werden, ob ein steigender oder fallender Trend vorhanden ist, der statistisch bedeutsam ist, oder ob überhaupt keine Hauptbewegung festzustellen ist. Auf eine solche Zeitreihe angewendet bezeichnet man den Test als *Daniels Test*. Verglichen mit dem t-Test für Steigungskoeffizienten (vgl. S. 50 f.), weist dieser Test eine Pitmansche Wirksamkeit von 0,98 auf.

2.3.2.3.2. Mann-Kendall-Test

Dieser Test stützt sich auf den Kendall-Test (vgl. 2.3.2.2.2, S. 139 f.). Wird nämlich im Kendall-Test die Variable x durch die Zeitvariable ersetzt, so prüft dieser Test, ob die Variable y in zufälliger oder systematischer Weise mit der Zeitvariablen zusammenhängt. Besteht ein Trend, so hängen die Variablen y in systematischer Weise von der Zeitvariablen ab, d. h. es besteht dann kein zufälliger Zusammenhang. Der solchermaßen abgeänderte Kendall-Test wird als *Mann-Kendall-Test* bezeichnet (67). Seine Pitmansche Wirksamkeit bezüglich eines parametrischen Tests für den Steigungskoeffizienten stellt sich auf 0,98.

2.3.3. Binomiale Tests

Bisher wurden einige allgemeine statistische Tests aufgeführt, die sich auf Verteilungen, Korrelationen und Trends beziehen. Nunmehr sollen

---

[1] In einem weiteren Buch dieser „Grundlagen der Statistik", das von der Zeitreihenanalyse handelt, wird eingehender auf diesen Test eingegangen werden. Hier wurde lediglich auf diesen Test hingewiesen.

einige wichtige Tests erwähnt werden, welchen ein binomiales Modell zugrunde liegt.

Ganz allgemein beruhen diese statistischen Tests auf den folgenden Überlegungen. Es soll angenommen werden, daß ein Lageparameter einer Häufigkeitsverteilung, z. B. der Medianwert, gleich M_0 ist. Nun kann dieser Grundgesamtheit eine Stichprobe von n Elementen entnommen werden. Handelt es sich bei M_0 um den Median, so ist die Anzahl der Elemente, deren Merkmalswerte kleiner als M_0 sind, gleich groß der Anzahl der Elemente, deren Merkmalswerte größer sind als M_0. Die Wahrscheinlichkeit $P\,(x_i > M_0)$ ist hier gleich der Wahrscheinlichkeit $P\,(x_i < M_0)$, d. h.

$$P\,(x_i > M_0) = P\,(x_i < M_0) = 0,5. \tag{133}$$

Es soll angenommen werden, daß in dieser Stichprobe r Elemente Merkmalswerte aufweisen, die kleiner sind als M_0. Die Größe r ist hier eine binomial verteilte Zufallsvariable, deren Wahrscheinlichkeit

$$P\,(r) = \binom{n}{r}\,0,5^{n-r}\,0,5^{r} = \binom{n}{r}\,0,5^{n} \tag{134}$$

ist. Die entsprechende kumulierte Wahrscheinlichkeit stellt sich auf

$$P\,(i \leqq r) = \sum_{i=1}^{r} \binom{n}{i}\,0,5^{n}. \tag{135}$$

Diese kumulierten Wahrscheinlichkeiten finden sich in Tafeln. Die empirisch in einer Stichprobe gewonnenen Werte von r können nun mit den entsprechenden Tafelwerten verglichen werden. Je nach dem Ergebnis ist die Null-Hypothese, daß der Medianwert einer gegebenen Gesamtheit gleich M_0 ist, anzunehmen oder zurückzuweisen.

Es werden dabei bestimmte Annahmen getroffen. So wird unterstellt, daß $P\,(x_i = M_0) = 0$ ist, d. h. kein Merkmalswert ist gleich dem Medianwert M_0. Weiter wird angenommen, daß die einzelnen Elemente der Stichprobe zufällig gezogen worden sind. Endlich sollen die einzelnen Merkmalswerte x_i untereinander unabhängig sein.

Die Tafel 20, S. 204, enthält kritische Werte von r für einen zweiseitigen Test, wobei r die Häufigkeit der weniger häufig vorkommenden Differenz $(x_i - M_0)$ ist. Da es sich um eine zweiseitige Test-Tafel handelt, beruht sie auf der Beziehung

$$P\,(i \leqq r) = 2 \sum_{i=1}^{r} \binom{n}{i}\,0,5^{n}. \tag{136}$$

Die tabellierten Werte von r sind die größten Werte r, für welche die Beziehung

$$P\,(i \leqq r) \leqq \alpha$$

gilt.

Ist die Grundgesamtheit normalverteilt, so fallen bekanntlich arithmetisches Mittel und Medianwert dieser Gesamtheit zusammen. In solchen Fällen entspricht dieser binomiale Zeichentest dem t-Test von STUDENT. Er ist allerdings weniger wirksam als der entsprechende parametrische Test; seine Pitmansche Wirksamkeit stellt sich auf 0,637. Sie verringert sich, wenn die Verteilung der Grundgesamtheit von der Normalverteilung abweicht, und fällt bis auf 0,5 (die Streuung der Verteilung wird als konstant vorausgesetzt). Der Zeichentest ist zwar grundsätzlich unabhängig von der Streuung in der Grundgesamtheit, nur seine Beziehung zu einem parametrischen Test wird durch die Streuung beeinflußt (48). Im folgenden sollen nun einige solcher binomialer Zeichentests aufgeführt werden.

2.3.3.1. Cox-Stuart-Test

Im Jahre 1955 haben Cox und STUART (21) einen Test entwickelt, der auf den vorhergehenden Gedankengängen beruht und der vor allem dann mit Erfolg eingesetzt werden kann, wenn es darum geht, zu prüfen, ob bei einer zeitlichen Entwicklung eine Veränderung des Positionsparameters stattgefunden hat. Dieser Test ermöglicht es also, Zeitreihen daraufhin zu untersuchen, ob die Entwicklung zufällig ist oder ob eine bedeutsame steigende oder fallende Bewegung zu verzeichnen ist. Der Cox-Stuart-Test beruht auf den folgenden Überlegungen.

Gegeben sei eine zeitliche Folge von $c\,n$ Merkmalswerten x_i, nämlich

$$
\begin{array}{llcl}
x_1 & x_2 & \cdots & x_n \\
x_{n+1} & x_{n+2} & \cdots & x_{2n} \\
\cdots\cdots\cdots & \cdots\cdots\cdots & & \cdots\cdots \\
x_{(c-1)\,n+1} & x_{(c-1)\,n+2} & \cdots & x_{cn}
\end{array}
$$

Die Zeitreihe wird somit in c gleiche Teile aufgeteilt. Für jeden Merkmalswert x_i $(i \leqq n)$ wird die Differenz

$$(x_i - x_{(c-1)\,n+i}) \tag{137}$$

gebildet. Die Anzahl der positiven bzw. negativen Differenzen soll mit S_c bezeichnet werden, wobei jene Differenzen zu berücksichtigen sind, deren Vorzeichen am häufigsten vorkommt.

Die Null-Hypothese besagt, daß die Wahrscheinlichkeit $P(x_i >$ $x_{(c-1)n+i})$ gleich der Wahrscheinlichkeit $P(x_i < x_{(c-1)n+i})$ ist, d. h.

$$H_0: \quad P(x_i > x_{(c-1)n+i}) = P(x_i < x_{(c-1)n+i}).$$

Besteht die Null-Hypothese zu Recht, so ist anzunehmen, daß in einer Stichprobe (Zeitreihe) sich die positiven und negativen Differenzen nach Formel (137) die Waage halten. In diesem Falle aber wird S_c für verschiedene Stichproben gleichermaßen verteilt sein wie die Anzahl günstiger Fälle r in einer Binomialverteilung mit n Elementen, wobei $p = q = 0{,}5$ ist. Überwiegen aber positive bzw. negative Differenzen, dann kann dies als eine Abweichung von der Null-Hypothese gedeutet werden. Ist diese Abweichung bedeutsam, muß die Null-Hypothese verworfen und die Gegen-Hypothese H_1 angenommen werden.

Für den Parameter c werden bestimmte Werte eingesetzt, z. B. 2, 3, ... Wird $c = 2$ gesetzt, so wird die Folge der Merkmalswerte in zwei Teile aufgespalten und alle Merkmalswerte werden für die Testgröße herangezogen. Je größer c wird, desto mehr werden extrem gelagerte Teilfolgen von Merkmalswerten zugrunde gelegt. Für $c = 3$ beispielsweise wird das erste Drittel der Folge der Merkmalswerte mit dem letzten Drittel verglichen; ist $c = 4$, wird das erste Viertel dem letzten Viertel der Folge gegenübergestellt usw. Da aber extrem gelagerte Teilfolgen besonders stark durch eine steigende oder fallende Entwicklung beeinflußt werden, kommt dem Test bei hohen Werten von c eine größere Aussagekraft zu. So stellt sich die Pitmansche Wirksamkeit bei $c = 2$ auf 0,78 und bei $c = 3$ auf 0,83. Allerdings wird bei wachsendem c ein immer größerer Teil der Folge von Merkmalswerten vernachlässigt. Bei $c = 3$ wird ein Drittel dieser Folge und bei $c = 4$ sogar die Hälfte dieser Folge nicht berücksichtigt.

Dieser Test gilt strenggenommen nur, wenn die folgenden Bedingungen erfüllt sind. Einmal wird unterstellt, daß $P(x_i = x_{(c-1)n+i}) = 0$ für alle $i \leq n$ ist. Weiter soll die Bedingung gelten, daß eine positive bzw. negative Differenz nach Formel (137) unabhängig ist von den anderen möglichen Differenzen. Endlich sollten die Merkmalswerte zufällig ausgewählt sein[1]. Ein Beispiel soll die praktische Anwendung dieses Cox-Stuart-Tests aufzeigen.

Gegeben sei die Zeitreihe des Schweizerischen Landesindex der Konsumentenpreise für die Jahre 1967 bis 1969 (September 1966 = 100) nach Monaten[2]. Diese Werte finden sich in der folgenden Tabelle.

---

[1] Bei einer Zeitreihe kann diese Zufälligkeit dahin ausgelegt werden, daß die (endliche) Zeitreihe einen zufälligen Ausschnitt aus einer theoretisch unendlich langen Folge von Merkmalswerten darstellt.

[2] Statistisches Jahrbuch der Schweiz, 1970, S. 351.

Landesindex der Konsumentenpreise, Schweiz

Monate	Jahre			Differenz $(x_i - x_{2n+i})$
	1967	1968	1969	
Januar	102,2	105,7	108,1	$-5,9$
Februar	102,0	105,9	108,3	$-6,3$
März	102,0	105,5	108,1	$-6,1$
April	102,1	105,4	107,9	$-5,8$
Mai	103,2	105,7	108,4	$-5,2$
Juni..............	103,9	105,8	108,9	$-5,0$
Juli	104,3	105,6	108,9	$-4,6$
August	104,7	106,0	108,7	$-4,0$
September........	104,3	106,1	108,8	$-4,5$
Oktober	104,2	106,5	109,0	$-4,8$
November	105,2	107,5	109,9	$-4,7$
Dezember	105,5	107,8	110,3	$-4,8$

Es liegt nahe, hier $c = 3$ zu wählen. Nun werden die Differenzen zwischen
den Werten in der ersten Spalte (Indizes für das Jahr 1967) und jenen
in der dritten Spalte (Indizes für das Jahr 1969) gebildet. Diese finden
sich in der vierten Spalte der angeführten Tabelle. Die Anzahl der positiven Differenzen ist hier gleich Null. Die Null-Hypothese besagt hier
bekanntlich, daß die Wahrscheinlichkeit positiver Differenzen gleich jener
für negative Differenzen ist. Es ist dann zu erwarten, daß positiven Differenzen die Wahrscheinlichkeit 0,5 und ebenso negativen Differenzen
die Wahrscheinlichkeit 0,5 zukommt. Für das vorliegende Beispiel sind
$c = 3$, $cn = 36$ und $n = 12$. In der Tafel 20, S. 204, für diesen Test findet
man für $n = 12$ und bei einer Bedeutungsschwelle von 0,05 bei zweiseitigem Test, d. h. $\alpha = 0,025$ bei einseitigem Test, die höchste zu erwartende
Anzahl positiver bzw. negativer Differenzen gleich 2. Die Wahrscheinlichkeit, aus einer anderen Zufallsstichprobe (Zeitraum) aus der gleichen
Grundgesamtheit eine Anzahl von zwei oder weniger positiven Differenzen
zu finden, ist gleich 0,025. Im vorliegenden Falle aber ergaben sich null
positive Differenzen. Es folgt daraus, daß diese Wahrscheinlichkeit in diesem Falle wesentlich kleiner als 0,025 ist. Die Null-Hypothese kann hier
also verworfen werden. Dies besagt, daß eine gewisse Tendenz (Trend) in
der zugrunde gelegten Zeitreihe besteht.

2.3.3.2. Noether-Test

Dieser Test wird vor allem dann verwendet, wenn zu prüfen ist, ob
eine wellenförmige (zyklische) Bewegung in einer Folge von Merkmalswerten (z. B. Zeitreihe) festzustellen ist. Er wurde im Jahre 1956 eingeführt (88). Eine Folge von Merkmalswerten wird in Teilfolgen von je
3 Elementen zergliedert. Die gesamte Folge umfaßt also $3n$ Werte. Es

ist zu prüfen, ob sie eine wellenförmige Bewegung aufweist, die statistisch gesichert ist. Wenn eine solche Bewegung besteht, werden in regelmäßigen Abständen Teilfolgen dieser Folge von Merkmalswerten überwiegend zunehmende bzw. überwiegend abnehmende Werte aufweisen. Teilfolgen, die eine stets zu- und abnehmende Bewegung zeigen, dürften in einem solchen Falle eher selten sein. Bestehen diese Teilfolgen aus den Merkmalswerten a, b und c, wo $a < b < c$ ist, so ergeben sich bekanntlich die folgenden 6 Permutationen:

$$a\,b\,c, \quad a\,c\,b, \quad b\,a\,c, \quad b\,c\,a, \quad c\,a\,b, \quad c\,b\,a$$

Von diesen Permutationen weisen nur zwei das Merkmal auf, daß sie stets zunehmen ($a\,b\,c$) bzw. stets abnehmen ($c\,b\,a$). Die Wahrscheinlichkeit, daß bei zufälliger Aufeinanderfolge der Merkmalswerte in Teilfolgen von je 3 Elementen eine stets zunehmende bzw. stets abnehmende Teilfolge beobachtet wird, stellt sich hier auf $^1/_3$. Die Häufigkeiten solcher Teilfolgen, die sich nicht überlappen, gehorchen folglich einer Binomialverteilung mit $p = {}^1/_3$. Weist die Folge der Merkmalswerte eine wellenförmige Bewegung auf, so dürfte die Wahrscheinlichkeit, in dieser Folge Teilsequenzen aus 3 Merkmalswerten zu finden, die stets zu- oder abnehmen, größer als $^1/_3$ sein.

Auf Grund dieses Modells kann die Null-Hypothese folgendermaßen formuliert werden:

$$H_0: \quad P(x_{3i} > x_{3i-1} > x_{3i-2}) + P(x_{3i} < x_{3i-1} < x_{3i-2}) = {}^1/_3, \tag{138}$$

d. h. die Wahrscheinlichkeit, daß entweder stets zunehmende oder stets abnehmende Merkmalswerte in zufällig gezogenen Teilfolgen, bestehend aus 3 Merkmalswerten, vorkommen, ist gleich ein Drittel. Die Gegen-Hypothese H_1 kann dahingehend umschrieben werden, daß bei zweiseitigem Test

$$H_1: \quad P(x_{3i} > x_{3i-1} > x_{3i-2}) + P(x_{3i} < x_{3i-1} < x_{3i-2}) \neq {}^1/_3 \tag{138a}$$

und bei einseitigem Test

$$H_1: \quad P(x_{3i} > x_{3i-1} > x_{3i-2}) + P(x_{3i} < x_{3i-1} < x_{3i-2}) \lesseqgtr {}^1/_3 \tag{138b}$$

ist. Es wird allerdings vorausgesetzt, daß die Teilfolgen keine gleichen Merkmalswerte aufweisen, d. h. daß

$$P(x_{3i} = x_{3i-1}) = 0 \quad \text{und} \quad P(x_{3i-1} = x_{3i-2}) = 0$$

sind. Weiter wird angenommen, daß die Beschaffenheit der einzelnen Teilfolgen untereinander unabhängig ist. Endlich soll es sich bei diesen Teilfolgen um Zufallsereignisse handeln.

Bei ausgesprochener Wellenbewegung in einer Folge von Merkmalswerten und bei vielen Merkmalswerten in der Folge dürfte dieser Test befriedigende Ergebnisse liefern. Die praktische Auswertung dieses Tests geschieht auf Grund von Tafeln der kumulierten Binomialverteilung. Die gesuchten Wahrscheinlichkeiten können aber auch direkt aus der Formel der kumulierten Binomialverteilung von Fall zu Fall berechnet werden. Die praktische Anwendung dieses Tests soll ebenfalls an Hand eines Beispiels aufgezeigt werden, und zwar soll hier das gleiche Beispiel verwendet werden wie beim Cox-Stuart-Test (S. 147).

Das Vorgehen ist hier das folgende. Die einzelnen Indexwerte werden in Dreiergruppen aufgeteilt, die sich gegenseitig nicht überlagern und welche keine gleichen Zahlenwerte aufweisen. Da die Anzahl Zahlenwerte 36 beträgt, können also zwölf solche Dreiergruppen gebildet werden. Hier sind jene Gruppen bedeutsam, welche nur steigende oder nur fallende Zahlenwerte aufzeigen. Im angeführten Beispiel ergeben sich die folgenden Dreiergruppen.

1.	102,2	102,0	102,1	fällt weg
2.	103,2	103,9	104,3	steigend
3.	104,7	104,3	104,2	fallend
4.	105,2	105,5	105,7	steigend
5.	105,9	105,5	105,4	fallend
6.	105,7	105,8	105,6	fällt weg
7.	106,0	106,1	106,5	steigend
8.	107,5	107,8	108,1	steigend
9.	108,3	108,1	107,9	fallend
10.	108,4	108,9	108,7	fällt weg
11.	108,8	109,0	109,9	steigend
12.	fällt weg wegen ungenügender Besetzung			

Von diesen 11 Dreiergruppen weisen fünf eine stetig steigende und drei eine stetig fallende Bewegung auf. Die Wahrscheinlichkeit einer stetig fallenden oder steigenden Bewegung stellt sich unter der Annahme der Null-Hypothese (zufällige Anordnung der Indexzahlen) bekanntlich auf $1/3$. Es haben sich also folgende Parameter ergeben:

$$p = {}^1/_3, \quad n = 11 \quad \text{und} \quad r = 8.$$

Die kumulierte Wahrscheinlichkeit $P\,(r \geqq 8)$ kann in bekannter Weise auf Grund der Beziehung

$$P\,(r \geqq 8) = \sum_{r=8}^{11} \binom{11}{r} (^1/_3)^r\, (^2/_3)^{11-r}$$

errechnet werden.

r	$P\,(r)$	$P\,(r \geqq 8)$
11	0,000006	0,000006
10	0,000124	0,000130
9	0,001242	0,001372
8	0,007451	0,008823

Die gesuchte Wahrscheinlichkeit stellt sich somit auf rund 0,009. Nimmt man eine Bedeutungsschwelle von 5 % an, so ist die Null-Hypothese abzulehnen, weil die errechnete Wahrscheinlichkeit (0,008823) kleiner ist als die festgesetzte Bedeutungsschwelle. Die Aufeinanderfolge der Indexzahlen dürfte also nicht zufällig sein.

2.3.3.3. McNemar-Test

Einen weiteren binomialen Test stellt der McNemar-Test dar (71). Dieser kann dann angewendet werden, wenn eine Vierfeldertafel vorliegt und wenn untersucht werden soll, ob sich bestimmte Merkmalskombinationen in bedeutsamer Weise verändert haben. Gegeben sind zwei Alternativmerkmale Q und R, von welchen jedes zwei Variationen aufweist, nämlich Q_1 und Q_2 bzw. R_1 und R_2. Die entsprechenden Häufigkeiten sind in der folgenden Vierfeldertafel aufgeführt.

Merkmal Q	Merkmal R		Zusammen
	R_1	R_2	
Q_1	x_{11}	x_{12}	$x_{11} + x_{12}$
Q_2	x_{21}	x_{22}	$x_{21} + x_{22}$
Zusammen	$x_{11} + x_{21}$	$x_{12} + x_{22}$	N

Die Häufigkeiten der Merkmale R_1 und R_2 sind $(x_{11} + x_{21})$ und $(x_{12} + x_{22})$ und die der Merkmale Q_1 und Q_2 sind $(x_{11} + x_{12})$ und $(x_{21} + x_{22})$. Ist der Anteil der Elemente mit dem Merkmal Q_1 gleich jenem der Elemente mit dem Merkmal R_1, so besteht die Beziehung

$$\frac{(x_{11}+x_{21})}{N} = \frac{(x_{11}+x_{12})}{N}$$

oder

$$x_{21} = x_{12} = \frac{x_{21} + x_{12}}{2}.$$

Bezeichnet man die Summe $(x_{21} + x_{12})$ mit n, so ist folglich die Wahrscheinlichkeit der Merkmalskombination $Q_2 R_1$ gleich jener der Merkmalskombination $Q_1 R_2$, d.h. also gleich $p = 0{,}5$. Es handelt sich hier also um einen binomialen Versuch mit $n = x_{21} + x_{12}$ und $p = 0{,}5$.

Die Null-Hypothese kann nun leicht aufgestellt werden. Sie lautet

$$H_0: \quad x_{21} = x_{12} = \frac{x_{21} + x_{12}}{2},$$

d. h. die Merkmalskombinationen $Q_2 R_1$ und $Q_1 R_2$ sind gleichwahrscheinlich. Die Häufigkeit

$$\frac{x_{21} + x_{12}}{2}$$

stellt demnach den Erwartungswert der Zellenhäufigkeit x_{21} und x_{12} dar.

Die Auswertung dieses Tests erfolgt nach dem χ^2-Test. Die Definitionsbeziehung für den χ^2-Test ist mit den eingeführten Bezeichnungen bekanntlich gleich

$$\chi^2 = \frac{\left(x_{12} - \dfrac{x_{12} + x_{21}}{2}\right)^2}{\dfrac{x_{12} + x_{21}}{2}} + \frac{\left(x_{21} - \dfrac{x_{12} + x_{21}}{2}\right)^2}{\dfrac{x_{12} + x_{21}}{2}}.$$

Vereinfacht man diese Beziehung, so findet man

$$\chi^2 = \frac{(x_{12} - x_{21})^2}{x_{12} + x_{21}}. \tag{139}$$

Die Anzahl der Freiheitsgrade stellt sich hier auf 1.

Es ist allerdings zu beachten, daß die unstetige Verteilung der Merkmalswerte durch die stetige χ^2-Funktion geprüft wird. Dies ist ein an und für sich unstatthaftes Vorgehen. Der dadurch begangene Fehler kann jedoch kompensiert werden, indem man die folgende, von YATES (135) vorgeschlagene Korrektur einführt:

$$\chi_k^2 = \frac{(|x_{12} - x_{21}| - 1)^2}{x_{12} + x_{21}} \tag{139 a}$$

(Anzahl der Freiheitsgrade $= 1$). Das folgende Beispiel soll die praktische Verwendung dieses Tests aufzeigen.

Ein Meinungsforschungs-Institut hat in einem zeitlichen Abstand von einem Monat zwei Stichprobenumfragen über das mutmaßliche Ergebnis eines Wahlausgangs durchgeführt. Dabei hat es festgestellt, daß von ins-

gesamt 2500 befragten Personen 398 bei beiden Umfragen dem Kandidaten A mehr Erfolgsaussichten zugesprochen haben, daß 714 Personen
aber bei der ersten Umfrage dem Kandidaten A und bei der zweiten Umfrage dem Kandidaten B mehr Erfolg zugeschrieben haben. Gegenteiliger
Ansicht waren 670 Personen. Auf Grund dieses Umfrageergebnisses kann
die folgende Vierfeldertafel aufgestellt werden.

1. Umfrage	2. Umfrage		Zusammen
	Kandidat A	Kandidat B	
Kandidat A	398	714	1112
Kandidat B	670	718	1388
Zusammen	1068	1432	2500

In diesem Beispiel sind $x_{12} = 714$ und $x_{21} = 670$. Nach der Beziehung
(139) ergibt sich der folgende χ^2-Wert:

$$\chi^2 = \frac{(714 - 670)^2}{714 + 670} = 1{,}399.$$

Der korrigierte χ^2-Wert stellt sich nach Formel (139 a) auf:

$$\chi_k^2 = \frac{(|714 - 670| - 1)^2}{714 + 670} = 1{,}336.$$

Mit Hilfe einer χ^2-Tafel findet man, daß sich bei einem Freiheitsgrad
und einer Bedeutungsschwelle von 5 % der kritische χ^2-Wert auf 3,841
stellt. Die Wahrscheinlichkeit, bei einer anderen gleichgerichteten Umfrage
einen χ^2-Wert von 1,336 bzw. 1,399 zu erhalten, ist somit wesentlich
höher als 5 % (nämlich rund 25 %). Es wurde hier ein zweiseitiger Test
angenommen, weil als Gegen-Hypothese folgende Aussage angenommen
worden ist:

$$H_1: \quad x_{12} \neq x_{21}.$$

Das Testergebnis läßt uns vermuten, daß der festgestellte Unterschied
zwischen x_{12} und x_{21} nicht bedeutsam ist, d. h. daß sich die Meinungs-
umstellung von Kandidat A nach Kandidat B und umgekehrt die Waage
halten, wodurch das Ergebnis der zweiten Umfrage statistisch das gleiche
Ergebnis gezeitigt hat wie die erste Umfrage.

Verglichen mit dem t-Test, kommt dem Mc-Nemar-Test eine Pitmansche Wirksamkeit von rund 63 % zu, wenn die Häufigkeiten $x_{12} + x_{21}$
sehr hohe Werte annehmen.

2.3.3.4. Cochrans Q-Test

Eine Verallgemeinerung des McNemar-Tests stellt der Q-Test von Cochran dar (19). Dieser Test kann dann eingesetzt werden, wenn eine Anzahl Elemente N mehreren Behandlungen unterzogen worden ist und wenn untersucht werden soll, ob die einzelnen Behandlungen unterschiedliche Ergebnisse gezeigt haben. Dabei ist dieser Test besonders dann angezeigt, wenn der Behandlungseffekt durch binäre Ordnungszahlen (z. B. ja — nein, gut — schlecht, $0 - 1$) gekennzeichnet werden kann. Cochran führt hier den Testwert

$$Q = \frac{k\,(k-1)\sum_{i=1}^{k}(G_i - \overline{G})^2}{k\sum_{j=1}^{N}L_j - \sum_{j=1}^{N}L_j^2}, \tag{140}$$

ein, wo N die Anzahl Elemente, k die Anzahl Behandlungen, G_i die Häufigkeit eines bestimmten Merkmalwertes in der Spalte i ($i = 1, 2, \ldots k$) und L_j die Häufigkeit dieses bestimmten Merkmalswertes in Zeilenrichtung ($j = 1, 2, \ldots N$) darstellen. Der Wert $\overline{G}$ bezeichnet das arithmetische Mittel aller Werte Gi.

Berücksichtigt man, daß

$$\overline{G} = \frac{\sum_{i=1}^{k} G_i}{k}$$

ist und führt man diese Beziehung in die Formel (140) ein, so folgt daraus:

$$Q = \frac{k\,(k-1)\left(\sum_{i=1}^{k}G_i^2 - 2\,\overline{G}\sum_{i=1}^{k}G_i + k\,\overline{G}^2\right)}{k\sum_{j=1}^{N}L_j - \sum_{j=1}^{N}L_j^2} =$$

$$= \frac{(k-1)\left[k\sum_{i=1}^{k}G_i^2 - \left(\sum_{i=1}^{k}G_i\right)^2\right]}{k\sum_{j=1}^{N}L_j - \sum_{j=1}^{N}L_j^2}. \tag{140a}$$

Der Testwert Q ist angenähert wie χ^2 verteilt mit $(k-1)$ Freiheitsgraden. Allerdings ist dann vorausgesetzt, daß die binären Ordnungszahlen in Spalten- und Zeilenrichtung zufällig verteilt sind, sofern die Null-Hypothese zu Recht besteht und daß die Anzahl Elemente N nicht zu klein ist. Ein Beispiel soll auch hier den Einsatz dieses Tests veranschaulichen.

Ein Meinungsforschungs-Institut ist mit der Aufgabe betraut, zu untersuchen, ob eine von fünf verschiedenen Verpackungsarten für das gleiche Produkt (die Versuchspersonen wissen nicht, daß es sich um das gleiche Produkt handelt) in positiver oder negativer Weise aufgenommen wird. Zu diesem Zwecke wird eine zufällige Stichprobe von 20 Konsumenten dieses Produkts gezogen. Jedem dieser Konsumenten wird in zeitlichen Abständen der Reihe nach dieses Produkt in den fünf verschiedenen Pakkungen zur Beurteilung übergeben. Eine positive Reaktion der Versuchsperson soll mit 1 und eine negative Reaktion mit 0 gekennzeichnet werden. Die Ergebnisse sind in der folgenden Tabelle zusammengestellt.

| Versuchsperson | Verpackungen | | | | | L_j | L_j^2 |
	A	B	C	D	E		
1	0	1	1	1	0	3	9
2	1	0	0	0	1	2	4
3	0	0	0	0	1	1	1
4	0	0	0	0	1	1	1
5	1	0	1	1	1	4	16
6	0	1	1	0	1	3	9
7	0	1	0	0	1	2	4
8	0	0	0	0	0	0	0
9	1	0	0	1	0	2	4
10	0	1	0	1	0	2	4
11	1	0	1	0	1	3	9
12	1	1	0	0	1	3	9
13	0	0	0	0	0	0	0
14	1	1	0	0	1	3	9
15	1	0	0	0	0	1	1
16	0	0	0	1	0	1	1
17	0	1	0	1	1	3	9
18	1	0	0	0	0	1	1
19	0	1	0	1	0	2	4
20	0	1	0	1	1	3	9
Zusammen	8	9	4	8	11	40	104

Es ergeben sich somit die folgenden Werte:

$$G_1 = 8, \quad G_2 = 9, \quad G_3 = 4, \quad G_4 = 8 \quad \text{und} \quad G_5 = 11.$$

die Summen

$$\sum_{i=1}^{k} G_i = 40 \quad \text{und} \quad \sum_{i=1}^{k} G_i^2 = 346.$$

Weiter ist offenbar

$$\sum_{j=1}^{N} L_j = 40 \quad \text{und} \quad \sum_{j=1}^{N} L_j^2 = 104.$$

Mit diesen Ergebnissen kann nunmehr der Testwert Q ermittelt werden. Nach der Beziehung (140 a) ergibt sich ($k = 5$ und $N = 20$):

$$Q = \frac{4\,(5 \cdot 346 - 40^2)}{5 \cdot 40 - 104} = 5{,}417.$$

Unterstellt man eine Bedeutungsschwelle von $\alpha = 5\,{}^0/_0$, so findet man aus einer χ^2-Tafel, daß sich bei 4 Freiheitsgraden der entsprechende kritische χ^2-Wert auf $\chi^2_{kr} = 9{,}488$ stellt. Da der errechnete Q-Wert kleiner ist als der kritische Wert, kann die Null-Hypothese bei einem Vertrauenskoeffizienten von 0,95 angenommen werden. Dies besagt, daß kein signifikanter Unterschied der Bewertungen hinsichtlich der fünf Verpackungen besteht, womit gesagt ist, daß die Verpackung keine bedeutsame Beeinflussung der Konsumenten ausgeübt hat.

Der Q-Test von Cochran soll die Gruppe der binomialen Tests abschließen. Es soll nun kurz auf einige statistische Tests eingegangen werden, welchen ein hypergeometrisches Modell zugrunde liegt.

2.3.4. Hypergeometrische Tests

2.3.4.1. Fishers exakter Test

Auch hier wird eine Vierfeldertafel angenommen. Dabei stellt die erste Zeile dieser Tafel eine erste Stichprobe und die zweite Zeile eine zweite Stichprobe dar. Wenn nun diese beiden Stichproben aus zwei genau gleichen Grundgesamtheiten gezogen worden sind, wird die Vereinigung beider Stichproben ein homogenes Kollektiv darstellen. Die beiden Grundgesamtheiten sollen unendlich groß angenommen werden. Die Elemente, die diese Grundgesamtheiten bilden, sind durch zwei sich ausschließende Merkmale gekennzeichnet (z. B. 0 und 1). Aus jeder dieser Grundgesamtheiten wird eine Stichprobe gezogen. Beide Stichproben zusammen umfassen $(A + B)$ Elemente, während die erste Stichprobe A Elemente und die zweite Stichprobe folglich B Elemente enthält. Es gilt nun zu prüfen, ob die verhältnismäßige Anzahl der Elemente mit dem einen Merkmal (bezogen auf die Gesamtzahl der Elemente in dieser Stichprobe) gleich oder ungleich der entsprechenden relativen Häufigkeit der Elemente mit dem gleichen Merkmal aus der zweiten Stichprobe ist. Die Null-Hypothese besagt hier also, daß diese beiden relativen Häufigkeiten für die beiden Stichproben gleich sind. Als Gegen-Hypothese kann angenommen werden, daß dieser Anteil bei der einen Stichprobe größer (kleiner) ist als bei der anderen Stichprobe (einseitiger Test) oder daß diese beiden Anteile ungleich sind (zweiseitiger Test).

Mit diesen beiden Stichproben kann nun die folgende Vierfeldertafel aufgestellt werden.

Stichproben	Merkmalswerte		Zusammen
	0	1	
I.....................	a	$A-a$	A
II....................	b	$B-b$	B
Zusammen	$a+b$	$(A-a)+(B-b)$	$A+B$

Es gilt hier zu prüfen, ob

$$\frac{a}{A} = \frac{b}{B}$$

ist (Null-Hypothese). Sind die beiden Grundgesamtheiten, aus welchen diese beiden Stichproben gezogen worden sind, verschieden hinsichtlich der Merkmalswerte ihrer Elemente, so wird die vereinigte Stichprobe ($A+B$ Elemente) ebenfalls uneinheitlich sein und folglich die eine Stichprobe keine zufällige Verteilung der Elemente hinsichtlich ihres Merkmalswertes aufweisen, d. h. in bedeutsamer Weise mehr Elemente mit dem einen Merkmalswert enthalten als die andere Stichprobe. Die a Elemente mit dem Merkmal 0 stellen eine bestimmte Stichprobe der Gesamtanzahl der Elemente mit dem gleichen Merkmalswert in beiden Stichproben zusammen dar. Die Anzahl all dieser Stichproben ist aber bekanntlich gleich

$$\binom{a+b}{a}.$$

In entsprechender Weise sind insgesamt

$$\binom{[(A-a)+(B-b)]}{A-a}$$

Stichproben, bestehend aus $(A-a)$ Elementen mit dem Merkmalswert 1, möglich. Jede dieser Stichproben, bestehend aus Elementen mit dem Merkmal 0, kann mit jeder Stichprobe aus den Elementen mit dem Merkmal 1 kombiniert werden. Es ergeben sich also insgesamt

$$\binom{a+b}{a}\binom{[(A-a)+(B-b)]}{A-a}$$

mögliche Kombinationen der ersten Stichprobe. Insgesamt können aber

$$\binom{A+B}{A}$$

Stichproben aus den Elementen mit beiden Merkmalen gezogen werden. Es ergibt sich somit die hypergeometrische Wahrscheinlichkeit

$$p = \frac{\binom{a+b}{a}\binom{[(A-a)+(B-b)]}{A-a}}{\binom{A+B}{A}}. \tag{141}$$

Aus dieser Beziehung kann leicht die Rechenformel (141 a) abgeleitet werden.

$$p = \frac{A!\,B!\,(a+b)!\,[(A-a)+(B-b)]!}{(A+B)!\,a!\,(A-a)!\,b!\,(B-b)!}. \tag{141 a}$$

Dies ist die Wahrscheinlichkeit, daß die betrachtete Zellenhäufigkeit auch in einer anderen Stichprobe aus den gleichen Grundgesamtheiten beobachtet werden könnte. Ist sie größer als die Bedeutungsschwelle, so wird man die Null-Hypothese annehmen können; andernfalls ist die Null-Hypothese zu verwerfen.

Es soll hier angenommen werden, daß $A \geqq B$ ist, d. h. daß die erste Stichprobe größer ist als die zweite. Weiter soll die Beziehung $(a/A) \geqq (b/B)$ bestehen, d. h. $aB \geqq A\,b$. Aus diesen Ungleichungen lassen sich die Werte A und a in der Vierfeldertafel lokalisieren, was für die Verwendung der Testtafel (21) sehr wichtig ist.

Dieser exakte Test von FISHER kann an Hand von besonderen Tafeln bewertet werden (31). Das praktische Beispiel, mit welchem die Handhabung dieses Tests aufgezeigt werden soll, ist der schweizerischen Kriminalstatistik entnommen[1]. Es soll untersucht werden, ob mehr Männer wegen Verleumdung verurteilt werden als Frauen und ob mehr Frauen wegen Mißbrauchs des Telefons von Gerichten schuldig bezeichnet werden. Die folgende Tabelle vermittelt den statistischen Tatbestand.

Verurteilte für Ehrendelikte in der Schweiz, 1969

| Personen | Delikte | | Zusammen |
	Verleumdung	Mißbrauch des Telefons	
Männer.........	8	1	9
Frauen	5	1	6
Zusammen	13	2	15

Dem Test soll eine Bedeutungsschwelle von 5 % zugrunde gelegt werden. In diesem Beispiel bilden die verurteilten Männer die erste Stichprobe und

---

[1] Die Strafurteile in der Schweiz, 1969; Statistische Quellenwerke der Schweiz, Heft 460, Tabelle 10, S. 43.

die verurteilten Frauen die zweite Stichprobe. Da im vorliegenden Falle $9 > 6$ ist, wird $A = 9$ und folglich $B = 6$ gesetzt. Weiter werden die Verhältnisse

$$\frac{8}{9} \quad \text{und} \quad \frac{5}{6} \quad \text{sowie} \quad \frac{1}{9} \quad \text{und} \quad \frac{1}{6}$$

gebildet. Es ist hier offensichtlich

$$\frac{8}{9} > \frac{5}{6} \quad \text{und} \quad \frac{1}{9} < \frac{1}{6}.$$

Auf Grund der Beziehung

$$\frac{a}{A} \geqq \frac{b}{B} \quad \text{d. h.} \quad \frac{8}{9} > \frac{5}{6}$$

folgt unmittelbar, daß

$$a = 8, \quad A = 9, \quad b = 5 \quad \text{und} \quad B = 6$$

sind. Es ergibt sich deshalb die folgende theoretische Vierfeldertafel.

Personen	Delikte		Zusammen
	Verleumdung	Mißbrauch des Telefons	
Männer.........	a	$A - a$	A
Frauen	b	$B - b$	B
Zusammen	$a + b$	$(A - a) + (B - b)$	$A + B$

Der Testtafel 21, S. 205/206, kann nun folgendes entnommen werden. Für $A = 9$, $B = 6$ sowie $a = 8$ und $\alpha = 0{,}05$ findet man den kritischen Wert $b_{kr} = 2$ bei einer Wahrscheinlichkeit von 0,047 (einseitiger Test). In unserem Falle ist aber $b = 5$. Der Wert b_{kr} stellt die größte Häufigkeit dar, die diese Merkmalskombinationen bei gegebener Bedeutungsschwelle aufweisen kann. Für die Wahrscheinlichkeit, daß — wie das Beispiel zeigt — der empirische Wert ($b = 5$) größer oder gleich dem kritischen Wert ($b_{kr} = 2$) ist, ergibt sich in unserem Falle ein Wert, der größer ist als die Bedeutungsschwelle. Dieser kann auf Grund der Beziehung (141 a) genau bestimmt werden. Er ist gleich

$$p_b = \frac{9!\,6!\,13!\,2!}{15!\,8!\,1!\,5!\,1!} = 0{,}5143.$$

Da $p_b > \alpha$ ist, kann die Null-Hypothese angenommen werden, d. h. es besteht kein statistisch gesicherter Unterschied zwischen der Anzahl der wegen Verleumdung verurteilten Männer und Frauen.

Das angeführte Beispiel zeigt eine bestimmte Aufteilung der Häufigkeiten auf die einzelnen Merkmalskombinationen. Es wären aber noch einseitigere Aufteilungen bei gleichen Randsummen möglich, wie beispielsweise die folgende Aufteilung.

| Personen | Delikte | | Zusammen |
	Verleumdung	Mißbrauch des Telefons	
Männer.........	9	0	9
Frauen.........	4	2	6
Zusammen	13	2	15

Für diese Aufteilung errechnet sich nach Formel (141 a) die Wahrscheinlichkeit

$$p' = \frac{9!\,6!\,13!\,2!}{15!\,9!\,0!\,4!\,2!} = 0{,}1429.$$

Die Wahrscheinlichkeit, daß sich entweder die empirisch vorgegebene Aufteilung oder die angegebene extreme Aufteilung in zufälliger Weise ergeben würde, ist nach dem Additionsgesetz der Wahrscheinlichkeitsrechnung gleich

$$P = p_b + p' = 0{,}5143 + 0{,}1429 = 0{,}6572.$$

Eine andere extreme Aufteilung ergäbe sich, wenn angenommen würde, daß alle verurteilten Frauen wegen Verleumdung bestraft worden seien. Unter dieser Annahme ergibt sich die folgende Vierfeldertafel (bei gleichbleibenden Randsummen):

| Personen | Delikte | | Zusammen |
	Verleumdung	Mißbrauch des Telefons	
Männer.........	7	2	9
Frauen.........	6	0	6
Zusammen	13	2	15

Diese Aufteilung führt zur folgenden Wahrscheinlichkeit:

$$p'' = \frac{9!\,6!\,13!\,2!}{15!\,7!\,2!\,6!\,0!} = 0{,}3429.$$

Dieser Test von FISHER ist nicht ohne Kritik aufgenommen worden. So hat man ihm vorgeworfen, daß die Bedingung der unveränderten Randsummen eine strikte sei. TOCHER (115) hat gezeigt, daß dieser Test von FISHER mit einer geringfügigen Änderung einen sehr wirksamen einseitigen Test für Vierfeldertafeln darstellt. Diese Korrektur von TOCHER besteht darin, daß die Gesamtwahrscheinlichkeit für das zufällige Eintreffen einer Aufteilung, wie sie empirisch gegeben ist, oder von extremen Verteilungen nicht als Summe dieser Einzelwahrscheinlichkeiten $(p_b + p' + p'')$ gegeben ist. Statt dessen sollen nur die Wahrscheinlichkeiten der beiden extremen Aufteilungen zusammengezählt werden, d. h. also $(p' + p'')$. Ist nun diese Summe größer als die Bedeutungsschwelle α, so soll die Null-Hypothese nicht zurückgewiesen werden. Ist aber die Wahrscheinlichkeit für die empirische Aufteilung p_b größer als α, während die Summe $(p' + p'')$ kleiner als α ist, so schlägt TOCHER vor, das folgende Verhältnis zu berechnen:

$$z = \frac{\alpha - (p' + p'')}{p_b}.\tag{141 b}$$

Nun wird aus einer Tafel von rechteckig verteilten Zufallszahlen zufällig eine Zahl zwischen 0 und 1 herausgegriffen. Ist diese so ausgewählte Zufallszahl kleiner als z, so ist die Null-Hypothese abzulehnen. Ist sie aber größer als z, so soll H_0 angenommen werden. Im vorliegenden Beispiel ist die Null-Hypothese zweifellos anzunehmen, da $(p' + p'') > \alpha$ ist.

Der Einsatz dieses Tests bei zweiseitiger Gegen-Hypothese ist etwas komplizierter als bei anderen Tests. In einem solchen Falle ist folgendes zu berücksichtigen. Sind die beiden Spaltensummen gleich, kann die Tafel-Wahrscheinlichkeit verdoppelt werden. Sind aber die Spaltensummen ungleich, muß das folgende Verfahren eingeschlagen werden. Es ist die folgende Gleichung nach x aufzulösen:

$$\frac{x}{A} - \frac{(a+b) - x}{B} = -\left(\frac{a}{A} - \frac{b}{B}\right),\tag{142}$$

d. h. also

$$x = \frac{A \cdot b - a \cdot B + A\,(a+b)}{A + B}.\tag{142 a}$$

Ersetzt man nun a durch x, wobei unter Umständen die letzte ganze Zahl, die noch kleiner ist als x, einzusetzen ist, und korrigiert man die anderen Zellenhäufigkeiten, damit die Randsummen gleichbleiben, so ergibt sich eine neue Vierfeldertafel. Für den auf diese Weise in der neuen Viefeldertafel erhaltenen Wert b wird in der Testtafel die entsprechende Wahrscheinlichkeit abgelesen. Diese wird zur entsprechenden Wahrscheinlichkeit des b-Wertes in der ursprünglichen Tafel addiert. Ist diese aufaddierte Wahrscheinlichkeit kleiner als α, kann die Null-Hypothese abgelehnt werden; andernfalls wird sie angenommen. In der Beziehung (142) stellt x den neuen a-Wert a' dar, während $(a + b) - x = b'$ den neuen Wert der Häufigkeit b bezeichnet. Die Formel (142) kann also auf die folgende Beziehung zurückgeführt werden.

$$\frac{a'}{A} - \frac{b'}{B} = -\left(\frac{a}{A} - \frac{b}{B}\right)$$

oder

$$\frac{a'}{A} + \frac{a}{A} = \frac{b}{B} + \frac{b'}{B},$$

$$\frac{a' + a}{A} = \frac{b' + b}{B}$$

oder

$$\frac{B}{A} = \frac{b' + b}{a' + a}.$$

d. h. das Verhältnis der empirischen und berechneten Häufigkeiten aus den beiden Stichproben ist gleich dem entsprechenden Verhältnis der Zeilenhäufigkeiten.

2.3.4.2. Westenberg-Mood-Test

Der Westenberg-Mood-Test (126) leitet sich vom exakten Test von FISHER ab. Auch hier werden zwei Stichproben daraufhin untersucht, ob ein bestimmtes Alternativmerkmal bei der einen Stichprobe überwiegt. Das Alternativmerkmal wird hier dahingehend umschrieben, daß die Zugehörigkeit zu der einen von zwei Gruppen von Elementen maßgeblich ist, die durch einen Parameter, z. B. den Medianwert aus beiden Stichproben, getrennt sind. Die eine Gruppe umfaßt Elemente, deren Merkmalswerte alle größer sind als dieser Parameter, und die andere Gruppe setzt sich aus Elementen zusammen, deren Merkmalswerte alle kleiner sind als dieser Parameter. Weiter ist bei diesem Test erforderlich, daß die beiden Stichproben aus unendlich großen Grundgesamtheiten entnommen worden sind.

Die Null-Hypothese besagt hier folgendes:

$$P\,(x < ME) = P\,(y < ME) \ \text{ und } \ P\,(x > ME) = P\,(y > ME). \qquad (143)$$

Hier bezeichnen x die Elemente der ersten Stichprobe und y jene der zweiten Stichprobe. Fällt der Median nicht auf ein bestimmtes Element (bei gerader Anzahl Elemente), so wird in bekannter Weise das arithmetische Mittel der Merkmalswerte der beiden Elemente zugrunde gelegt, deren

Merkmalswerte dem Medianwert am nächsten sind. Dabei ergibt sich die folgende Vierfeldertafel:

	Anzahl der Werte		Zusammen
	$< ME$	$> ME$	
1. Stichprobe....	a	$A - a$	A
2. Stichprobe....	b	$B - b$	B
Zusammen	$a + b$	$(A - a) + (B - b)$	$A + B$

Dieser Test wird auf Grund der gleichen Tafel geprüft wie der exakte Test von FISHER.

Wie schon beim exakten Test von FISHER wird hier angenommen, daß die beiden Grundgesamtheiten stetig sind. Darüber hinaus sollte N groß sein.

2.3.4.3. Blomqvists Test

Gegeben sei eine bivariable Grundgesamtheit, d. h. ein Kollektiv, in welchem jedes Element durch zwei Merkmalswerte gekennzeichnet ist. Aus dieser Grundgesamtheit wird eine Stichprobe von n Elementen gezogen. Für jedes Element der Stichprobe sind zwei Merkmalswerte $(x, y)_i$ gegeben $(i = 1, 2, \ldots n)$.

Nun wird für jedes Merkmal der Medianwert ermittelt; es ergeben sich dadurch die Parameter ME_x und ME_y. Hierauf werden die 4 Häufigkeiten der Elemente bestimmt, für welche die Merkmalswerte $x < ME_x$ und gleichzeitig $y < ME_y$, $x > ME_x$ und $y < ME_y$, $x < ME_x$ und $y > ME_y$ sowie $x > ME_x$ und $y > ME_y$ sind. Es ergibt sich somit die folgende Vierfeldertafel:

Merkmal Y	Merkmal X		Zusammen
	$x < ME_x$	$x > ME_x$	
$y < ME_y$	a	$A - a$	A
$y > ME_y$	b	$B - b$	B
Zusammen	$a + b$	$(A - a) + (B - b)$	$A + B$

Fallen die Medianwerte auf bestimmte Elemente, d. h. ist die Anzahl der Elemente in der Stichprobe ungerade, kann die Null-Hypothese folgendermaßen umschrieben werden:

$$P\left(x < ME_x \,\middle|\, y < ME_y\right) = P\left(x < ME_x \,\middle|\, y > ME_y\right)$$

und

$$P\left(x > ME_x \,\middle|\, y < ME_y\right) = P\left(x > ME_x \,\middle|\, y > ME_y\right),$$

d. h. die Wahrscheinlichkeit, daß $x < ME_x$, wenn $y < ME_y$ ist, entspricht der Wahrscheinlichkeit, daß $x < ME_x$, wenn $y > ME_y$ ist, und die Wahrscheinlichkeit, daß $x > ME_x$, wenn $y < ME_y$ ist, stellt sich gleich der Wahrscheinlichkeit, daß $x > ME_x$, wenn $y > ME_y$ ist.

Dieser Test wird an Hand der gleichen Tafel geprüft wie der exakte Test von FISHER (in der angeführten Vierfeldertafel wurden deshalb die gleichen Bezeichnungen übernommen). Handelt es sich um eine bivariable Grundgesamtheit, die normalverteilt ist, stellt sich für diesen Test die Wirksamkeit von PITMAN auf 0,405, verglichen mit einem entsprechenden parametrischen Test[1].

2.3.4.4. Wilks Leerzellen-Test

Dieser von WILKS (131) entwickelte Test geht von der folgenden Versuchsanordnung aus. Gegeben seien zwei Stichproben. Die eine Stichprobe umfaßt n Elemente x, und die andere besteht aus m Elementen y. Es stellt sich nun die Frage, ob diese beiden Stichproben aus der gleichen oder zwei ähnlichen Grundgesamtheiten stammen (Null-Hypothese) oder ob sie aus verschiedenen Universen gezogen worden sind (Gegen-Hypothese).

Um die Hypothesen zu prüfen, denkt man sich die einzelnen Elemente der einen Stichprobe (z.B. die Stichprobe x) nach der Größe ihrer Merkmalswerte geordnet. Es ergeben sich dann zwischen den n Elementen und vor dem ersten und nach dem letzten Element insgesamt $(n + 1)$ Zwischenräume. Reiht man nun auch die Elemente der anderen Stichprobe (Stichprobe y) nach der Größe ihrer Merkmalswerte und vereinigt man nun die so gewonnenen beiden Stichproben, so werden die Elemente der Stichprobe y in einen Teil oder alle $(n + 1)$ Zwischenräume fallen, die durch die Elemente der Stichprobe x gebildet worden sind.

Wenn nun die Null-Hypothese stimmt, wenn also tatsächlich beide Stichproben zwei Grundgesamtheiten entnommen sind, die einander sehr ähnlich oder gleich sind, so ist anzunehmen, daß sich die Elemente der Stichprobe y ziemlich regelmäßig auf die $(n + 1)$ Zwischenräume der Stichprobe x verteilen. Trifft aber die Gegen-Hypothese zu, so werden sich wahrscheinlich Gruppen von Zwischenräumen bilden, die durch Elemente der Stichprobe y besetzt sind, während andere Zwischenräume leer bleiben werden. Die Anzahl dieser leeren Zwischenräume sei mit e bezeichnet.

Zuerst stellt sich hier die Frage, auf wieviel mögliche Arten kann man die e leeren Zwischenräume auf die $(n + 1)$ gegebenen Zwischenräume ver-

---

[1] Das Problem der Wirksamkeit solcher Tests, die auf bivariablen Gesamtheiten beruhen, ist vor allem von KONIJN (59) untersucht worden.

teilen. Ihre Anzahl ist offensichtlich gleich

$$\binom{n+1}{e}$$

Andrerseits bestehen in diesem Falle insgesamt $(n+1-e)=(n-e+1)$ Zwischenräume, in welchen sich mindestens ein Element der Stichprobe y befindet. Betrachtet man nun die geordneten Elemente der Stichprobe y getrennt von den geordneten Elementen der Stichprobe x, so kann man insgesamt $(m-1)$ Zwischenräume zwischen den Elementen der Stichprobe y zählen. Die Anzahl Möglichkeiten, die $(m-1)$ Zwischenräume in der Stichprobe y auf die $(n-e+1)-1$, d. h. $(n-e)$ gegebenen, mit Elementen der Stichprobe x besetzten Plätze zu verteilen, stellt sich auf

$$\binom{m-1}{n-e}$$

Weiter stellt sich die Anzahl der Möglichkeiten, die n Elemente der Stichprobe x auf die $(n+m)$ Elemente beider Stichproben zu verteilen, auf

$$\binom{n+m}{n}$$

Somit ermittelt sich die Wahrscheinlichkeit einer bestimmten Anordnung von Zwischenräumen oder Zellen, in welche Elemente der anderen Stichprobe eingebettet sind, wobei eine bestimmte Anzahl Leerzellen e gegeben ist, zu

$$P=\frac{\binom{n+1}{e}\binom{m-1}{n-e}}{\binom{n+m}{n}}. \tag{144}$$

Die Testwahrscheinlichkeit ist durch die Summe der Wahrscheinlichkeiten P für Werte von e, die gleich oder größer sind als der empirisch gegebene Wert von e.

Die beiden Stichproben mit ihren Leerzellen und gefüllten Zwischenräumen können folgendermaßen in einer Vierfeldertafel dargestellt werden.

Stichproben	Zwischenräume bei den Stichproben		Stichproben-umfänge
	x	y	
Stichprobe x	e	$n-e$	n
Stichprobe y	$n-e+1$	$(m-1)-(n-e)$	m
Zusammen	$n+1$	$m-1$	$n+m$

Die Bedeutsamkeit eines bestimmten Wertes von e kann mit Hilfe der Tafel für den exakten Test von FISHER oder aber auch direkt auf Grund der Beziehung (144) bestimmt werden. Dabei ist zu beachten, daß dieser Test naturgemäß ein einseitiger Test ist.

An einem Beispiel soll die praktische Verwendung dieses Tests aufgezeigt werden. Zwei elektronische Datenverarbeitungsanlagen, C_1 und C_2, sollen daraufhin geprüft werden, ob sie bezüglich ihrer Verarbeitungsgeschwindigkeit gleichwertig sind. Zu diesem Zwecke sollen auf diesen Datenverarbeitungsanlagen insgesamt 10 Verarbeitungsprobleme gelöst und die jeweiligen Verarbeitungszeiten aufgeschrieben werden. Aus betrieblichen Gründen konnten aber auf der Datenverarbeitungsanlage C_1 nur acht von den gestellten 10 Problemen eingegeben werden. Die Verarbeitungszeiten in Sekunden sind größenmäßig geordnet nachfolgend zusammengestellt.

$$\textit{Verarbeitungszeiten (Sekunden)}$$

C_1:   18, 29, 51, 64, 71, 79, 84, 94

C_2:   32, 33, 36, 48, 53, 73, 75, 78, 82, 86

Auf Grund dieser Zeiten ergibt sich die folgende Übersicht.

x (C_1)	y (C_2)	Leerzellen	Mit y-Elementen ausgefüllte Zwischenräume
		x	
18			
		x	
29			
	32		
	33		
	36		x
	48		
51			
	53		x
64			
		x	
71			
	73		
	75		x
	78		
79			
	82		x
84			
	86		x
94			
		x	

Es sind also 4 Leerzellen und fünf mit y-Elementen angefüllte Zwischenräume festzustellen. Mit diesen Angaben läßt sich die folgende Vierfeldertafel erstellen.

Stichproben	Zwischenräume bei den Stichproben		Stichproben-umfänge
	x	y	
x (C_1)	4	4	8
y (C_2)	5	5	10
Zusammen	9	9	18

Auf Grund der Beziehung (144), d. h. im vorliegenden Falle auf Grund der Formel

$$P = \frac{\binom{9}{e}\binom{9}{n-e}}{\binom{18}{8}}$$

können für Werte von $e \geqq 4$ die folgenden Wahrscheinlichkeiten ermittelt werden:

e	P
4	0,36282
5	0,24188
6	0,06911
7	0,00741
8	0,00021
Zusammen	0,68143

Die Wahrscheinlichkeit also, in einem anderen Stichprobenpaar von Verarbeitungszeiten vier und mehr Leerzellen zu erhalten, stellt sich hier auf rund 0,68. Dieser Wert ist wesentlich höher als die gebräuchlichen Bedeutungsschwellen von 0,01 und 0,05. Die Null-Hypothese ist also anzunehmen, d. h. zwischen den beiden Datenverarbeitungsanlagen bestehen keine wesentlichen Unterschiede hinsichtlich ihrer Verarbeitungszeiten bei den gestellten Problemen.

Zum gleichen Ergebnis wäre man gelangt, wenn man die Tafel für den exakten Test von FISHER herangezogen hätte. Es ist hier dann $A = 10$ und $B = 8$ ($A \geqq B$). Für a kann man 5 oder 4 setzen. Der Tafel entnimmt man für $A = 10$, $B = 8$ und $a = 5$ den Wert $b = 0$ mit einer Wahrscheinlichkeit von 0,029. Da in unserem Falle aber $b = 4$ ist, stellt sich diese Wahrscheinlichkeit auf einen wesentlich höheren Wert als 0,029. Die Rechnung ergab bekanntlich 0,68. Auch auf Grund der Tafel für den exakten Test von FISHER ist also die Null-Hypothese anzunehmen.

2.4. Transvariation

Ein Vorgehen, das in der Regel in Monographien über statistische Testverfahren nicht aufgeführt wird, das aber seinem Zwecke nach bei Fragen eingesetzt werden kann, die den Einsatz von statistischen Tests nahelegen, stellt die Transvariation von GINI (39) dar. Dieses methodologische Arbeitsmittel soll nachfolgend kurz erklärt werden.

Gegeben sind m Kollektive oder Gruppen von Merkmalsträgern oder Elementen, die n_k Elemente in der Gruppe k ($k = 1, 2, \ldots m$) aufweisen. Die einzelnen Merkmalswerte sind mit a_{ki} bezeichnet ($i = 1, 2, \ldots n_k$). Weiter soll λ einen Mittelwert bezeichnen, z. B. arithmetisches Mittel, Medianwert usw. Der Mittelwert in der Gruppe k soll λ_k sein. Endlich bezeichnen p_k den kleinsten und q_k den größten Merkmalswert der Elemente der Gruppe k. In entsprechender Weise können diese Werte für die Gruppe h angegeben werden. Weiter sei ein beliebiger Wert R gegeben, der einem Merkmalswert in der Gruppe k gleich oder aber von diesen Werten verschieden sein kann. Es besteht nun eine Transvariation zwischen der Gruppe k und dem Wert R bezüglich des Mittelwertes λ, wenn von den n_k Differenzen ($a_{ki} - R$) einige ein der Differenz ($\lambda_k - R$) entgegengesetztes Vorzeichen haben. Dabei stellt die Differenz ($a_{ki} - R$), die das entgegengesetzte Vorzeichen der Differenz ($\lambda_k - R$) zeigt, eine Transvariation zwischen der Gruppe k und dem Wert R bezüglich des Mittelwertes λ dar. Die Intensität dieser Transvariation ist durch den absoluten Wert der Differenz $|a_{ki} - R|$ gekennzeichnet. Ergeben sich bei den Differenzen ($a_{ki} - R$) bzw. ($\lambda_k - R$) s Null-Differenzen, so wird in $s/2$ Fällen gleiches und in $s/2$ Fällen entgegengesetztes Vorzeichen angenommen. Ist ($\lambda_k - R$) $= 0$, so wird dafür ein positives Vorzeichen angenommen. Der Transvariationsbereich ist durch die absolut größte Differenz ($a_{ki} - R$) mit entgegengesetztem Vorzeichen bezüglich der Differenz ($\lambda_k - R$) definiert.

Überträgt man diese Begriffe auf zwei Gruppen, k und h, so spricht man von Transvariation zwischen den beiden Gruppen k und h bezüglich des Mittelwertes λ, wenn von den $n_k n_h$ Differenzen ($a_{ki} - a_{hl}$) zwischen den Merkmalswerten dieser beiden Gruppen solche bestehen, die Vorzeichen aufweisen, die jenem der Differenz ($\lambda_k - \lambda_h$) entgegengesetzt sind. Jede Differenz ($a_{ki} - a_{hl}$) mit entgegengesetztem Vorzeichen stellt eine Transvariation zwischen den beiden Gruppen k und h bezüglich des Mittelwertes λ dar. Ihre Intensität beziffert sich auf $|a_{ki} - a_{hl}|$. In entsprechender Weise wird der Transvariationsbereich umschrieben. Er ist durch den größten absoluten Wert der Differenz ($a_{ki} - a_{hl}$) mit Vorzeichen, die jenem der Differenz ($\lambda_k - \lambda_h$) entgegengesetzt sind, gegeben. Dieser Begriff der Transvariation kann an Hand der folgenden Abbildungen (13 a bis 13 f) verdeutlicht werden. Die gestrichelten Flächen sind die

Transvariationsflächen (H = Häufigkeit). Besteht zwischen zwei Gruppen, k und h, Transvariation bezüglich eines Mittelwertes, so schneiden sich die Kurven der Häufigkeitsverteilungen dieser beiden Gruppen mindestens in einem Punkte, sofern beide Gruppen gleich viele Elemente umfassen

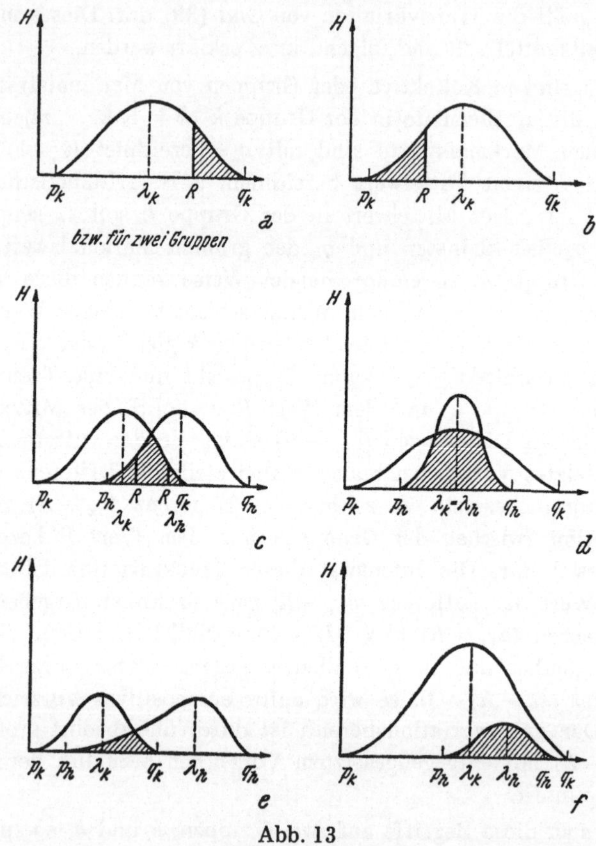

Abb. 13

(Abb. 13c und 13d). Ist aber die Anzahl der Elemente in beiden Gruppen verschieden, so können sich die Verteilungskurven schneiden (Abb. 13e), oder die Verteilung befindet sich vollständig im Bereich der anderen Verteilung (Abb. 13f). Der Transvariationsbereich ist durch die Strecken $p_h q_k$ oder $p_k q_h$ dargestellt, je nachdem $\lambda_k < \lambda_h$ oder $\lambda_k > \lambda_h$ ist.

Bestehen unter den Differenzen ($a_{hi} - \lambda_k$), d.h. den Merkmalswerten der Gruppe h und dem Mittelwert der Gruppe k (oder umgekehrt), solche, deren Vorzeichen entgegengesetzt jenem der Differenz ($\lambda_h - \lambda_k$) sind, so bezeichnet GINI dies als Hypertransvariation.

Nachdem nun die Bezeichnungen klargelegt worden sind, gilt es nun, die Transvariation zu messen. Zu diesem Zwecke hat GINI die Begriffe der Transvariationswahrscheinlichkeit und der Transvariationsintensität eingeführt. Als Transvariationswahrscheinlichkeit bezüglich eines bestimmten Mittelwertes wird das Verhältnis zwischen der effektiven Anzahl Transvariationen bezüglich dieses Mittelwertes und dem größten Wert, den diese Anzahl erreichen kann, angenommen. Dabei empfiehlt es sich, als Mittelwert den Medianwert zugrunde zu legen. Die Anzahl Transvariationen zwischen der Gruppe k und dem Wert R bezüglich des Medianwertes sei mit s_{kr} bezeichnet. Der Wert s_{kr} wird zunehmen, wenn R sich dem Medianwert nähert, was aus den angeführten Abbildungen leicht ersichtlich ist. Den größten Wert erreicht s_{kr} dann, wenn $R = ME$. In diesem Falle aber ist s_{kr} gleich $n_k/2$. Somit stellt sich die Transvariationswahrscheinlichkeit auf

$$P_{kr} = \frac{2\,s_{kr}}{n_k}. \tag{145}$$

Sie ist also gleich dem doppelten Wert des Verhältnisses zwischen der in den angeführten Abbildungen geschrafften Fläche und der gesamten Fläche unter der Verteilungskurve.

In entsprechender Weise ermittelt sich die Transvariationswahrscheinlichkeit bei zwei Gruppen, k und h. Der Wert s_{kr} nimmt hier zu, wenn ME_k und ME_h sich nähern. Er erreicht das Maximum, wenn $ME_k = ME_h$ ist; der größte Wert ist hier

$$\frac{n_k\,n_h}{2}.$$

Somit ergibt sich für die Transvariationswahrscheinlichkeit der Wert

$$P_{kh} = \frac{2\,s_{kh}}{n_k\,n_h}. \tag{146}$$

Es ist selbstverständlich, daß die Transvariationswahrscheinlichkeit zwischen den Grenzwerten 0 und 1 begriffen ist.

Was die Transvariationsintensität betrifft, definiert GINI diesen Begriff folgendermaßen. Unter der Transvariationsintensität bezüglich eines bestimmten Mittelwertes (sehr oft ist es hier das arithmetische Mittel) soll das Verhältnis der Summe aller Transvariationsintensitäten bezüglich dieses Mittelwertes zum größten Wert, den diese Summe erreichen kann, verstanden werden. Die Intensität einer Transvariation zwischen einer Gruppe k und dem Wert R bezüglich des arithmetischen Mittels soll mit t_{kri} bezeichnet werden. Die Summe dieser Intensitäten ist dann

$$T_{kr} = \sum_{i=1}^{s_{kr}} t_{kri}. \tag{147}$$

Diese Summe nimmt zu, wenn sich der Wert R dem arithmetischen Mittel nähert, und erreicht ihren größten Wert, wenn R gleich dem arithmetischen Mittel ist. Für diesen Fall erhält man

$$T_{kr\,\text{max}} = \frac{n_k d_k}{2}$$

wo d_k die durchschnittliche Abweichung bezüglich des arithmetischen Mittels in der Gruppe k bezeichnet. Die Transvariationsintensität stellt sich somit auf

$$I_{kr} = \frac{2\,T_{kr}}{n_k d_k}. \tag{148}$$

Ersetzt man den Wert R durch die Gruppe h, so geht Formel (147) über in die folgende Beziehung:

$$T_{kh} = \sum_{i=1}^{s_{kh}} t_{khi}. \tag{147a}$$

Den größten Wert erreicht diese Summe, wenn die arithmetischen Mittel der beiden Gruppen einander gleich sind. In diesem Falle ist

$$T_{kh\,\text{max}} = \frac{n_k\,n_h\,\varDelta_{kh}}{2} \tag{149}$$

wo $\varDelta_{kh}$ das arithmetische Mitel der $n_k\,n_h$ Differenzen der Merkmalswerte der beiden Gruppen k und h bezeichnet. Daraus folgt die Transvariationsintensität

$$I_{kh} = \frac{2\,T_{kh}}{n_k\,n_h\,\varDelta_{kh}}. \tag{150}$$

Auch die Transvariationsintensität schwankt zwischen den Werten 0 und 1. Der Wert 0 besagt, daß die Transvariationsfläche Null ist, während der Wert 1 andeutet, daß die Transvariationsfläche ihren größten Wert einnimmt[1].

---

[1] Ein vereinfachtes Verfahren für die praktische Berechnung der Transvariationsintensität findet sich in BOLDRINI (12 a).

3. Testtheorie und Informationstheorie

Schon im Band über die Grundlagen der Elementarstatistik (7) wurde auf diese Beziehung zwischen Statistik und Informationstheorie hingewiesen [(7), S. 42—57]. Diese Beziehung soll hier wieder aufgenommen und versucht werden, die informationstheoretische Bedeutung der statistischen Testtheorie aufzuzeigen[1]. Dabei hat es sich ergeben, daß die beiden Begriffe des Informationsgehaltes und dessen Messung sowie der Entropie als eines Ausdruckes der Unbestimmtheit von grundlegender Bedeutung sind. Der Informationsgehalt wird bekanntlich als logarithmische Funktion gekennzeichnet. Der Informationsgehalt eines Versuchsergebnisses über ein Ereignis E, dem die Wahrscheinlichkeit p zukommt, stellt sich nämlich auf

$$J(E) = \log_2 \frac{1}{p} \text{ Bit.}$$

Die Entropie andrerseits, die gleich der durchschnittlichen Informationsmenge ist, wird durch die folgende Beziehung dargestellt:

$$H = - \sum_{i=1}^{n} p_i \log_2 p_i.$$

In der statistischen Testtheorie geht es bekanntlich darum, bestimmte Hypothesen zu prüfen. Man unterscheidet dabei zwei Hypothesen, die Null-Hypothese und die Gegen-Hypothese (H_0 und H_1). Informationstheoretisch betrachtet könnte man auch mehr als zwei Hypothesen zugrunde legen, wobei dann allerdings die Informationstheorie auf die allgemeine Entscheidungstheorie angewendet würde.

Gegeben seien eine Menge von Elementen mit den Merkmalen $x \in X$, alle möglichen Ereignisse im Ereignisraum S sowie ein dem Stichprobenraum X zukommendes Wahrscheinlichkeitsmaß p_i ($i = 0, 1$). Dadurch ist der Wahrscheinlichkeitsraum (X, S, p_i) definiert. Die Wahrscheinlichkeitsdichte oder Häufigkeit soll mit $f_i(x)$ bezeichnet werden [$f_i(x) = f(x|H_i)$].

---

[1] Es wird hier vor allem auf das Buch von KULLBACK (62) verwiesen.

Es kann nun angenommen werden, daß die Stichprobenelemente (Stichprobenumfang ist hier mit 1 angenommen) mit den Merkmalen x einer Grundgesamtheit entnommen sind, die durch das Wahrscheinlichkeitsmaß p_i gekennzeichnet ist. Auf Grund des Theorems von Bayes[1] ergibt sich

$$P(H_i|x) = \frac{P(H_i) f_i(x)}{P(H_0) f_0(x) + P(H_1) f_1(x)} \ [\lambda]$$

wo $[\lambda]$ „modulo λ" bedeutet. λ ist ebenfalls ein Wahrscheinlichkeitsmaß und kann beispielsweise gleich p_0 oder p_1 oder aber auch gleich dem arithmetischen Mittel aus p_0 und p_1 sein. Setzt man für i der Reihe nach die Werte 0 und 1 ein und dividiert man $P(H_0|x)$ durch $P(H_1|x)$, so erhält man

$$\frac{P(H_0|x)}{P(H_1|x)} = \frac{P(H_0)}{P(H_1)} \ \frac{f_0(x)}{f_1(x)}.$$

Hier stellen bekanntlich $P(H_i)$ die Wahrscheinlichkeit a priori von H_i und $P(H_i|x)$ die Wahrscheinlichkeit a posteriori von H_i dar. Logarithmiert man beide Seiten, so findet man

$$\log \frac{P(H_0|x)}{P(H_1|x)} = \log \frac{P(H_0)}{P(H_1)} + \log \frac{f_0(x)}{f_1(x)}$$

oder

$$\log \frac{f_0(x)}{f_1(x)} = \log \frac{P(H_0|x)}{P(H_1|x)} - \log \frac{P(H_0)}{P(H_1)}. \tag{151}$$

Die in der Beziehung (151) angegebene Differenz kann als die Information aufgefaßt werden, die sich bei der Gegenüberstellung der beiden Hypothesen H_0 und H_1 aus der Feststellung des bestimmten Merkmalswertes x ergeben hat. Die durchschnittliche Information zugunsten von H_0 gegenüber H_1 für $x \in E \in S$ lautet für $p_i = p_0$:

$$J(H_0 : H_1; E) = \frac{1}{p_0(E)} \int_E \log \frac{f_0(x)}{f_1(x)} \ dp_0(x)$$

wo $dp_i(x) = f_i(x) \, d\lambda(x)$ ist. Deckt sich E mit dem Stichprobenraum X, d. h. $p_0(E) = p_0(X) = 1$, so stellt sich die durchschnittliche Information zugunsten H_0 gegenüber H_1 für p_0 auf:

$$J(H_0 : H_1) = \int \log \frac{f_0(x)}{f_1(x)} \ dp_0(x) = \int f_0(x) \log \frac{f_0(x)}{f_1(x)} \ d\lambda(x) \tag{152}$$

---

[1] Vgl. (7), S. 26.

Diese Beziehung soll nun auf ein praktisches Beispiel angewendet werden. Gegeben sei eine Grundgesamtheit, deren Elemente c Merkmalswerte aufweisen können. Die Wahrscheinlichkeit dieser Merkmalswerte ist p_{ij} ($i = 0, 1$; $j = 1, 2, \ldots c$). Es sollen weiter zwei Hypothesen, H_0 und H_1, angenommen werden, wobei diese Hypothesen folgendermaßen umschrieben werden:

$$H_0 : p_{01}, p_{02}, \ldots p_{0c}$$

$$H_1 : p_{11}, p_{12}, \ldots p_{1c}$$

wo

$$p_{i1} + p_{i2} + \ldots + p_{ic} = 1.$$

In diesem Falle sind

$$f_0(x) = p_{0j} \quad \text{und} \quad f_1(x) = p_{1j}.$$

Nimmt man weiter an, daß die c Merkmalswerte diskontinuierlich sind, kann auf Grund der Beziehung (152) der durchschnittliche Informationsgehalt je Beobachtung aus der H_0 zugehörigen Grundgesamtheit ermittelt werden, wobei H_0 gegen H_1 getestet wird:

$$J(H_0 : H_1) = \sum_{j=1}^{c} p_{0j} \log \frac{p_{0j}}{p_{1j}} = - \sum_{j=1}^{c} p_{0j} \log \frac{p_{1j}}{p_{0j}} \qquad (153)$$

Wird aber die Hypothese H_1 gegen H_0 geprüft, so ergibt sich:

$$J(H_1 : H_0) = \sum_{j=1}^{c} p_{1j} \log \frac{p_{1j}}{p_{0j}} = - \sum_{j=1}^{c} p_{1j} \log \frac{p_{0j}}{p_{1j}} \qquad (154)$$

Die Summe dieser beiden Informationswerte, d. h. die Divergenz zwischen den Hypothesen H_0 und H_1, stellt sich auf:

$$D(H_0, H_1) = J(H_0 : H_1) + J(H_1 : H_0) = \sum_{j=1}^{c} (p_{0j} - p_{1j}) \log \frac{p_{0j}}{p_{1j}} = \qquad (155)$$

$$= \sum_{j=1}^{c} (p_{1j} - p_{0j}) \log \frac{p_{1j}}{p_{0j}}$$

Diese Divergenz ermöglicht es, die Schwierigkeit, zwischen den beiden Hypothesen H_0 und H_1 zu unterscheiden, zahlenmäßig zu kennzeichnen.

Diese Formeln beziehen sich auf eine einzige Beobachtung aus einer Grundgesamtheit. Handelt es sich aber um eine Stichprobe von n Elementen, so sind diese Beziehungen mit n zu multiplizieren. Es ergeben sich dann die folgenden Formeln:

$$J\,(H_0:H_1;\,n) = n \sum_{j=1}^{c} p_{0j} \log \frac{p_{0j}}{p_{1j}} = -n \sum_{j=1}^{c} p_{0j} \log \frac{p_{1j}}{p_{0j}} \qquad (153\,\text{a})$$

$$J\,(H_1:H_0;\,n) = n \sum_{j=1}^{c} p_{1j} \log \frac{p_{1j}}{p_{0j}} = -n \sum_{j=1}^{c} p_{1j} \log \frac{p_{0j}}{p_{1j}} \qquad (154\,\text{a})$$

und

$$D\,(H_0,\,H_1;\,n) = n \sum_{j=1}^{c} (p_{0j} - p_{1j}) \log \frac{p_{0j}}{p_{1j}}. \qquad (155\,\text{a})$$

Diese allgemeinen Beziehungen lassen sich nun auf bestimmte praktische Fälle anwenden. Man kann hier zwischen dem Einstichprobenfall, dem Zweistichprobenfall und dem Mehrstichprobenfall (mehr als 2) unterscheiden. Wir wollen uns erst dem Einstichprobenfall zuwenden.

Gegeben sei also eine Stichprobe mit n Elementen und mit c Merkmalswerten. Die Häufigkeiten der einzelnen Merkmalswerte sind x_j ($j = 1, 2, \ldots c$), wobei

$$\sum_{j=1}^{c} x_j = n$$

ist. Es soll die Null-Hypothese H_0 geprüft werden, daß die Stichprobe einer Grundgesamtheit entstammt, in welcher den einzelnen Merkmalswerten die Wahrscheinlichkeiten p_j entsprechen. Die Null-Hypothese kann also folgendermaßen formuliert werden:

$$H_0 : p = (p_1,\, p_2,\, \ldots . p_c) \qquad\qquad \sum_{j=1}^{c} p_j = 1$$

Die Gegen-Hypothese H_1 besagt, daß die Stichprobe einer anderen Grundgesamtheit entnommen ist.

Der Erwartungswert von x_j, wenn die Stichprobe tatsächlich der Grundgesamtheit entnommen worden ist, deren Merkmalswerte die Wahrscheinlichkeiten p_j aufweisen, stellt sich auf

$$E\,(x_j) = n\,p_j.$$

Die durchschnittlichen Informationsgehalte der Stichprobe nach den Beziehungen (153 a) und (154 a) sind folglich:

$$J\,(H_1:H_0;\,n) = n \sum_{j=1}^{c} \frac{x_j}{n} \log \frac{x_j}{n\,p_j}$$

und

$$J(H_0 : H_1 ; n) = - n \sum_{j=1}^{c} p_j \log \frac{x_j}{n\,p_j}$$

wo die empirische Wahrscheinlichkeit p_{je} durch die Verhältniszahlen x_j/n gegeben sind. Auf Grund dieser Beziehungen läßt sich die Divergenz bestimmen.

$$D(H_0, H_1) = n \sum_{j=1}^{c} \left(\frac{x_j}{n} - p_j \right) \log \frac{x_j}{n\,p_j}.$$

Unterstellt man nun statt einer Stichprobe deren zwei, so können die folgenden Überlegungen angestellt werden. Gegeben seien zwei unabhängige Stichproben, bestehend aus n_1 und n_2 (unabhängigen) Beobachtungen von c Merkmalswerten. Die Stichproben seien mit

$$(x) = (x_1, x_2, \ldots x_c) \qquad\qquad \sum_{j=1}^{c} x_j = n_1$$

und

$$(y) = (y_1, y_2, \ldots y_c) \qquad\qquad \sum_{j=1}^{c} y_j = n_2$$

bezeichnet. Die Null-Hypothese besagt hier, daß die beiden Stichproben der gleichen Grundgesamtheit entnommen sind, während die Gegen-Hypothese aussagt, die beiden Stichproben seien aus verschiedenen Grundgesamtheiten gezogen worden, d. h.

$$H_0 : p_{0j} = p_{1j} = p_j$$

$$H_1 : p_{0j} \neq p_{1j}.$$

Für den durchschnittlichen Informationsgehalt ergibt sich analog zu Beziehung (154 a) die folgende Formel:

$$J(H_1 : H_0) = n_1 \sum_{j=1}^{c} p_{1j} \log \frac{p_{1j}}{p_j} + n_2 \sum_{j=1}^{c} p_{0j} \log \frac{p_{0j}}{p_j} \qquad (156)$$

Für die Divergenz ergibt sich die folgende Beziehung:

$$D(H_1, H_0) = n_1 \sum_{j=1}^{c} (p_{1j} - p_j) \log \frac{p_{1j}}{p_j} + n_2 \sum_{j=1}^{c} (p_{0j} - p_j) \log \frac{p_{0j}}{p_j} \qquad (157)$$

Auf Grund dieser Ergebnisse können die entsprechenden Formeln für $r\ (>2)$ Stichproben sofort angegeben werden.

$$J\,(H_1:H_0) = \sum_{i=1}^{r} n_i \sum_{j=1}^{c} p_{ij} \log \frac{p_{ij}}{p_j}. \tag{158}$$

Die Divergenz stellt sich auf:

$$D\,(H_1,\,H_0) = \sum_{i=1}^{r} n_i \sum_{j=1}^{c} (p_{ij} - p_i) \log \frac{p_{ij}}{p_j}. \tag{159}$$

Endlich seien diese Ergebnisse auch auf Kontingenztafeln mit s Spalten und z Zeilen angewendet. Die einzelnen Zellenhäufigkeiten sind mit x_{ij} bezeichnet $(i = 1, 2, \ldots z;\ j = 1, 2, \ldots s)$. Die Randsummen für die Zeilen ergeben

$$\sum_{j=1}^{s} x_{ij} = x_i.$$

und die Randsummen für die Spalten nehmen die Werte

$$\sum_{i=1}^{z} x_{ij} = x_{.j}$$

an. Die Gesamthäufigkeit N stellt sich auf

$$N = \sum_{i=1}^{z} \sum_{j=1}^{s} x_{ij} = \sum_{i=1}^{z} x_i. = \sum_{j=1}^{s} x_{.j}.$$

Bezieht man jede Zellenhäufigkeit x_{ij} auf die Gesamthäufigkeit N, so ergeben sich die Wahrscheinlichkeiten p_{ij} $(\geqq 0)$. Es können sich dann die einzelnen Summen errechnen, nämlich:

$$\sum_{i=1}^{z} \sum_{j=1}^{s} p_{ij} = \sum_{i=1}^{z} p_i. = \sum_{j=1}^{s} p_{.j} = 1.$$

Nun stellt sich die Frage, ob die Merkmale in Zeilen- und Spaltenrichtung voneinander unabhängig sind (Null-Hypothese H_0) oder ob eine Beziehung zwischen diesen Merkmalen besteht (Gegen-Hypothese H_1). Sind diese Merkmale voneinander unabhängig, dann besteht bekanntlich die Beziehung[1]

$$p_{ij} = p_i. \, p_{.j}.$$

---

[1] Vgl. (7), S. 155.

Die Null-Hypothese lautet folglich

$$H_0 : p_{ij} = p_i. \, p._j \tag{160}$$

und die Gegen-Hypothese

$$H_1 : p_{ij} \neq p_i. \, p._j. \tag{161}$$

Mit diesen Angaben und der Beziehung (154a) kann nunmehr der Informationsgehalt aus der H_0 zugehörigen Grundgesamtheit berechnet werden, wobei die Gegen-Hypothese der Null-Hypothese gegenübergestellt wird. In diesem Falle ist der Wahrscheinlichkeitswert p_{0j} in der Beziehung (154a) gleich dem bei geltender Null-Hypothese zu erwartenden Wahrscheinlichkeitswert $p_i. \, p._j$ [Formel (160)]. Es ergibt sich somit der folgende Informationsgehalt:

$$J\,(H_1 : H_0) = N \sum_{i=1}^{z} \sum_{j=1}^{s} p_{ij} \log \frac{p_{ij}}{p_i. \, p._j}. \tag{162}$$

Die entsprechende Divergenz stellt sich auf:

$$D\,(H_1, H_0) = N \sum_{i=1}^{z} \sum_{j=1}^{s} (p_{ij} - p_i. \, p._j) \log \frac{p_{ij}}{p_i. \, p._j}. \tag{163}$$

Diese Resultate sollen nun an Hand eines Beispiels veranschaulicht werden. Als Beispiel dient die Vierfeldertafel der Studierenden nach Fachgruppen im Wintersemester 1967/68[2].

Studierende nach Fachgruppen im Wintersemester 1967/68
(Wahrscheinlichkeiten)

Universitäten	Fachgruppen		Zusammen
	Wirtschafts- und Sozialwissenschaft	Andere	
Deutsche Schweiz	0,0668	0,4945	0,5613
Franz. Schweiz..	0,1005	0,3382	0,4387
Zusammen	0,1673	0,8327	1,0000

Mit diesen Wahrscheinlichkeiten kann nun nach der Beziehung (162) der Informationsgehalt nach dem folgenden Rechenschema ermittelt werden (als Logarithmenbasis wird 2 gewählt; dadurch wird das Resultat in Bit ausgedrückt).

---

[2] Vgl. (7), S. 152.

12 Billeter, Grundlagen

i	j	p_{ij}	$p_{i.}p_{.j}$	$\dfrac{p_{ij}}{p_{i.}p_{.j}}$	$\log_2 \dfrac{p_{ij}}{p_{i.}p_{.j}}$	$p_{ij}\log_2 \dfrac{p_{ij}}{p_{i.}p_{.j}}$
1	1	0,0668	0,0939	0,7114	$-0,4913$	$-0,0328$
1	2	0,4945	0,4674	1,0580	0,0814	0,0403
2	1	0,1005	0,0734	1,3693	0,4534	0,0456
2	2	0,3382	0,3653	0,9258	$-0,1112$	$-0,0376$
Zusammen						0,0155

Der Informationsgehalt je Beobachtung stellt sich somit auf 0,0155 Bit.
Für alle $N = 27\,809$ Beobachtungswerte ergibt sich ein Informationsgehalt
von

$$J\,(H_1 : H_0) = 27\,809 \cdot 0,0155 = 431,04 \text{ Bit.}$$

Dies besagt, daß die Gegen-Hypothese nur 0,0155 Bit je Beobachtungswert oder insgesamt 431,04 Bit Information gegenüber der Null-Hypothese bringt, was einen sehr kleinen Wert darstellt. Berechnet man nun
auch die Divergenz nach der Beziehung (163), so findet man die folgenden Werte:

i	j	$(p_{ij} - p_{i.}p_{.j})$	$(p_{ij} - p_{i.}p_{.j})\,\log_2 \dfrac{p_{ij}}{p_{i.}p_{.j}}$
1	1	$-0,0271$	0,0133
1	2	0,0271	0,0022
2	1	0,0271	0,0123
2	2	$-0,0271$	0,0030
Zusammen			0,0308

Je Beobachtungswert ergibt sich eine Divergenz von 0,0308 Bit. Für alle
N Beobachtungen errechnet sich eine Divergenz von

$$D\,(H_1, H_0) = 27\,809 \cdot 0,0308 = 856,52 \text{ Bit.}$$

Die Divergenz ist ein Maß der Abweichung der beiden zugrunde gelegten
Hypothesen (Null- und Gegen-Hypothese). Sie kann auch als ein Ausdruck der Unterschiede zwischen den beiden Hypothesen angesehen werden. Die Divergenz nimmt den Wert Null an, wenn $p_{ij} = p_{i.}p_{.j}$ ist, d. h.
wenn die Null-Hypothese zutrifft. Je größer der Unterschied zwischen p_{ij}
und $p_{i.}p_{.j}$ ist, d. h. je ausgeprägter die Gegen-Hypothese ist, desto größer
wird die Divergenz. Weiter ist zu bedenken, daß es der Information von
einem Bit bedarf, um zwischen zwei gleichwahrscheinlichen Alternativen
zu entscheiden. Umgekehrt kann man sagen, daß ein Bit an Information

erhalten wird, wenn sich eine von zwei gleichwahrscheinlichen Alternativen realisiert. Auf Grund der gefundenen Ergebnisse läßt sich somit sagen, daß im angeführten Beispiel die Null-Hypothese nicht ganz zutrifft. Es besteht also eine, wenn auch nicht allzu ausgeprägte Assoziation.

Mit den in diesem Buch dargelegten Gedankengängen und Ausführungen wurde bezweckt, einen Einblick in die Vielgestaltigkeit der statistischen Testtheorie zu vermitteln. Eine statistische Untersuchung erschöpft sich nicht im Sammeln von Zahlen und deren Darstellung als Parameter oder Kurven, sondern eine sehr wichtige Tätigkeit des Statistikers besteht darin, die so gewonnenen Zahlen und Parameter auf ihre Bedeutsamkeit hin zu prüfen. Nur nach dieser Untersuchung ist er in der Lage, statistisch begründete Schlüsse zu ziehen. Wichtige und unerläßliche Hilfsmittel dazu sind in den einzelnen Testverfahren gegeben, von welchen einige wichtige aufgeführt worden sind.

Testtafeln

Tafel 1. *Normalverteilung N (0,1)*

$$P(X) = \frac{1}{\sqrt{2\pi}} \int_{-\infty}^{X} e^{-t^2/2}\, dt \qquad Z(X) = \text{Ordinate im Punkte } X$$

X	P (X)	Z (X)	X	P (X)	Z (X)	X	P (X)	Z (X)
0.00	0.500000	0.398942	1.50	0.933193	0.129518	3.00	0.998650	0.004432
0.10	0.539828	0.396953	1.60	0.945201	0.110921	3.10	0.999032	0.003267
0.20	0.579260	0.391043	1.70	0.955435	0.094049	3.20	0.999313	0.002384
0.30	0.617911	0.381388	1.80	0.964070	0.078950	3.30	0.999517	0.001723
0.40	0.655422	0.368270	1.90	0.971283	0.065616	3.40	0.999663	0.001232
0.50	0.691462	0.352065	2.00	0.977250	0.053991	3.50	0.999767	0.000873
0.60	0.725747	0.333225	2.10	0.982136	0.043984	3.60	0.999841	0.000612
0.70	0.758036	0.312254	2.20	0.986097	0.035475	3.70	0.999892	0.000425
0.80	0.788145	0.289692	2.30	0.989276	0.028327	3.80	0.999928	0.000292
0.90	0.815940	0.266085	2.40	0.991802	0.022395	3.90	0.999952	0.000199
1.00	0.841345	0.241971	2.50	0.993790	0.017528			
1.10	0.864334	0.217852	2.60	0.995339	0.013583			
1.20	0.884930	0.194186	2.70	0.996533	0.010421			
1.30	0.903200	0.171369	2.80	0.997445	0.007915			
1.40	0.919243	0.149727	2.90	0.998134	0.005953			

Tafel 2. *Student's t-Verteilung*

$P \{\text{Student's } t \leqq \text{Tafelwert}\} = \gamma$

f	0.75	0.90	0.95	0.975	0.99	0.995
1	1.0000	3.0777	6.3138	12.7062	31.8207	63.6574
2	0.8165	1.8856	2.9200	4.3027	6.9646	9.9248
3	0.7649	1.6377	2.3534	3.1824	4.5407	5.8409
4	0.7407	1.5332	2.1318	2.7764	3.7469	4.6041
5	0.7267	1.4759	2.0150	2.5706	3.3649	4.0322
6	0.7176	1.4398	1.9432	2.4469	3.1427	3.7074
7	0.7111	1.4149	1.8946	2.3646	2.9980	3.4995
8	0.7064	1.3968	1.8595	2.3060	2.8965	3.3554
9	0.7027	1.3830	1.8331	2.2622	2.8214	3.2498
10	0.6998	1.3722	1.8125	2.2281	2.7638	3.1693
11	0.6974	1.3634	1.7959	2.2010	2.7181	3.1058
12	0.6955	1.3562	1.7823	2.1788	2.6810	3.0545
13	0.6938	1.3502	1.7709	2.1604	2.6503	3.0123
14	0.6924	1.3450	1.7613	2.1448	2.6245	2.9767
15	0.6912	1.3406	1.7531	2.1315	2.6025	2.9467
16	0.6901	1.3368	1.7459	2.1199	2.5835	2.9208
17	0.6892	1.3334	1.7396	2.1098	2.5669	2.8982
18	0.6884	1.3304	1.7341	2.1009	2.5524	2.8784
19	0.6876	1.3277	1.7291	2.0930	2.5395	2.8609
20	0.6870	1.3253	1.7247	2.0860	2.5280	2.8453
21	0.6864	1.3232	1.7207	2.0796	2.5177	2.8314
22	0.6858	1.3212	1.7171	2.0739	2.5083	2.8188
23	0.6853	1.3195	1.7139	2.0687	2.4999	2.8073
24	0.6848	1.3178	1.7109	2.0639	2.4922	2.7969
25	0.6844	1.3163	1.7081	2.0595	2.4851	2.7874
26	0.6840	1.3150	1.7056	2.0555	2.4786	2.7787
27	0.6837	1.3137	1.7033	2.0518	2.4727	2.7707
28	0.6834	1.3125	1.7011	2.0484	2.4671	2.7633
29	0.6830	1.3114	1.6991	2.0452	2.4620	2.7564
30	0.6828	1.3104	1.6973	2.0423	2.4573	2.7500
31	0.6825	1.3095	1.6955	2.0395	2.4528	2.7440
32	0.6822	1.3086	1.6939	2.0369	2.4487	2.7385
33	0.6820	1.3077	1.6924	2.0345	2.4448	2.7333
34	0.6818	1.3070	1.6909	2.0322	2.4411	2.7284
35	0.6816	1.3062	1.6896	2.0301	2.4377	2.7238
36	0.6814	1.3055	1.6883	2.0281	2.4345	2.7195
37	0.6812	1.3049	1.6871	2.0262	2.4314	2.7154
38	0.6810	1.3042	1.6860	2.0244	2.4286	2.7116
39	0.6808	1.3036	1.6849	2.0227	2.4258	2.7079
40	0.6807	1.3031	1.6839	2.0211	2.4233	2.7045
41	0.6805	1.3025	1.6829	2.0195	2.4208	2.7012
42	0.6804	1.3020	1.6820	2.0181	2.4185	2.6981
43	0.6802	1.3016	1.6811	2.0167	2.4163	2.6951
44	0.6801	1.3011	1.6802	2.0154	2.4141	2.6923
45	0.6800	1.3006	1.6794	2.0141	2.4121	2.6896

Aus: DONALD B. OWEN: Handbook of Statistical Tables (Reading, Mass. 1962; Auszug). Mit freundlicher Genehmigung des Verlages und der U. S. Atomic Energy Commission.

Tafel 3. *F-Test*

$P\{\text{empirischer }F\text{-Wert} \leqq \text{Tafelwert}\} = \gamma$

		Freiheitsgrad des Zählers						
	γ	7	8	9	10	11	12	γ	
	.500	1.9774	2.0041	2.0250	2.0419	2.0558	2.0674	.500	
	.750	9.1021	9.1922	9.2631	9.3202	9.3672	9.4064	.750	
	.900	58.906	59.439	59.858	60.195	60.473	60.705	.900	
1	.950	236.77	238.88	240.54	241.88	242.99	243.91	.950	1
	.975	948.22	956.66	963.28	968.63	973.04	976.71	.975	
	.990	5928.3	6981.1	6022.5	6055.8	6083.3	6106.3	.990	
	.995	23715	23925	24091	24224	24334	24426	.995	
	.500	1.3045	1.3213	1.3344	1.3450	1.3537	1.3610	.500	
	.750	3.3352	3.3526	3.3661	3.3770	3.3859	3.3934	.750	
	.900	9.3491	9.3668	9.3805	9.3916	9.4006	9.4081	.900	
2	.950	19.353	19.371	19.385	19.396	19.405	19.413	.950	2
	.975	39.355	39.373	39.387	39.398	39.407	39.415	.975	
	.990	99.356	99.374	99.388	99.399	99.408	99.416	.990	
	.995	199.36	199.37	199.39	199.40	199.41	199.42	.995	
	.500	1.1482	1.1627	1.1741	1.1833	1.1909	1.1972	.500	
	.750	2.4302	2.4364	2.4410	2.4447	2.4476	2.4500	.750	
	.900	5.2662	5.2517	5.2400	5.2304	5.2223	5.2156	.900	
3	.950	8.8868	8.8452	8.8123	8.7855	8.7632	8.7446	.950	3
	.975	14.624	14.540	14.473	14.419	14.374	14.337	.975	
	.990	27.672	27.489	27.345	27.229	27.132	27.052	.990	
	.995	44.434	44.126	43.882	43.686	43.523	43.387	.995	
	.500	1.0797	1.0933	1.1040	1.1126	1.1196	1.1255	.500	
	.750	2.0790	2.0805	2.0814	2.0820	2.0823	2.0826	.750	
	.900	3.9790	3.9549	3.9357	3.9199	3.9066	3.8955	.900	
4	.950	6.0942	6.0410	5.9988	5.9644	5.9357	5.9117	.950	4
	.975	9.0741	8.9796	8.9047	8.8439	8.7933	8.7512	.975	
	.990	14.976	14.799	14.659	14.546	14.452	14.374	.990	
	.995	21.622	21.352	21.139	20.967	20.824	20.705	.995	
	.500	1.0414	1.0545	1.0648	1.0730	1.0798	1.0855	.500	
	.750	1.8935	1.8923	1.8911	1.8899	1.8887	1.8877	.750	
	.900	3.3679	3.3393	3.3163	3.2974	3.2815	3.2682	.900	
5	.950	4.8759	4.8183	4.7725	4.7351	4.7038	4.6777	.950	5
	.975	6.8531	6.7572	6.6810	6.6192	6.5676	6.5246	.975	
	.990	10.456	10.289	10.158	10.051	9.9623	9.8883	.990	
	.995	14.200	13.961	13.772	13.618	13.490	13.384	.995	
	.500	1.0169	1.0298	1.0398	1.0478	1.0545	1.0600	.500	
	.750	1.7789	1.7760	1.7733	1.7708	1.7686	1.7668	.750	
	.900	3.0145	2.9830	2.9577	2.9369	2.9193	2.9047	.900	
6	.950	4.2066	4.1468	4.0990	4.0600	4.0272	3.9999	.950	6
	.975	5.6955	5.5996	5.5234	5.4613	5.4094	5.3662	.975	
	.990	8.2600	8.1016	7.9761	7.8741	7.7891	7.7183	.990	
	.995	10.786	10.566	10.391	10.250	10.132	10.034	.995	

Freiheitsgrad des Nenners

Aus: DONALD B. OWEN: Handbook of Statistical Tables (Reading, Mass. 1962; Auszug). Mit freundlicher Genehmigung des Verlages und der U. S. Atomic Energy Commission.

Tafel 3. (Fortsetzung)

	γ	13	14	15	18	20	24	γ	
				Freiheitsgrad des Zählers					
	.500	2.0773	2.0858	2.0931	2.1104	2.1190	2.1321	.500	
	.750	9.4399	9.4685	9.4934	9.5520	9.5813	9.6255	.750	
	.900	60.903	61.073	61.220	61.567	61.740	62.002	.900	
1	.950	244.69	245.37	245.95	247.32	248.01	249.05	.950	1
	.975	979.85	982.54	984.87	990.36	993.10	997.25	.975	
	.990	6125.9	6142.7	6157.3	6191.6	6208.7	6234.6	.990	
	.995	24504	24572	24630	24767	24836	24940	.995	
	.500	1.3672	1.3725	1.3771	1.3879	1.3933	1.4014	.500	
	.750	3.3997	3.4051	3.4098	3.4208	3.4263	3.4345	.750	
	.900	9.4145	9.4200	9.4247	9.4358	9.4413	9 4496	.900	
2	.950	19.419	19.424	19.429	19.440	19.446	19.454	.950	2
	.975	39.421	39.426	39.431	39.442	39.448	39.456	.975	
	.990	99.422	99.427	99.432	99.443	99.449	99.458	.990	
	.995	199.42	199.43	199.43	199.44	199.45	199.46	.995	
	.500	1.2025	1.2071	1.2111	1.2205	1.2252	1.2322	.500	
	.750	2.4520	2.4537	2.4552	2.4585	2.4602	2.4626	.750	
	.900	5.2097	5.2047	5.2003	5.1898	5.1845	5.1764	.900	
3	.950	8.7286	8.7148	8.7029	8.6744	8.6602	8.6385	.950	3
	.975	14.305	14.277	14.253	14.196	14.167	14.124	.975	
	.990	26.983	26.923	26.872	26.751	26.690	26.598	.990	
	.995	43.271	43.171	43.085	42.880	42.778	42.622	.995	
	.500	1.1305	1.1349	1.1386	1.1473	1.1517	1.1583	.500	
	.750	2.0827	2.0828	2.0829	2.0828	2.0828	2.0827	.750	
	.900	3.8853	3.8765	3.8689	3.8525	3.8443	3.8310	.900	
4	.950	5.8910	5.8732	5.8578	5.8209	5.8025	5.7744	.950	4
	.975	8.7148	8.6836	8.6565	8.5921	8.5599	8.5109	.975	
	.990	14.306	14.248	14.198	14.079	14.020	13.929	.990	
	.995	20.602	20.514	20.438	20.257	20.167	20.030	.995	
	.500	1.0903	1.0944	1.0980	1.1064	1.1106	1.1170	.500	
	.750	1.8867	1.8858	1.8851	1.8830	1.8820	1.8802	.750	
	.900	3.2566	3.2466	3.2380	3.2171	3.2067	3.1905	.900	
5	.950	4.6550	4.6356	4.6188	4.5783	4.5581	4.5272	.950	5
	.975	6.4873	6.4554	6.4277	6.3616	6.3285	6.2780	.975	
	.990	9.8244	9.7697	9.7222	9.6092	9.5527	9.4665	.990	
	.995	13.292	13.214	13.146	12.984	12.903	12.780	.995	
	.500	1.0647	1.0687	1.0722	1.0804	1.0845	1.0907	.500	
	.750	1.7650	1.7634	1.7621	1.7586	1.7569	1.7540	.750	
	.900	2.8918	2.8808	2.8712	2.8479	2.8363	2.8183	.900	
6	.950	3.9761	3.9558	3.9381	3.8955	3.8742	3.8415	.950	6
	.975	5.3287	5.2966	5.2687	5.2018	5.1684	5.1172	.975	
	.990	7.6570	7.6045	7.5590	7.4502	7.3958	7.3127	.990	
	.995	9.9494	9.8769	9.8140	9.6639	9.5888	9.4741	.995	

Freiheitsgrad des Nenners

Tafel 3. (Fortsetzung)

		Freiheitsgrad des Zählers						
	γ	13	14	15	18	20	24	γ
	.500	1.0469	1.0509	1.0543	1.0624	1.0664	1.0724	.500
	.750	1.6819	1.6799	1.6781	1.6735	1.6712	1.6675	.750
	.900	2.6543	2.6425	2.6322	2.6072	2.5947	2.5753	.900
7	.950	3.5501	3.5291	3.5108	3.4666	3.4445	3.4105	.950	7
	.975	4.6281	4.5958	4.5678	4.5004	4.4667	4.4150	.975
	.990	6.4096	6.3585	6.3143	6.2084	6.1554	6.0743	.990
	.995	8.0962	8.0274	7.9678	7.8253	7.7540	7.6450	.995
	.500	1.0339	1.0378	1.4120	1.0491	1.0531	1.0591	.500
	.750	1.6216	1.6191	1.6170	1.6115	1.6088	1.6043	.750
	.900	2.4875	2.4750	2.4642	2.4378	2.4246	2.4041	.900
8	.950	3.2588	3.2371	3.2184	3.1730	3.1503	3.1152	.950	8
	.975	4.1618	4.1293	4.1012	4.0334	3.9995	3.9472	.975
	.990	5.6085	5.5584	5.5151	5.4111	5.3591	5.2793	.990
	.995	6.9377	6.8716	6.8143	6.6769	6.6082	6.5029	.995
	.500	1.0239	1.0278	1.0311	1.0390	1 0429	1.0489	.500
	.750	1.5756	1.5729	1.5705	1.5642	1.5611	1.5560	.750
	.900	2.3638	2.3508	2.3396	2.3121	2.2983	2.2768	.900
9	.950	3.0472	3.0252	3.0061	2.9597	2.9365	2.9005	.950	9
	.975	3.8302	3.7976	3.7694	3.7011	3.6669	3.6142	.975
	.990	5.0540	5.0048	4.9621	4.8594	4.8080	4.7290	.990
	.995	6 1524	6.0882	6.0325	5.8987	5.8318	5.7292	.995
	.500	1.0161	1.0199	1.0232	1.0310	1.0349	1.0408	.500
	.750	1.5395	1.5364	1.5338	1.5269	1.5235	1.5179	.750
	.900	2.2685	2.2551	2.2435	2.2150	2.2007	2.1784	.900
10	.950	2.8868	2.8644	2.8450	2.7977	2.7740	2.7372	.950	10
	.975	3.5827	3.5500	3.5217	3.4530	3.4186	3.3654	.975
	.990	4.6491	4.6004	4.5582	4.4563	4.4054	4.3269	.990
	.995	5.5880	5.5252	5.4707	5.3396	5.2740	5.1732	.995
	.500	1.0097	1.0135	1.0168	1.0284	1.0245	1.0343	.500
	.750	1.5102	1.5069	1.5041	1.4967	1.4930	1.4869	.750
	.900	2.1927	2.1790	2.1671	2.1377	2.1230	2.1000	.900
11	.950	2.7611	2.7383	2.7186	2.6705	2.6464	2.6090	.950	11
	.975	3.3913	3.3584	3.3299	3.2607	3.2261	3.1725	.975
	.990	4.3411	4.2928	4.2509	4.1496	4.0990	4.0209	.990
	.995	5.1642	5.1024	5.0489	4.9198	4.8552	4.7557	.995
	.500	1.0044	1.0082	1.0115	1.0192	1.0231	1.0289	.500
	.750	1.4861	1.4826	1.4796	1.4717	1.4678	1.4613	.750
	.900	2.1311	2.1170	2.1049	2.0748	2.0597	2.0360	.900
12	.950	2.6598	2.6368	2.6169	2.5680	2.5436	2.5055	.950	12
	.975	3.2388	3.2058	3.1772	3.1076	3.0728	3.0187	.975
	.990	4.0993	4.0512	4.0096	3.9088	3.8584	3.7805	.990
	.995	4.8352	4.7742	4.7214	4.5937	4.5299	4.4315	.995

Freiheitsgrad des Nenners

Tafel 4. χ^2-*Test*

f	$\gamma = 1 - \alpha$					
	0.75	0.90	0.95	0.975	0.99	0.995
1	1.323	2.706	3.841	5.024	6.635	7.879
2	2.773	4.605	5.991	7.378	9.210	10.597
3	4.108	6.251	7.815	9.348	11.345	12.838
4	5.385	7.779	9.488	11.143	13.277	14.860
5	6.626	9.236	11.071	12.833	15.086	16.750
6	7.841	10.645	12.592	14.449	16.812	18.548
7	9.037	12.017	14.067	16.013	18.475	20.278
8	10.219	13.362	15.507	17.535	20.090	21.955
9	11.389	14.684	16.919	19.023	21.666	23.589
10	12.549	15.987	18.307	20.483	23.209	25.188
11	13.701	17.275	19.675	21.920	24.725	26.757
12	14.845	18.549	21.026	23.337	26.217	28.299
13	15.984	19.812	22.362	24.736	27.688	29.819
14	17.117	21.064	23.685	26.119	29.141	31.319
15	18.245	22.307	24.996	27.488	30.578	32.801
16	19.369	23.542	26.296	28.845	32.000	34.267
17	20.489	24.769	27.587	30.191	33.409	35.718
18	21.605	25.989	28.869	31.526	34.805	37.156
19	22.718	27.204	30.144	32.852	36.191	38.582
20	23.828	28.412	31.410	34.170	37.566	39.997
21	24.935	29.615	32.671	35.479	38.932	41.401
22	26.039	30.813	33.924	36.781	40.289	42.796
23	27.141	32.007	35.172	38.076	41.638	44.181
24	28.241	33.196	36.415	39.364	42.980	45.559
25	29.339	34.382	37.652	40.646	44.314	46.928
26	30.435	35.563	38.885	41.923	45.642	48.290
27	31.528	36.741	40.113	43.194	46.963	49.645
28	32.620	37.916	41.337	44.461	48.278	50.993
29	33.711	39.087	42.557	45.722	49.588	52.336
30	34.800	40.256	43.773	46.979	50.892	53.672
31	35.887	41.422	44.985	48.232	52.191	55.003
32	36.973	42.585	46.194	49.480	53.486	56.328
33	38.058	43.745	47.400	50.725	54.776	57.648
34	39.141	44.903	48.602	51.966	56.061	58.964
35	40.223	46.059	49.802	53.203	57.342	60.275
36	41.304	47.212	50.998	54.437	58.619	61.581
37	42.383	48.363	52.192	55.668	59.892	62.883
38	43.462	49.513	53.384	56.896	61.162	64.181
39	44.539	50.660	54.572	58.120	62.428	65.476
40	45.616	51.805	55.758	59.342	63.691	66.766
41	46.692	52.949	56.942	60.561	64.950	68.053
42	47.766	54.090	58.124	61.777	66.206	69.336
43	48.840	55.230	59.304	62.990	67.459	70.616
44	49.913	56.369	60.481	64.201	68.710	71.893
45	50.985	57.505	61.656	65.410	69.957	73.166

(f = Freiheitsgrade)

Aus: DONALD B. OWEN: Handbook of Statistical Tables (Reading, Mass. 1962; Auszug). Mit freundlicher Genehmigung des Verlages und der U. S. Atomic Energy Commission.

Tafel 5. *Tafel zum Rizzi-Test*

n	α	a			
		2	3	4	10
10	0,050	0,657	0,481	0,383	0,186
	0,010	0,812	0,636	0,480	0,241
	0,001	0,999	0,806	0,619	0,310
50	0,050	0,528	0,360	0,274	0,116
	0,010	0,557	0,389	0,292	0,124
	0,001	0,600	0,420	0,317	0,138
100	0,050	0,514	0,349	0,262	0,107
	0,010	0,528	0,360	0,270	0,112
	0,001	0,549	0,376	0,283	0,119
500	0,050	0,502	0,336	0,252	0,101
	0,010	0,505	0,339	0,254	0,102
	0,001	0,509	0,341	0,256	0,103
1000	0,050	0,501	0,334	0,251	0,101
	0,010	0,503	0,336	0,252	0,102
	0,001	0,505	0,336	0,253	0,102

Aus: ALFREDO RIZZI: Su un Test non parametrico basato sulle Frequence (Atti della XXI Riunione Scientifica, Rom, 23./26. November 1961; S. 95). Mit freundlicher Genehmigung der Società Italiana di Statistica.

Tafel 6. *Kolmogorov-Smirnov Ein-Stichproben-Test*
$P\{D^+ (n) \geqq \text{Tafelwert}\} = (1-p)/2$; $P\{D (n) \geqq \text{Tafelwert}\} \cong 1-p$

n	$p=.80$	$p=.90$	$p=.95$	$p=.98$	$p=.99$
1	.90000	.95000	.97500	.99000	.99500
2	.68377	.77639	.84189	.90000	.92929
3	.56481	.63604	.70760	.78456	.82900
4	.49265	.56522	.62394	.68887	.73424
5	.44698	.50945	.56328	.62718	.66853
6	.41037	.46799	.51926	.57741	.61661
7	.38148	.43607	.48342	.53844	.57581
8	.35831	.40962	.45427	.50654	.54179
9	.33910	.38746	.43001	.47960	.51332
10	.32260	.36866	.40925	.45662	.48893
11	.30829	.35242	.39122	.43670	.46770
12	.29577	.33815	.37543	.41918	.44905
13	.28470	.32549	.36143	.40362	.43247
14	.27481	.31417	.34890	.38970	.41762
15	.26588	.30397	.33760	.37713	.40420
16	.25778	.29472	.32733	.36571	.39201
17	.25039	.28627	.31796	.35528	.38086
18	.24360	.27851	.30936	.34569	.37062
19	.23735	.27136	.30143	.33685	.36117
20	.23156	.26473	.29408	.32866	.35241
21	.22617	.25858	.28724	.32104	.34427
22	.22115	.25283	.28087	.31394	.33666
23	.21645	.24746	.27490	.30728	.32954
24	.21205	.24242	.26931	.30104	.32286
25	.20790	.23768	.26404	.29516	.31657
26	.20399	.23320	.25907	.28962	.31064
27	.20030	.22898	.25438	.28438	.30502
28	.19680	.22497	.24993	.27942	.29971
29	.19348	.22117	.24571	.27471	.29466
30	.19032	.21756	.24170	.27023	.28987
31	.18732	.21412	.23788	.26596	.28530
32	.18445	.21085	.23424	.26189	.28094
33	.18171	.20771	.23076	.25801	.27677
34	.17909	.20472	.22743	.25429	.27279
35	.17659	.20185	.22425	.25073	.26897
36	.17418	.19910	.22119	.24732	.26532
37	.17188	.19646	.21826	.24404	.26180
38	.16966	.19392	.21544	.24089	.25843
39	.16753	.19148	.21273	.23786	.25518
40	.16547	.18913	.21012	.23494	.25205
41	.16349	.18687	.20760	.23213	.24904
42	.16158	.18468	.20517	.22941	.24613
43	.15974	.18257	.20283	.22679	.24332
44	.15796	.18053	.20056	.22426	.24060
45	.15623	.17856	.19837	.22181	.23798
46	.15457	.17665	.19625	.21944	.23544
47	.15295	.17481	.19420	.21715	.23298
48	.15139	.17302	.19221	.21493	.23059
49	.14987	.17128	.19028	.21277	.22828
50	.14840	.16959	.18841	.21068	.22604

Aus: DONALD B. OWEN: Handbook of Statistical Tables (Reading, Mass. 1962; Auszug). Mit freundlicher Genehmigung des Verlages und der U. S. Atomic Energy Commission.

Tafel 7. *Smirnov-Test der größten Abweichungen*

Kleinster Wert von k für welchen $P\,(D^+ \geqq k/n) \leqq \alpha$ [oder für welchen $P\,(D \geqq k/n) \leqq 2\alpha$], gefolgt von $P\,(D^+ \geqq k/n)$ [gleich $\frac{1}{2}P\,(D \geqq k/n)$]

| $n = m$ | Bedeutungsschwelle, α | | | | | |
	.05	.025	.01	.005	.001	.0005
3	3 (.05000)	—	—	—		—
4	4 (.01429)	4 (.01429)	—	—	—	—
5	4 (.03968)	5 (.00397)	5 (.00397)	5 (.00397)	—	—
6	5 (.01299)	5 (.01299)	6 (.00108)	6 (.00108)	—	—
7	5 (.02652)	6 (.00408)	6 (.00408)	6 (.00408)	7 (.00029)	7 (.00029)
8	5 (.04351)	6 (.00932)	6 (.00932)	7 (.00124)	8 (.00008)	8 (.00008)
9	6 (.01678)	6 (.01678)	7 (.00315)	7 (.00315)	8 (.00037)	8 (.00037)
10	6 (.02622)	7 (.00617)	7 (.00617)	8 (.00103)	9 (.00011)	9 (.00011)
11	6 (.03733)	7 (.01037)	8 (.00218)	8 (.00218)	9 (.00033)	9 (.00033)
12	6 (.04977)	7 (.01572)	8 (.00393)	8 (.00393)	9 (.00075)	10 (.00010)
13	7 (.02214)	7 (.02214)	8 (.00633)	9 (.00144)	10 (.00025)	10 (.00025)
14	7 (.02952)	8 (.00939)	8 (.00939)	9 (.00245)	10 (.00051)	11 (.00008)
15	7 (.03773)	8 (.01312)	9 (.00383)	9 (.00383)	10 (.00092)	11 (.00018)
16	7 (.04666)	8 (.01750)	9 (.00560)	10 (.00151)	11 (.00034)	11 (.00034)
17	8 (.02248)	8 (.02248)	9 (.00778)	10 (.00058)	11 (.00231)	12 (.00012)
18	8 (.02801)	9 (.01037)	10 (.00333)	10 (.00333)	11 (.00092)	12 (.00022)
19	8 (.03405)	9 (.01338)	10 (.00461)	10 (.00461)	12 (.00036)	12 (.00036)

Aus: James V. Bradley: Distribution — Free Statistical Tests (Englewood-Cliffs 1968, S. 365). Quelle: G. W. Birnbaum — R. A. Hall: Small Sample Distributions for Multi-Sample Statistics of the Smirner Type (Annals of Mathematical Statistics, Vol. 31, 1960, S. 710—720). Mit freundlicher Genehmigung des Autors und des Herausgebers.

Tafel 8. *Davids Leerzellen-Test* $(\alpha = 0,05)$

Kleinster Wert von c_0 für welchen $P\,(E \geqq E') \leqq \alpha$, gefolgt von $P\,(E \geqq E')$

c	5	6	7	8	9	10	11	12	13	14	15	16
2		1 (.0313)	1 (.0156)	1 (.0078)	1 (.0039)	1 (.0020)	1 (.0010)	1 (.0005)	1 (.0002)	1 (.0001)	1 (.0001)	1 (.0000)
3	2 (.0124)	2 (.0041)	2 (.0014)	2 (.0005)	2 (.0002)	2 (.0001)	1 (.0347)	1 (.0231)	1 (.0154)	1 (.0103)	1 (.0069)	1 (.0046)
4	3 (.0039)	3 (.0010)	2 (.0463)	2 (.0233)	2 (.0117)	2 (.0059)	2 (.0029)	2 (.0015)	2 (.0007)	2 (.0004)	2 (.0002)	1 (.0400)
5	4 (.0016)	3 (.0400)	3 (.0162)	3 (.0065)	3 (.0026)	3 (.0010)	2 (.0354)	2 (.0214)	2 (.0129)	2 (.0078)	2 (.0047)	2 (.0028)
6	5 (.0008)	4 (.0200)	4 (.0068)	4 (.0023)	3 (.0368)	3 (.0188)	3 (.0095)	3 (.0048)	3 (.0028)	2 (.0489)	2 (.0330)	2 (.0222)
7	5 (.0379)	5 (.0111)	5 (.0033)	4 (.0361)	4 (.0160)	4 (.0070)	4 (.0031)	3 (.0384)	3 (.0225)	3 (.0131)	3 (.0075)	3 (.0044)
8	6 (.0259)	6 (.0067)	6 (.0017)	5 (.0197)	5 (.0076)	5 (.0029)	4 (.0296)	4 (.0154)	4 (.0078)	4 (.0040)	3 (.0446)	3 (.0272)
9	7 (.0184)	7 (.0042)	6 (.0327)	6 (.0115)	6 (.0040)	5 (.0309)	5 (.0145)	5 (.0067)	4 (.0477)	4 (.0279)	4 (.0161)	4 (.0092)
10	8 (.0136)	8 (.0028)	7 (.0222)	7 (.0070)	6 (.0413)	6 (.0179)	6 (.0076)	5 (.0449)	5 (.0240)	5 (.0126)	5 (.0066)	4 (.0448)

Aus: JAMES V. BRADLEY: Distribution — Free Statistical Tests (Englewood-Cliffs 1960, S. 370). Quelle: M. CSORGO — J. GUTTMANN: On the Emply Cell Test (Technometrics, Vol. 4, 1962, S. 235—247). Mit freundlicher Genehmigung der Autoren und des Verlages.

Tafel 9. *Wilcoxon-Test, Ein-Stichproben-Fall*

n	$\alpha=.05$		$\alpha=.025$		$\alpha=.01$		$\alpha=.005$	
5	0	.0313						
	1	.0625						
6	2	.0469	0	.0156				
	3	.0781	1	.0313				
7	3	.0391	2	.0234	0	.0078		
	4	.0547	3	.0391	1	.0156		
8	5	.0391	3	.0195	1	.0078	0	.0039
	6	.0457	4	.0273	2	.0117	1	.0078
9	8	.0488	5	.0195	3	.0098	1	.0039
	9	.0645	6	.0273	4	.0137	2	.0059
10	10	.0420	8	.0244	5	.0098	3	.0049
	11	.0527	9	.0322	6	.0137	4	.0068
11	13	.0415	10	.0210	7	.0093	5	.0049
	14	.0508	11	.0269	8	.0122	6	.0068
12	17	.0461	13	.0212	9	.0081	7	.0046
	18	.0549	14	.0261	10	.0105	8	.0061
13	21	.0471	17	.0239	12	.0085	9	.0040
	22	.0549	18	.0287	13	.0107	10	.0052
14	25	.0453	21	.0247	15	.0083	12	.0043
	26	.0520	22	.0290	16	.0101	13	.0054
15	30	.0473	25	.0240	19	.0090	15	.0042
	31	.0535	26	.0277	20	.0108	16	.0051
16	35	.0467	29	.0222	23	.0091	19	.0046
	36	.0523	30	.0253	24	.0107	20	.0055
17	41	.0492	34	.0224	27	.0087	23	.0047
	42	.0544	35	.0253	28	.0101	24	.0055
18	47	.0494	40	.0241	32	.0091	27	.0045
	48	.0542	41	.0269	33	.0104	28	.0052
19	53	.0478	46	.0247	37	.0090	32	.0047
	54	.0521	47	.0273	38	.0102	33	.0054
20	60	.0487	52	.0242	43	.0096	37	.0047
	61	.0527	53	.0266	44	.0107	38	.0053

The column group header spans: W'_+ gefolgt von $P\,(W_+ \leqq W'_+)$

Aus: JAMES V. BRADLEY: Distribution — Free Statistical Tests (Englewood-Cliffs 1968, S. 315). Quelle: F. WILCOXON — S. K. KATTI — ROBERTA A. WILCOX: Critical Values and Probability Levels for the Wilcoxon Rank Sun Test and the Wilcoxon Signed Rank Test (The Florida State University, Department of Statistics, Tallahassee, Fla., August 1963). Mit freundlicher Genehmigung der Verfasser und des Verlages.

Tafel 10. *Wilcoxon-Test, Zwei-Stichproben-Fall* (Auszug)

$n = 3$

m	.001	.005	.01	.025	.05	.10	$2\,\overline{W}$
3					6	7	21
4				—	6	7	24
5			6	7	8	27
6			—	7	8	9	30
7			6	7	8	10	33
8		—	6	8	9	11	36
9		6	7	8	10	11	39
10		6	7	9	10	12	42
11		6	7	9	11	13	45
12		7	8	10	11	14	48
13		7	8	10	12	15	51
14		7	8	11	13	16	54
15		8	9	11	13	16	57
16	—	8	9	12	14	17	60
17	6	8	10	12	15	18	63
18	6	8	10	13	15	19	66
19	6	9	10	13	16	20	69
20	6	9	11	14	17	21	72
21	7	9	11	14	17	21	75
22	7	10	12	15	18	22	78
23	7	10	12	15	19	23	81
24	7	10	12	16	19	24	84
25	7	11	13	16	20	25	87

$n = 4$

.001	.005	.01	.025	.05	.10	$2\,\overline{W}$	m
		—	10	11	13	36	4
	—	10	11	12	14	40	5
	10	11	12	13	15	44	6
	10	11	13	14	16	48	7
	11	12	14	15	17	52	8
—	11	13	14	16	19	56	9
10	12	13	15	17	20	60	10
10	12	14	16	18	21	64	11
10	13	15	17	19	22	68	12
11	13	15	18	20	23	72	13
11	14	16	19	21	25	76	14
11	15	17	20	22	26	80	15
12	15	17	21	24	27	84	16
12	16	18	21	25	28	88	17
13	16	19	22	26	30	92	18
13	17	19	23	27	31	96	19
13	18	20	24	28	32	100	20
14	18	21	25	29	33	104	21
14	19	21	26	30	35	108	22
14	19	22	27	31	36	112	23
15	20	23	27	32	38	116	24
15	20	23	28	33	38	120	25

$n = 5$

m	.001	.005	.01	.025	.05	.10	$2\,\overline{W}$
5		15	16	17	19	20	55
6		16	17	18	20	22	60
7	—	16	18	20	21	23	65
8	15	17	19	21	23	25	70
9	16	18	20	22	24	27	75
10	16	19	21	23	26	28	80
11	17	20	22	24	27	30	85
12	17	21	23	26	28	32	90
13	18	22	24	27	30	33	95
14	18	22	25	28	31	35	100
15	19	23	26	29	33	37	105
16	20	24	27	30	34	38	110
17	20	25	28	32	35	40	115
18	21	26	29	33	37	42	120
19	22	27	30	34	38	43	125
20	22	28	31	35	40	45	130
21	23	29	32	37	41	47	135
22	23	29	33	38	33	48	140
23	24	30	34	39	44	50	145
24	25	31	35	40	45	51	150
25	25	32	36	42	47	53	155

$n = 6$

.001	.005	.01	.025	.05	.10	$2\,\overline{W}$	m
—	23	24	26	28	30	78	6
21	24	25	27	29	32	84	7
22	25	27	29	31	34	90	8
23	26	28	31	33	36	96	9
24	27	29	32	35	38	102	10
25	28	30	34	37	40	108	11
25	30	32	35	38	42	114	12
26	31	33	37	40	44	120	13
27	32	34	38	42	46	126	14
28	33	36	40	44	48	132	15
29	34	37	42	46	50	138	16
30	36	39	43	47	52	144	17
31	37	40	45	49	55	150	18
32	38	41	46	51	57	156	19
33	39	43	48	53	59	162	20
33	40	44	50	55	61	168	21
34	42	45	51	57	63	174	22
35	43	47	53	58	65	180	23
36	44	48	54	60	67	186	24
37	45	50	56	62	69	192	25

Aus: JAMES V. BRADLEY: Distribution — Free Statistical Tests (Englewood-Cliffs 1968). Quelle: L. P. VERDOORN: Extended Tables of Critical Values for Wilcoxon's Test Statistic (Biometrika, Vol. 50, 1963, S. 177—186). Mit freundlicher Genehmigung des Autors und des Verlages.

Tafel 11. *Kumulierte Wahrscheinlichkeiten für den Wilcoxon (Mann-Whitney) Zwei-stichproben-Rangfolge-Test* (Auszug)

$P\{U \leqq u\} = \text{Tafelwert}$

			$n_2 = 6$			
u			n_1			
	1	2	3	4	5	6
0	0.143	0.036	0.012	0.005	0.002	0.001
1	0.286	0.071	0.024	0.010	0.004	0.002
2	0.429	0.143	0.048	0.019	0.009	0.004
3	0.571	0.214	0.083	0.033	0.015	0.008
4	0.714	0.321	0.131	0.057	0.026	0.013
5	0.857	0.429	0.190	0.086	0.041	0.021
6	1.000	0.571	0.274	0.129	0.063	0.032
7		0.679	0.357	0.176	0.089	0.047
8		0.786	0.452	0.238	0.123	0.066
9		0.857	0.548	0.305	0.165	0.090
10		0.929	0.643	0.381	0.214	0.120
11		0.964	0.726	0.457	0.268	0.155
12		1.000	0.810	0.543	0.331	0.197
13			0.869	0.619	0.396	0.242
14			0.917	0.695	0.465	0.294
15			0.952	0.762	0.535	0.350
16			0.976	0.824	0.604	0.409
17			0.988	0.871	0.669	0.469
18			1.000	0.914	0.732	0.531
19				0.943	0.786	0.591
20				0.967	0.835	0.650
21				0.981	0.877	0.706
22				0.990	0.911	0.758
23				0.995	0.937	0.803
24				1.000	0.959	0.845
25					0.974	0.880
26					0.985	0.910
27					0.991	0.934
28					0.996	0.953
29					0.998	0.968
30					1.000	0.979
31						0.987
32						0.992
33						0.996
34						0.998
35						0.999
						1.000

Aus: DONALD B. OWEN: Handbook of Statistical Tables (Reading, Mass. 1962). Mit freundlicher Genehmigung des Verlages und der U. S. Atomic Energy Commission.

Tafel 12. *Walsh-Test*

n	Bedeutungsschwelle des Tests — Einseitig	Symmetrisch	Tests — Einseitig Annahme von $\Phi < \Phi_0$ wenn	Einseitig Annahme von $\Phi > \Phi_0$ wenn	Angenäherte Wirksamkeit bei Normalverteilung
4	6.2%	12.5%	$x_4 < \Phi_0$	$x_1 > \Phi_0$	95%
5	6.2%	12.5%	$\frac{1}{2}(x_4+x_5) < \Phi_0$	$\frac{1}{2}(x_1+x_2) > \Phi_0$	98%
	3.1%	6.2%	$x_6 < \Phi_0$	$x_1 > \Phi_0$	96%
6	4.7%	9.4%	$\max[x_5, \frac{1}{2}(x_4+x_6)] < \Phi_0$	$\min[x_2, \frac{1}{2}(x_1+x_3)] > \Phi_0$	97%
	3.1%	6.2%	$\frac{1}{2}(x_5+x_6) < \Phi_0$	$\frac{1}{2}(x_1+x_2) > \Phi_0$	98%
	1.6%	3.1%	$x_6 < \Phi_0$	$x_1 > \Phi_0$	95%
7	5.5%	10.9%	$\max[x_5, \frac{1}{2}(x_4+x_7)] < \Phi_0$	$\min[x_3, \frac{1}{2}(x_1+x_4)] > \Phi_0$	95%
	2.3%	4.7%	$\max[x_6, \frac{1}{2}(x_5+x_7)] < \Phi_0$	$\min[x_2, \frac{1}{2}(x_1+x_3)] > \Phi_0$	98%
	1.6%	3.1%	$\frac{1}{2}(x_6+x_7) < \Phi_0$	$\frac{1}{2}(x_1+x_2) > \Phi_0$	98%
	0.8%	1.6%	$x_7 < \Phi_0$	$x_1 > \Phi_0$	95%
8	4.3%	8.6%	$\max[x_6, \frac{1}{2}(x_4+x_8)] < \Phi_0$	$\min[x_3, \frac{1}{2}(x_1+x_5)] > \Phi_0$	94.5%
	2.7%	5.5%	$\max[x_6, \frac{1}{2}(x_5+x_8)] < \Phi_0$	$\min[x_3, \frac{1}{2}(x_1+x_4)] > \Phi_0$	96%
	1.2%	2.3%	$\max[x_7, \frac{1}{2}(x_6+x_3)] < \Phi_0$	$\min[x_2, \frac{1}{2}(x_1+x_3)] > \Phi_0$	98%
	0.8%	1.6%	$\frac{1}{2}(x_7+x_8) < \Phi_0$	$\frac{1}{2}(x_1+x_2) > \Phi_0$	98%
	0.4%	0.8%	$x_8 < \Phi_0$	$x_1 > \Phi_0$	95%
9	5.1%	10.2%	$\max[x_6, \frac{1}{2}(x_4+x_9)] < \Phi_0$	$\min[x_4, \frac{1}{2}(x_1+x_6)] > \Phi_0$	91%
	2.2%	4.3%	$\max[x_7, \frac{1}{2}(x_5+x_9)] < \Phi_0$	$\min[x_3, \frac{1}{2}(x_1+x_5)] > \Phi_0$	96%
	1.0%	2.0%	$\max[x_8, \frac{1}{2}(x_5+x_9)] < \Phi_0$	$\min[x_3, \frac{1}{2}(x_1+x_5)] > \Phi_0$	95.5%
	0.6%	1.2%	$\max[x_8, \frac{1}{2}(x_7+x_9)] < \Phi_0$	$\min[x_2, \frac{1}{2}(x_1+x_3)] > \Phi_0$	99%
	0.4%	0.8%	$\frac{1}{2}(x_8+x_9) < \Phi_0$	$\frac{1}{2}(x_1+x_2) > \Phi_0$	98%
10	5.6%	11.1%	$\max[x_6, \frac{1}{2}(x_4+x_{10})] < \Phi_0$	$\min[x_5, \frac{1}{2}(x_1+x_7)] > \Phi_0$	87.5%
	2.5%	5.1%	$\max[x_7, \frac{1}{2}(x_5+x_{10})] < \Phi_0$	$\min[x_4, \frac{1}{2}(x_1+x_6)] > \Phi_0$	93%
	1.1%	2.1%	$\max[x_8, \frac{1}{2}(x_6+x_{10})] < \Phi_0$	$\min[x_3, \frac{1}{2}(x_1+x_5)] > \Phi_0$	96.5%
	0.5%	1.0%	$\max[x_9, \frac{1}{2}(x_6+x_{10})] < \Phi_0$	$\min[x_2, \frac{1}{2}(x_1+x_5)] > \Phi_0$	96.5%
11	4.8%	9.7%	$\max[x_7, \frac{1}{2}(x_4+x_{11})] < \Phi_0$	$\min[x_5, \frac{1}{2}(x_1+x_8)] > \Phi_0$	
	2.8%	5.6%	$\max[x_7, \frac{1}{2}(x_5+x_{11})] < \Phi_0$	$\min[x_5, \frac{1}{2}(x_1+x_7)] > \Phi_0$	89%
	1.1%	2.1%	$\max[\frac{1}{2}(x_6+x_{11}), \frac{1}{2}(x_8+x_9)] < \Phi_0$	$\min[\frac{1}{2}(x_1+x_6), \frac{1}{2}(x_3+x_4)] > \Phi_0$	
	0.5%	1.1%	$\max[x_9, \frac{1}{2}(x_7+x_{11})] < \Phi_0$	$\min[x_3, \frac{1}{2}(x_1+x_5)] > \Phi_0$	97%
12	4.7%	9.4%	$\max[\frac{1}{2}(x_4+x_{12}), \frac{1}{2}(x_5+x_{11})] < \Phi_0$	$\min[\frac{1}{2}(x_1+x_9), \frac{1}{2}(x_2+x_8)] > \Phi_0$	
	2.4%	4.8%	$\max[x_8, \frac{1}{2}(x_5+x_{12})] < \Phi_0$	$\min[x_5, \frac{1}{2}(x_1+x_8)] > \Phi_0$	
	1.0%	2.0%	$\max[x_9, \frac{1}{2}(x_6+x_{12})] < \Phi_0$	$\min[x_4, \frac{1}{2}(x_1+x_7)] > \Phi_0$	93.5%
	0.5%	1.1%	$\max[\frac{1}{2}(x_7+x_{12}), \frac{1}{2}(x_9+x_{10})] < \Phi_0$	$\min[\frac{1}{2}(x_1+x_6), \frac{1}{2}(x_3+x_4)] > \Phi_0$	
13	4.7%	9.4%	$\max[\frac{1}{2}(x_4+x_{13}), \frac{1}{2}(x_5+x_{12})] < \Phi_0$	$\min[\frac{1}{2}(x_1+x_{10}), \frac{1}{2}(x_2+x_9)] > \Phi_0$	
	2.3%	4.7%	$\max[\frac{1}{2}(x_5+x_{13}), \frac{1}{2}(x_6+x_{12})] < \Phi_0$	$\min[\frac{1}{2}(x_1+x_9), \frac{1}{2}(x_2+x_8)] > \Phi_0$	
	1.0%	2.0%	$\max[\frac{1}{2}(x_6+x_{13}), \frac{1}{2}(x_9+x_{10})] < \Phi_0$	$\min[\frac{1}{2}(x_1+x_8), \frac{1}{2}(x_4+x_5)] > \Phi_0$	
	0.5%	1.0%	$\max[x_{10}, \frac{1}{2}(x_7+x_{13})] < \Phi_0$	$\min[x_4, \frac{1}{2}(x_1+x_7)] > \Phi_0$	94.5%
14	4.7%	9.4%	$\max[\frac{1}{2}(x_4+x_{14}), \frac{1}{2}(x_5+x_{13}) < \Phi_0$	$\min[\frac{1}{2}(x_1+x_{11}), \frac{1}{2}(x_2+x_{10})] > \Phi_0$	
	2.3%	4.7%	$\max[\frac{1}{2}(x_5+x_{14}), \frac{1}{2}(x_6+x_{13})] < \Phi_0$	$\min[\frac{1}{2}(x_1+x_{10}), \frac{1}{2}(x_2+x_9)] > \Phi_0$	
	1.0%	2.0%	$\max[x_{10}, \frac{1}{2}(x_6+x_{14})] < \Phi_0$	$\min[x_5, \frac{1}{2}(x_1+x_9)] > \Phi_0$	90.5%
	0.5%	1.0%	$\max[\frac{1}{2}(x_7+x_{14}), \frac{1}{2}(x_{10}+x_{11})] < \Phi_0$	$\min[\frac{1}{2}(x_1+x_8), \frac{1}{2}(x_4+x_5)] > \Phi_0$	
15	4.7%	9.4%	$\max[\frac{1}{2}(x_4+x_{15}), \frac{1}{2}(x_5+x_{14})] < \Phi_0$	$\min[\frac{1}{2}(x_1+x_{12}), \frac{1}{2}(x_2+x_{11})] > \Phi_0$	
	2.3%	4.7%	$\max[\frac{1}{2}(x_5+x_{15}), \frac{1}{2}(x_6+x_{14})] < \Phi_0$	$\min[\frac{1}{2}(x_1+x_{11}), \frac{1}{2}(x_2+x_{10})] > \Phi_0$	
	1.0%	2.0%	$\max[\frac{1}{2}(x_6+x_{15}), \frac{1}{2}(x_{10}+x_{11})] < \Phi_0$	$\min[\frac{1}{2}(x_1+x_{10}), \frac{1}{2}(x_5+x_8)] > \Phi_0$	
	0.5%	1.0%	$\max[x_{11}, \frac{1}{2}(x_7+x_{15})] < \Phi_0$	$\min[x_5, \frac{1}{2}(x_1+x_9)] > \Phi_0$	92%

Aus: JOHN E. WALSH: Application of Some Significance Tests for the Median which Are Valice Under Very General Condition (Journal of the American Statistical Assoziation, 1949, No. 247, S. 343, 345). Mit freundlicher Genehmigung des Verlages.

Tafel 13. *Kruskal-Wallis-Tests* (Auszug)

Stichprobengröße			H	Wahrscheinlichkeit	Stichprobengröße			H	Wahrscheinlichkeit
n_1	n_2	n_3			n_1	n_2	n_3		
5	1	1	3.8571	0.143	5	4	3	7.4449	0.010
								7.3949	0.011
5	2	1	5.2500	0.036				5.6564	0.049
			5.0000	0.048				5.6308	0.050
			4.4500	0.071				4.5487	0.099
			4.200	0.095				4.5231	0.103
			4.0500	0.119	5	4	4	7.7604	0.009
5	2	2	6.5333	0.008				7.7440	0.011
			6.1333	0.013				5.6571	0.049
			5.1600	0.034				5.6176	0.050
			5.0400	0.056				4.6187	0.100
			4.3733	0.090				4.5527	0.102
			4.2933	0.122	5	5	1	7.3091	0.009
5	3	1	6.4000	0.012				6.8364	0.011
			4.9600	0.048				5.1273	0.046
			4.8711	0.052				4.9091	0.053
			4.0178	0.095				4.1091	0.086
			3.8400	0.123				4.0364	0.105
5	3	2	6.9091	0.009	5	5	2	7.3385	0.010
			6.8218	0.010				7.2692	0.010
			5.2509	0.049				5.3385	0.047
			5.1055	0.052				5.2462	0.051
			4.6509	0.091				4.6231	0.097
			4.4945	0 101				4.5077	0.100
5	3	3	7.0788	0.009	5	5	3	7.5780	0.010
			6.9818	0.011				7.5429	0.010
			5.6485	0.049				5.7055	0.046
			5.5152	0.051				5.6264	0.051
			4.5333	0.097				4.5451	0.100
			4.4121	0.109				4.5363	0.102
5	4	1	6.9545	0.008	5	5	4	7.8229	0.010
			6.8400	0.011				7.7914	0.010
			4.9855	0.044				5.6627	0.049
			4.8600	0.056				5.6429	0.050
			3.9873	0.098				4.5229	0.099
			3.9600	0.102				4.5200	0.101
5	4	2	7.2045	0.009	5	5	5	8.0000	0.009
			7.1182	0.010				7.9800	0.010
			5.2727	0.049				5.7800	0.049
			5.2682	0.050				5.6600	0.051
			4.5409	0.098				4.5600	0.100
			4.5182	0.101				4.5000	0.102

Aus: Donald B. Owen: Handbook of Statistical Tables (Reading, Mass. 1962). Mit freundlicher Genehmigung des Verlages und der U. S. Atomic Energy Commission.

Tafel 14. *Friedman-Test*

R	Bedeutungsschwelle α			
	.10	.05	.01	.001
			$C=4$	
2	20	20	—	—
	.042	.042		
3	33	37	45	—
	.075	.026	.0017	
4	42	52	64	74
	.093	.036	.0056	.00094
5	53	65	83	105
	.089	.049	.0092	.00040
6	64	76	102	128
	.088	.043	.0097	.0010
7	75	91	121	161
	.093	.040	.0091	.00084
8	84	102	138	184
	.098	.049	.010	.00100

Aus: JAMES V. BRADLEY: Distribution — Free Statistical Tests (Englewood-Cliffs 1968, S. 324). Quelle: DONALD B. OWEN: Handbook of Statistical Tests (Reading, Mass. 1962). Mit freundlicher Genehmigung des Verlages und der U. S. Atomic Energy Commission.

13*

Tafel 14a. *Friedman's χ^2-Test* (Auszug)

$$P = P\ \{\text{Friedman's chi-Quadrat} \geqq \chi^2\}$$
$$C = 4$$

	$R=5$					$R=5$		
χ^2	Freq.	Total	α		χ^2	Freq.	Total	α
0.12	8,511	331,776	1.000		12.84	68	121	$0.0^3 36$
0.36	10,032	323,265	0.974		13.08	7	53	$0.0^3 16$
0.60	28,927	313,233	0.944		13.56	30	46	$0.0^3 14$
1.08	29,154	284,306	0.857		14.04	15	16	$0.0^4 48$
1.32	19,599	255,152	0.769		15.00	1	1	$0.0^5 30$
1.56	19,212	235,553	0.710					
2.04	29,513	216,341	0.652			$R=6$		
2.28	14,345	186,828	0.563					
2.52	25,567	172,483	0.520		0.0	28,927	7,962,624	1.000
3.00	12,380	146,916	0.443		0.2	356,043	7,933,697	0.996
					0.4	111,696	7,577,654	0.952
3.24	12,474	134,536	0.406		0.6	474,091	7,465,958	0.938
3.48	22,289	122,062	0.368		0.8	275,974	6,991,867	0.878
3.96	11,379	99,773	0.301					
4.20	11,540	88,394	0.266		1.0	370,022	6,715,893	0.843
4.44	6,346	76,854	0.232		1.2	144,134	6,345,871	0.797
					1.4	822,076	6,201,737	0.779
4.92	16,837	70,508	0.213		1.6	80,052	5,379,661	0.676
5.16	3,601	53,671	0.162		1.8	454,868	5,299,609	0.666
5.40	10,706	50,070	0.151					
5.88	5,636	39,364	0.119		2.0	340,664	4,844,741	0.608
6.12	4,221	33,728	0.102		2.2	197,670	4,504,077	0.566
					2.4	189,730	4,306,407	0.541
6.36	5,806	29,507	0.089		2.6	713,312	4,116,677	0.517
6.84	1,584	23,701	0.071		3.0	338,401	3,403,365	0.427
7.08	3,080	22,117	0.067					
7.32	2,759	19,037	0.057		3.2	86,339	3,064,964	0.385
7.80	5,305	16,278	0.049		3.4	292,282	2,978,625	0.374
					3.6	130,408	2,686,343	0.337
8.04	198	10,973	0.033		3.8	374,809	2,555,935	0.321
8.28	2,942	10,775	0.032		4.0	120,696	2,181,126	0.274
8.76	850	7,833	0.024					
9.00	1,956	6,983	0.021		4.2	212,401	2,060,430	0.259
9.24	1,340	5,027	0.015		4.4	92,048	1,848,029	0.232
					4.6	222,868	1,755,981	0.221
9.72	622	3,687	0.011		4.8	22,289	1,533,113	0.193
9.96	522	3,065	$0.0^2 92$		5.0	218,273	1,510,824	0.190
10.20	629	2,543	$0.0^2 77$					
10.68	975	1,914	$0.0^2 58$		5.2	62,471	1,292,551	0.162
10.92	182	939	$0.0^2 28$		5.4	216,763	1,230,080	0.154
					5.6	111,363	1,013,317	0.127
11.16	198	757	$0.0^2 23$		5.8	33,019	901,954	0.113
11.64	92	559	$0.0^2 17$		6.2	170,584	868,935	0.109
11.88	102	467	$0.0^2 14$					
12.12	232	365	$0.0^2 11$					
12.60	12	133	$0.0^3 40$					

Aus: Donald B. Owen: Handbook of Statistical Tables (Reading, Mass. 1962). Mit freundlicher Genehmigung des Verlages und der U. S. Atomic Energy Commission.

Tafel 15. *Terry-Hoeffding-Test I*

N	R_i	ENR_i	N	R_i	ENR_i	N	R_i	ENR_i
2	1	.56418 95835	12	5	.31224 88787	17	5	.61945 76511
3	1	.84628 43753	12	6	.10258 96798	17	6	.45133 34467
4	1	1.02937 53730	13	1	1.66799 01770	17	7	.29518 64872
4	2	.29701 13823	13	2	1.16407 71937	17	8	.14598 74231
5	1	1.16296 44736	13	3	.84983 46324	18	1	1.82003 18790
5	2	.49501 89705	13	4	.60285 00882	18	2	1.35041 37134
6	1	1.26720 63606	13	5	.38832 71210	18	3	1.06572 81829
6	2	.64175 50388	13	6	.19052 36911	18	4	.84812 50190
6	3	.20154 68338	14	1	1.70338 15541	18	5	.66479 46127
7	1	1.35217 83756	14	2	1.20790 22754	18	6	.50158 15510
7	2	.75737 42706	14	3	.90112 67039	18	7	.35083 72382
7	3	.35270 69592	14	4	.66176 37035	18	8	.20773 53071
8	1	1.42360 03060	14	5	.45556 60500	18	9	.06880 25682
8	2	.85222 48625	14	6	.26729 70489	19	1	1.84448 15116
8	3	.47282 24949	14	7	.08815 92141	19	2	1.37993 84915
8	4	.15251 43995	15	1	1.73591 34449	19	3	1.09945 30994
9	1	1.48501 31622	15	2	1.24793 50823	19	4	.88586 19615
9	2	.93229 74567	15	3	.94768 90303	19	5	.70661 14847
9	3	.57197 07829	15	4	.71487 73983	19	6	.54770 73710
9	4	.27452 59191	15	5	.51570 10430	19	7	.40164 22742
10	1	1.53875 27308	15	6	.33529 60639	19	8	.26374 28909
10	2	1.00135 70446	15	7	.16529 85263	19	9	.13072 48795
10	3	.65605 91057	16	1	1.76599 13931	20	1	1.86747 50598
10	4	.37576 46970	16	2	1.28474 42232	20	2	1.40760 40959
10	5	.12266 77523	16	3	.99027 10960	20	3	1.13094 80522
11	1	1.58643 63519	16	4	.76316 67458	20	4	.92098 17004
11	2	1.06191 65201	16	5	.57000 93557	20	5	.74538 30058
11	3	.72883 94047	16	6	.39622 27551	20	6	.59029 69215
11	4	.46197 83072	16	7	.23375 15785	20	7	.44833 17532
11	5	.22489 08792	16	8	.07728 74593	20	8	.31493 32416
12	1	1.62922 76399	17	1	1.79394 19809	20	9	.18695 73647
12	2	1.11573 21843	17	2	1.31878 19878	20	10	.06199 62865
12	3	.79283 81991	17	3	1.02946 09889			
12	4	.53684 30214	17	4	.80738 49287			

Aus: D. Teichroew: Tables of Expected Values of Order Statistics and Products of Order Statistics for Samples of Size Twenty and Ten from the Normal Distribution (Annals of Mathematical Statistics, 1956, No. 2, S. 416—426). Mit freundlicher Genehmigung des Verlages.

Tafel 15a. *Terry-Hoeffding-Test II*

				Wert von S' für welcher $P\,(S \geqq S') \sim \alpha$, gefolgt von $P\,(S \geqq S')$				
				Nominale Schwellenwerte				
N	n	.001	.005	.010	.025	.050	.075	.100
6	3					2.11051		1.70741
						.05000		.10000
7	2					2.10955		1.70489
						.04762		.09524
7	3				2.46226	2.10955	1.75685	1.70489
					.02857	.05714	.08571	.11429
8	2				2.27583		1.89642	1.57611
					.03571		.07143	.10714
8	3			2.74865	2.42834	2.12331	2.04894	1.74391
				.01786	.03571	.05357	.07143	.10714
8	4			2.90116	2.59613	2.27583	1.95552	1.89642
				.01429	.02857	.05714	.07143	.10000
9	2				2.41731	2.05698	1.75954	1.50427
					.02778	.05556	.08333	.11111
9	3			2.98928	2.69184	2.33151	2.05698	1.78246
				.01190	.02381	.04762	.07143	.09524
9	4		3.26381	2.98928	2.71476	2.41731	2.11987	1.78246
			.00794	.01587	.02381	.04762	.07143	.10317
10	2				2.54011	2.19481	1.66142	1.65742
					.02222	.04444	.08889	.11111
10	3		3.19617	2.91587	2.66278	2.31748	2.03719	1.81905
			.00833	.01667	.02500	.05000	.07500	.10000
10	4		3.57193	3.31884	2.82040	2.44791	2.19481	1.94171
			.00476	.00952	.02381	.05238	.07619	.09524
10	5		3.69460	3.44927	2.91587	2.57058	2.16435	2.03318
			.00397	.00794	.02778	.04762	.07540	.10317
11	2			2.64835	2.31528	2.04841	1.81133	1.79076
				.01818	.03636	.05455	.07273	.09091
11	3		3.37719	3.11033	2.77725	2.31528	2.09038	1.85330
			.00606	.01212	.02424	.04848	.07273	.09697
11	4	3.83917	3.60208	3.37719	2.91521	2.54017	2.25273	2.02784
		.00303	.00606	.00909	.02424	.04848	.07576	.10000
11	5	4.06406	3.83917	3.60208	3.00214	2.60638	2.31528	2.07819
		.00216	.00433	.00866	.02597	.04978	.07359	.09740
12	2			2.74496	2.42207	2.16607	1.90857	1.65258
				.01515	.03030	.04545	.07576	.10606

Aus: J. H. KLOTZ: On the Normal Scores Two-Sample Rank Test (Journal of the American Statistical Association, Vol. 59, 1964, S. 652—664). Mit freundlicher Genehmigung des Verlages.

Tafel 16. *Kritische Werte von U für Sequenz-Test*

	Größter Wert von U', für welchen $P\,(U \leqq U') \leqq \alpha$																		
	n_1																		
	2	3	4	5	6	7	8	9	10	11	12	13	14	15	16	17	18	19	20
n_2							$\alpha = .05$												
4			2																
5		2	2	3															
6		2	3	3	3														
7		2	3	3	4	4													
8	2	2	3	3	4	4	5												
9	2	2	3	4	4	5	5	6											
10	2	3	3	4	5	5	6	6	6										
11	2	3	3	4	5	5	6	6	7	7									
12	2	3	4	4	5	6	6	7	7	8	8								
13	2	3	4	4	5	6	6	7	8	8	9	9							
14	2	3	4	5	5	6	7	7	8	8	9	9	10						
15	2	3	4	5	6	6	7	8	8	9	9	10	10	11					
16	2	3	4	5	6	6	7	8	8	9	10	10	11	11	11				
17	2	3	4	5	6	7	7	8	9	9	10	10	11	11	12	12			
18	2	3	4	5	6	7	8	8	9	10	10	11	11	12	12	13	13		
19	2	3	4	5	6	7	8	8	9	10	10	11	12	12	13	13	14	14	
20	2	3	4	5	6	7	8	9	9	10	11	11	12	12	13	13	14	14	15
n_2							$\alpha = .01$												
5			2																
6		2	2	2															
7		2	2	3	3														
8		2	2	3	3	4													
9	2	2	3	3	4	4	4												
10	2	2	3	3	4	4	5	5											
11	2	2	3	4	4	5	5	5	6										
12	2	3	3	4	4	5	5	6	6	7									
13	2	3	3	4	5	5	6	6	6	7	7								
14	2	3	3	4	5	5	6	6	7	7	8	8							
15	2	3	4	4	5	5	6	7	7	8	8	8	9						
16	2	3	4	4	5	6	6	7	7	8	8	9	9	10					
17	2	3	4	5	5	6	7	7	8	8	9	9	10	10	10				
18	2	3	4	5	5	6	7	7	8	8	9	9	10	10	11	11			
19	2	2	3	4	5	6	6	7	8	8	9	9	10	10	11	11	12	12	
20	2	2	3	4	5	6	6	7	8	8	9	10	10	11	11	11	12	12	13

Tafel 16a. *Sequenz-Test*

Wahrscheinlichkeit von *r* oder weniger Sequenzen von Zeichen der ersten Differenzen für *n* Beobachtungen

Anzahl Sequenzen (r)	Anzahl Beobachtungen (n)																								
	1	2	3	4	5	6	7	8	9	10	11	12	13	14	15	16	17	18	19	20	21	22	23	24	25
1	1.0000	.3333	.0833	.0167	.0028	.0004	.0000	.0000	.0000	.0000	.0000	.0000	.0000	.0000	.0000	.0000	.0000	.0000	.0000	.0000	.0000	.0000	.0000	.0000	.0000
2		1.0000	.5833	.2500	.0861	.0250	.0063	.0014	.0003	.0001	.0000	.0000	.0000	.0000	.0000	.0000	.0000	.0000	.0000	.0000	.0000	.0000	.0000	.0000	.0000
3			1.0000	.7333	.4139	.1909	.0749	.0257	.0079	.0022	.0005	.0001	.0000	.0000	.0000	.0000	.0000	.0000	.0000	.0000	.0000	.0000	.0000	.0000	.0000
4				1.0000	.8306	.5583	.3124	.1500	.0633	.0239	.0082	.0026	.0007	.0002	.0001	.0000	.0000	.0000	.0000	.0000	.0000	.0000	.0000	.0000	.0000
5					1.0000	.8921	.6750	.4347	.2427	.1196	.0529	.0213	.0079	.0027	.0009	.0003	.0001	.0000	.0000	.0000	.0000	.0000	.0000	.0000	.0000
6						1.0000	.9313	.7653	.5476	.3438	.1918	.0964	.0441	.0186	.0072	.0026	.0009	.0003	.0001	.0000	.0000	.0000	.0000	.0000	.0000
7							1.0000	.9563	.8329	.6460	.4453	.2749	.1534	.0782	.0367	.0160	.0065	.0025	.0009	.0003	.0001	.0000	.0000	.0000	.0000
8								1.0000	.9722	.8823	.7280	.5413	.3633	.2216	.1238	.0638	.0306	.0137	.0058	.0023	.0009	.0003	.0001	.0000	.0000
9									1.0000	.9823	.9179	.7942	.6278	.4520	.2975	.1799	.1006	.0523	.0255	.0117	.0050	.0021	.0008	.0003	.0001
10										1.0000	.9887	.9432	.8464	.7030	.5369	.3770	.2443	.1467	.0821	.0431	.0213	.0099	.0044	.0018	.0003
11											1.0000	.9928	.9609	.8866	.7665	.6150	.4568	.3144	.2012	.1202	.0674	.0356	.0177	.0084	.0018
12												1.0000	.9954	.9733	.9172	.8188	.6848	.5337	.3873	.2622	.1661	.0988	.0554	.0294	.0084
13													1.0000	.9971	.9818	.9400	.8611	.7454	.6055	.4603	.3276	.2188	.1374	.0815	.0294
14														1.0000	.9981	.9877	.9569	.8945	.7969	.6707	.5312	.3953	.2768	.1827	.0815
15															1.0000	.9988	.9917	.9692	.9207	.8398	.7286	.5980	.4631	.3384	.1827
16																1.0000	.9992	.9944	.9782	.9409	.8749	.7789	.6595	.5292	.3384
17																	1.0000	.9995	.9962	.9846	.9563	.9032	.8217	.7148	.5292
18																		1.0000	.9997	.9975	.9892	.9679	.9258	.8577	.7148
19																			1.0000	.9998	.9983	.9924	.9765	.9436	.8577
20																				1.0000	.9999	.9989	.9947	.9830	.9436
21																					1.0000	.9999	.9993	.9963	.9830
22																						1.0000	.9999	.9993	.9963
23																							1.0000	1.0000	.9995
24																								1.0000	1.0000

Aus: EUGEN S. EDGINGTON: Probability Table for Number of Runs of Signs of First Differences in Circlued Series (Journal of the American Statistical Association, Vol. 50, 1961, S. 156—159). Mit freundlicher Genehmigung des Verlages.

Tafel 17. *Hotelling-Pabst-Test*

n	.001	.005	.010	.025	.050	.100
		Größter Wert von D', für welchen $P(D \leqq D') \leqq \alpha$				
		Bedeutungsschwelle α				
4	—	—	—	—	0	0
5	—	—	0	0	2	4
6	—	0	2	4	6	12
7	0	4	6	12	16	24
8	4	10	14	24	32	42
9	10	20	26	36	48	62
10	20	34	42	58	72	90
11	32	52	64	84	102	126
12	50	76	92	118	142	170
13	74	108	128	160	188	224
14	104	146	170	210	244	288
15	140	192	222	268	310	362
16	184	248	282	338	388	448
17	236	312	354	418	478	548
18	298	388	436	510	580	662
19	370	474	530	616	694	788
20	452	572	636	736	824	932
21	544	684	756	868	970	1090
22	650	808	890	1018	1132	1268
23	770	948	1040	1182	1310	1462
24	902	1102	1206	1364	1508	1676
25	1048	1272	1388	1564	1724	1910
26	1210	1460	1588	1784	1958	2166
27	1388	1664	1806	2022	2214	2442
28	1584	1888	2044	2282	2492	2742
29	1798	2132	2304	2562	2794	3066
30	2030	2396	2582	2866	3118	3414

Aus: JAMES V. BRADLEY: Distribution — Free Statistical Tests (Englewood-Cliffs 1968, S. 314). Quelle: G. J. GLASSER — R. F. WINTER: Critical Values of the Coefficient of Rank Correlation for Testing the Hypothesis of Independence (Biometrika, Vol. 48, 1961, S. 444—448). Mit freundlicher Genehmigung des Verlages.

Tafel 18. *Kendall's Test*

n	Kleinster Wert von S', für welchen $P\,(S \geq S') \leq \alpha$				
	$\alpha = .005$	$\alpha = .010$	$\alpha = .025$	$\alpha = .050$	$\alpha = .100$
4	8	8	8	6	6
5	12	10	10	8	8
6	15	13	13	11	9
7	19	17	15	13	11
8	22	20	18	16	12
9	26	24	20	18	14
10	29	27	23	21	17
11	33	31	27	23	19
12	38	36	30	26	20
13	44	40	34	28	24
14	47	43	37	33	25
15	53	49	41	35	29
16	58	52	46	38	30
17	64	58	50	42	34
18	69	63	53	45	37
19	75	67	57	49	39
20	80	72	62	52	42
21	86	78	66	56	44
22	91	83	71	61	47
23	99	89	75	65	51
24	104	94	80	68	54
25	110	100	86	72	58
26	117	107	91	77	61
27	125	113	95	81	63
28	130	118	100	86	68
29	138	126	106	90	70
30	145	131	111	95	75
31	151	137	117	99	77
32	160	144	122	104	82
33	166	152	128	108	86
34	175	157	133	113	89
35	181	165	139	117	93
36	190	172	146	122	96
37	198	178	152	128	100
38	205	185	157	133	105
39	213	193	163	139	109
40	222	200	170	144	112

Aus: L. KAARSEMAKER — A. VAN WIJNGAARDEN: Tables for Use in Rank Correlation (Statistica Neerlandica, Vol. 7, 1953, S. 41—54), Report R 73 des Rechenzentrums des Mathematischen Zentrums Amsterdam. Mit freundlicher Genehmigung des Zentrums.

Tafel 19. *Durbin-Watson-Test*

$$\text{Verteilung von } d = \frac{\delta^2}{s^2} = \frac{T-1}{T} \cdot \frac{\delta^2}{S^2} = \frac{\sum\limits_{1}^{T}(y_t - y_{t-1})^2}{\sum\limits_{1}^{T} y_t^2}$$

Stich-proben-umfang T	P	Werte von α (nach HART)	$K=1$		$K=2$		$K=3$		$K=4$		$K=5$	
			d_L	d_U	d_L	d_U	d_L	d_U	d_L	d_U	d_L	d_U
15	.01	.89	.81	1.07	.70	1.25	.59	1.46	.49	1.70	.39	1.96
	.025	1.04	.95	1.23	.83	1.40	.71	1.61	.59	1.84	.49	2.09
	.05	1.16	1.08	1.36	.95	1.54	.82	1.75	.69	1.97	.56	2.21
20	.01	1.04	.95	1.15	.86	1.27	.77	1.41	.68	1.57	.60	1.74
	.025	1.18	1.08	1.28	.99	1.41	.89	1.55	.79	1.70	.70	1.87
	.05	1.30	1.20	1.41	1.10	1.54	1.00	1.68	.90	1.83	.79	1.99
25	.01	1.12	1.05	1.21	0.98	1.30	0.90	1.41	0.83	1.52	.75	1.65
	.025	1.26	1.18	1.34	1.10	1.43	1.02	1.54	0.94	1.65	.86	1.77
	.05	1.36	1.29	1.45	1.21	1.55	1.12	1.66	1.04	1.77	.95	1.89
30	.01	1.19	1.13	1.26	1.07	1.34	1.01	1.42	0.94	1.51	0.88	1.61
	.025	1.32	1.25	1.38	1.18	1.46	1.12	1.54	1.05	1.63	0.98	1.73
	.05	1.42	1.35	1.49	1.28	1.57	1.21	1.65	1.14	1.74	1.07	1.83
40	.01	1.29	1.25	1.34	1.20	1.40	1.15	1.46	1.10	1.52	1.05	1.58
	.025	1.40	1.35	1.45	1.30	1.51	1.25	1.57	1.20	1.63	1.15	1.69
	.05	1.49	1.44	1.54	1.39	1.60	1.34	1.66	1.29	1.72	1.23	1.79
50	.01	1.36	1.32	1.40	1.28	1.45	1.24	1.49	1.20	1.54	1.16	1.59
	.025	1.46	1.42	1.50	1.38	1.54	1.34	1.59	1.30	1.64	1.26	1.69
	.05	1.54	1.50	1.59	1.46	1.63	1.42	1.67	1.38	1.72	1.34	1.77
60	.01	1.42	1.38	1.45	1.35	1.48	1.32	1.52	1.28	1.56	1.25	1.60
	.025	1.51	1.47	1.54	1.44	1.57	1.40	1.61	1.37	1.65	1.33	1.69
	.05	1.58	1.55	1.62	1.51	1.65	1.48	1.69	1.44	1.73	1.41	1.77
80	.01	—	1.47	1.52	1.44	1.54	1.42	1.57	1.39	1.60	1.36	1.62
	.025	—	1.54	1.59	1.52	1.62	1.49	1.65	1.47	1.67	1.44	1.70
	.05	—	1.61	1.66	1.59	1.69	1.56	1.72	1.53	1.74	1.51	1.77
100	.01	—	1.52	1.56	1.50	1.58	1.48	1.60	1.46	1.63	1.44	1.65
	.025	—	1.59	1.63	1.57	1.65	1.55	1.67	1.53	1.70	1.51	1.72
	.05	—	1.65	1.69	1.63	1.72	1.61	1.76	1.59	1.76	1.57	1.78

P = Wahrscheinlichkeit für oberes Verteilungsende.

Aus: CARL F. CHRIST: Econometric Models and Methods (New York 1966, S. 672). Quelle: B. J. HART — J. VON NEUMANN: Tabulation of the Probabilities for the Ratio of the Mean Square Successive Difference to the Variance (Annals of Mathematical Statistics, Vol. 13, 1942, S. 207—214) und JAMES DURBIN — G. S. WATSON: Testing for Serial Correlation in Least Squares Regression II (Biometrika, Vol. 38, 1951, S. 159—178). Mit freundlicher Genehmigung des Verfassers.

Tafel 20. *Zeichen-Test* (Zweiseitig $P=0.5$)

Größter Wert von r, für welchen P (r oder weniger $+$) $+P$ (r oder weniger $-$) $\leqq \alpha$ oder für welchen P (r oder weniger $+$) $\leqq \alpha/2$

n	Zweiseitige Wahrscheinlichkeit α						n	Zweiseitige Wahrscheinlichkeit α					
	.001	.01	.02	.05	.10	.50		.001	.01	.02	.05	.10	.50
1	—	—	—	—	—	—	46	11	13	14	15	16	20
2	—	—	—	—	—	0	47	11	14	15	16	17	20
3	—	—	—	—	—	0	48	12	14	14	16	17	21
4	—	—	—	—	—	0	49	12	15	15	17	18	21
5	—	—	—	—	0	1	50	13	15	16	17	18	22
6	—	—	—	0	0	1							
7	—	—	0	0	0	2	51	13	15	16	18	19	22
8	—	0	0	0	1	2	52	13	16	17	18	19	23
9	—	0	0	1	1	2	53	14	16	17	18	20	23
10	—	0	0	1	1	3	54	14	17	18	19	20	24
							55	14	17	18	19	20	24
11	0	0	1	1	2	3	56	15	17	18	20	21	24
12	0	1	1	2	2	4	57	15	18	19	20	21	25
13	0	1	1	2	3	4	58	16	18	19	22	21	25
14	0	1	2	2	3	5	59	16	19	20	21	22	26
15	1	2	2	3	3	5	60	16	19	20	21	23	26
16	1	2	2	3	4	6							
17	1	2	3	4	4	6	61	17	20	20	22	23	27
18	1	3	3	4	5	7	62	17	20	21	22	24	27
19	2	3	4	4	5	7	63	18	20	21	23	24	28
20	2	3	4	5	5	7	64	18	21	22	23	24	28
							65	18	21	22	24	25	29
21	2	4	4	5	6	8	66	19	22	23	24	25	29
22	3	4	5	5	6	8	67	19	22	23	25	26	30
23	3	4	5	6	7	9	68	20	22	23	25	26	30
24	3	5	5	6	7	9	69	20	23	24	25	27	31
25	4	5	6	7	7	10	70	20	23	24	26	27	31
26	4	6	6	7	8	10							
27	4	6	7	7	8	11	71	21	24	25	26	28	32
28	5	6	7	8	9	11	72	21	24	25	27	28	32
29	5	7	7	8	9	12	73	22	25	26	27	28	33
30	5	7	8	9	10	12	74	22	25	26	28	29	33
							75	22	25	26	28	29	34
31	6	7	8	9	10	13	76	23	26	27	28	30	34
32	6	8	8	9	10	13	77	23	26	27	29	30	35
33	6	8	9	10	11	14	78	24	27	28	29	31	35
34	7	9	9	10	11	14	79	24	27	28	30	31	36
35	7	9	10	11	12	15	80	24	28	29	30	32	36
36	7	9	10	11	12	15							
37	8	10	10	12	13	15	81	25	28	29	31	32	36
38	8	10	11	12	13	16	82	25	28	30	31	33	37
39	8	11	11	12	13	16	83	26	29	30	32	33	37
40	9	11	12	13	14	17	84	26	29	30	32	33	38
							85	26	30	31	32	34	38
41	9	11	12	13	14	17	86	27	30	31	33	34	39
42	10	12	13	14	15	18	87	27	31	32	33	35	39
43	10	12	13	14	15	18	88	28	31	32	34	35	40
44	10	13	13	15	16	19	89	28	31	33	34	36	40
45	11	13	14	15	16	19	90	32	33	35	36	37	41

Tafel 21. *Fisher's exakter Test* (Auszug)

Kritische Werte von b für unteres Verteilungsende bei Vierfeldertafel gefolgt von exakten Wahrscheinlichkeitswerten des Tests.

Größter b-Wert bei gegebenen Werten von A, B und a, wenn a/A bedeutsam größer ist als b/B in der folgenden Vierfeldertafel:

a	$A-a$	A	$A \geqq B$
b	$B-b$	B	$a/A \geqq b/B$
$a+b$	$(A+B)-(a+b)$	$A+B$	

Größter Wert von b' für welchen

$$P\,(b \leqq b'\,|\,A,\,B,\,a) = P\left\{\left(\frac{a}{A} - \frac{b}{B}\right) \geqq \left(\frac{a}{A} - \frac{b'}{B}\right)\right\} \leqq \alpha$$

gefolgt von $P\,(b \leqq b'\,|\,A,\,B,\,a+b')$

		a	Wahrscheinlichkeit			
			0.05	0.025	0.01	0.005
$A=9$	$B=9$	9	5 .041	4 .015⁻	3 .005⁻	3 .005⁻
		8	3 .025⁻	3 .025⁻	2 .008	1 .002
		7	2 .028	1 .008	1 .008	0 .001
		6	1 .025⁻	1 .025⁻	0 .005⁻	0 .005⁻
		5	0 .015⁻	0 .015⁻	—	—
		4	0 .041	—	—	—
	8	9	4 .029	3 .009	3 .009	2 .002
		8	3 .043	2 .013	1 .003	1 .003
		7	2 .044	1 .012	0 .002	0 .002
		6	1 .036	0 .007	0 .007	—
		5	0 .020	0 .020	—	—
	7	9	3 .019	3 .019	2 .005⁻	2 .005⁻
		8	2 .024	2 .024	1 .006	0 .001
		7	1 .020	1 .020	0 .003	0 .003
		6	0 .010⁺	0 .010⁺	—	—
		5	0 .029	—	—	—
	6	9	3 .044	2 .011	1 .002	1 .002
		8	2 .047	1 .011	0 .001	0 .001
		7	1 .035⁻	0 .006	0 .006	—
		6	0 .017	0 .017	—	—
		5	0 .042	—	—	—
	5	9	2 .027	1 .005⁻	1 .005⁻	1 .005⁻
		8	1 .023	1 .023	0 .003	0 .003
		7	0 .010⁺	0 .010⁺	—	—
		6	0 .028	—	—	—
	4	9	1 .014	1 .014	0 .001	0 .001
		8	0 .007	0 .007	0 .007	—
		7	0 .021	0 .021	—	—
		6	0 .049	—	—	—

Zu Tafel 20:

Aus: JAMES V. BRADLEY: Distribution — Free Statistical Tests (Englewood-Cliffs 1968). Quelle: W. J. MACKINNON: Table for Both the Sign Test and Distribution — Free Confidence Intervals of the Median for Sample Sizes to 1000 (Journal of the American Statistical Association, Vol. 59, 1964, S. 935—956). Mit freundlicher Genehmigung des Verlages.

Tafel 21. (Fortsetzung)

	a	Wahrscheinlichkeit 0.05	0.025	0.01	0.005
3	9	**1** .045+	**0** .005−	**0** .005−	**0** .005−
	8	**0** .018	**0** .018	—	—
	7	**0** .045+	—	—	—
2	9	**0** .018	**0** .018	—	—
$A=10\ B=10$	10	**6** .043	**5** .016	**4** .005+	**3** .002
	9	**4** .029	**3** .010−	**3** .010−	**2** .003
	8	**3** .035−	**2** .012	**1** .003	**1** .003
	7	**2** .035−	**1** .010−	**1** .010−	**0** .002
	6	**1** .029	**0** .005+	**0** .005+	—
	5	**0** .016	**0** .016	—	—
	4	**0** .043	—	—	—
9	10	**5** .033	**4** .011	**3** .003	**3** .003
	9	**4** .050−	**3** .017	**2** .005−	**2** .005−
	8	**2** .019	**2** .019	**1** .004	**1** .004
	7	**1** .015−	**1** .015−	**0** .002	**0** .002
	6	**1** .040	**0** .008	**0** .008	—
	5	**0** .022	**0** .022	—	—
8	10	**4** .023	**4** .023	**3** .007	**2** .002
	9	**3** .032	**2** .009	**2** .009	**1** .002
	8	**2** .031	**1** .008	**1** .008	**0** .001
	7	**1** .023	**1** .023	**0** .004	**0** .004
	6	**0** .011	**0** .011	—	—
	5	**0** .029	—	—	—

Die Tafel zeigt:

1. fettgedruckt: den Wert b ($<a$) bei gegebenen Werten von A, B und a, der knapp signifikant ist bei angeführten Wahrscheinlichkeitswerten (einseitiger Test).

2. kleingedruckt: die exakte Wahrscheinlichkeit (bei Unabhängigkeit) daß b gleich oder kleiner ist als die angegebene fettgedruckte Zahl, bei gegebenen Werten von A, B und $(a+b)$.

Aus: JAMES V. BRADLEY: Distribution — Free Statistical Tests (Englewood-Cliffs 1960, S. 344). Quelle: D. J. FINNEY — R. LATSCHA — B. M. BENNET — P. HSU: Tables for Testing Significance in a 2×2 Contingency Table (London—New York 1963). Mit freundlicher Genehmigung des Verlages.

Literaturverzeichnis

(1) ARBUTHNOTT, JOHN: An Argument for Divine Providence, Taken from the Constant Regularity Observed in the Births of Both Sexes (Philosophical Transactions, Vol. 27, 1710, S. 186—190).

(2) ARNOLD, BARRY C.: Hypothesis Testing Incorporating a Preliminary Test of Significance (Journal of the American Statistical Association, Vol. 65, 1970, No. 332, S. 1590—1596).

(3) AUBLE, D.: Extended Tables for the Mann-Whitney Statistic (Bulletin of the Institute of Educational Research at Indiana University, Vol. 1, 1953, No. 2).

(4) BARTON, D. E., and F. N. DAVID: Non-Randomness in a Sequence of Two Alternatives. II Runs Test (Biometrika, Vol. 45, 1958, S. 253—256).

(5) BATEMAN, G.: On the Power Function of the Longest Run as a Test of Randomness in a Sequence of Alternatives (Biometrika, Vol. 35, 1948, S. 97—112).

(6) BERKSON, J.: Some Difficulties of Interpretation Encountered in the Application of the Chi-square Test (Journal of the American Statistical Association, Vol. 33, 1938, S. 526—536).

(7) BILLETER, ERNST P.: Grundlagen der Elementarstatistik (Wien — New York: Springer. 1970).

(8) BILLETER, ERNST P.: Grundlagen der repräsentativen Statistik. Stichprobentheorie (Wien — New York: Springer. 1970).

(9) BIRNBAUM, Z. W.: Numerical Tabulations of the Distribution of Kolmogorov's Statistic for Finite Sample Size (Journal of the American Statistical Association, Vol. 47, 1952, S. 425—441).

(10) BIRNBAUM, Z. W., and R. A. HALL: Small Sample Distributions for Multi-Sample Statistics of the Smirnov Typ (Annals of Mathematical Statistics, Vol. 31, 1960, S. 710—720).

(11) BLACKWELL, D., and M. A. GIRSHICK: Theory of Games and Statistical Decisions (New York: John Wiley & Sons. 1954).

(12) BLOMQVIST, N.: On a Measure of Dependence Between Two Random Variables (Annals of Mathematical Statistics, Vol. 21, 1950, S. 593—600).

(12 a) BOLDRINI, M.: Su alcune Differenze Sessuali secondarie nelle Dimensioni del Corpo umano alla Nascita e alle Età Supenori (Archivio per l'Antropologia e la Etnologia, Vol. 49, 1919, Heft 1-4, S. 5—40.

(13) BRADLEY, JAMES V.: Distribution-free Statistical Tests (Englewood-Cliffs, N. J.: Prentice-Hall Inc. 1968).

(14) BURR, E. J., and CANE GWENDA: Longest Run of Consecutive Observations Having a Specified Attribute (Biometrika, Vol. 48, 1961, S. 461—465).

(15) CAPON, J.: On the Asymptotic Efficiency of the Kolmogorov-Smirnov Test (Journal of the American Statistical Association, Vol. 60, 1965, S. 843—853).

(16) CHAPMAN, DOUGLAS G., and RONALD A. SCHAUFELE: Elementary Probability Models and Statistical Inference (Waltham, Mass.: Ginn-Blaisdell. 1970).

(17) CHERNOFF, HERMAN, and J. R. SAVAGE: Asymptotic Normality and Efficiency of Certain Nonparametric Test Statistics (Annals of Mathematical Statistics, Vol. 29, 1958, S. 972—994).

(18) CHERNOFF, HERMAN, and LINCOLN E. MOSES: Elementary Decision Theory (New York: John Wiley & Sons. 1959).

(19) COCHRAN, WILLIAM G.: The Comparison of Percentages in Matched Samples (Biometrika, Vol. 37, 1950, S. 256—266).

(20) COCHRAN, WILLIAM G.: The χ^2-Test of Goodness of Fit (Annals of Mathematical Statistics, Vol. 33, 1952, S. 315—345).

(21) Cox, D. R., and A. STUART: Some Quick Sign Tests for Trend in Location and Dispersion (Biometrika, Vol. 43, 1956, S. 423—435).

(22) CRAMÉR, H.: On the Composition of Elementary Errors (Skand. Aktuarietidskrift, Vol. 11, 1928, S. 13—74 und S. 141—180).

(23) CSORGO, M., and J. GUTTMAN: On the Empty Cell Test (Technometrics, Vol. 4, 1962, S. 235—247).

(24) DARLING, D. A.: The Kolmogorov-Smirnov, Cramér-von Mises Tests (Annals of Mathematical Statistics, Vol. 28, 1957, S. 823—838).

(25) DAVID, F. N.: Two Combinatorial Tests of whether a Sample Has Come from a Given Population (Biometrika, Vol. 37, 1950, S. 97—110).

(26) DODGE, H. F., and H. G. ROMIG: A Method of Sampling Inspection (Bell System Techn. Journal, Vol. 8, 1929, S. 613—631).

(27) DODGE, H. F., and H. G. ROMIG: Sampling Inspection Tables (New York: John Wiley & Sons. 1959).

(28) DURBIN, JAMES, and G. S. WATSON: Testing for Serial Correlation in Least Squares Regression I (Biometrika, Vol. 37, 1950, S. 409—428).

(29) DURBIN, JAMES, and G. S. WATSON: Testing for Serial Correlation in Least Squares Regression II (Biometrika, Vol. 38, 1951, S. 159—178).

(30) FESTINGER, L.: The Significance of Differences between Means without Reference to the Frequency Distribution Function (Psychometrika, Vol. 11, 1946, S. 97—105).

(31) FINNEY, D. J., R. LATSCHA, B. M. BENNET and P. HSU: Tables for Testing Significance in a 2×2 Contingency Table (London: Cambridge University Press. 1963).

(32) FISHER, R. A.: On the Mathematical Foundations of Theoretical Statistics (Philosophical Trans. of the Royal Stat. Soc., London 1921).

(33) FISHER, R. A.: Statistical Theory of Estimation (Calcutta University Readership Lectures, University of Calcutta, 1938).

(34) FISHER, R. A., and F. YATES: Statistical Tables for Biological, Agricultural and Medical Research (3. Aufl., New York 1949).

(35) FRASER, D. A. S.: Nonparametric Methods in Statistics (New York: John Wiley & Sons. 1957).

(36) FRIEDMAN, M.: The Use of Ranks to Avoid the Assumption of Normality Implicit in the Analysis of Variance (Journal of the American Statistical Association, Vol. 32, 1937, S. 675—701).

(37) FRIEDMAN, M.: A Comparison of Alternative Tests of Significance for the Problem of Ranking (Annals of Mathematical Statistics, Vol. 11, 1940, S. 86—92).

(38) GEARY, R. C.: Testing for Normality (Biometrika, Vol. 34, 1947, S. 209—242).

(39) GINI, CORRADO: Il Concetto di Transvariazione e le sue prime Applicazioni (in: Memorie di Metodologia Statistica, Vol. 1, Variabilità e Concentrazione; Mailand: Giuffré, 1939, S. 475—527). Erweiterte Fassung des unter dem gleichen Teil im Giornale degli Economisti e Rivista di Statistica, Vol. LII, No. 1, Januar 1916, erschienenen Artikels.

(40) GLASSER, G. J., and R. F. WINTERS: Critical Values of the Coefficient of Rank Correlation for Testing the Hypothesis of Independence (Biometrika, Vol. 48, 1961, S. 444—448).

(41) GLIVENKO, V.: Sulla Determinazione empirica della Leggi di Probabilità (Giornale dell'Istituto degli Attuari, Vol. 4, 1933, S. 92—99).

(42) GOODMAN, L. H.: Kolmogorov-Smirnov Tests for Psychological Research (Psycholog. Bulletin, Vol. 51, 1954, S. 160—168).

(43) GUMBEL, E. J.: On the Reliability of the Classical χ^2-Test (Annals of Mathematical Statistics, Vol. 14, 1943, S. 253—263).

(44) HACKING, JAN: Logic of Statistical Inference (Cambridge: Cambridge University Press. 1965).

(45) HART, B. J., and JOHN VON NEUMANN: Tabulation of the Probabilities for the Ratio of the Mean Square Successive Difference to the Variance (Annals of Mathematical Statistics, Vol. 13, 1952, S. 207—214).

(46) HARTER, H. L.: Expected Values of Normal Order Statistics (Aeronautical Research Laboratories, Technical Report 60—292, Wright-Patterson Air Force Base, Ohio, Juli 1960).

(47) HARTER, H. L.: Expected Values of Normal Order Statistics (Biometrika, Vol. 48, 1961, S. 151—165).

(48) HODGES, J. L. JR., and E. L. LEHMAN: The Efficiency of Some Nonparametric Competitors of the t-Test (Annals of Mathematical Statistics, Vol. 27, 1956, S. 324—335).

(49) HODGES, J. L., and E. L. LEHMAN: Comparison of the Normal Scores and Wilcoxon Tests (Proceedings of the Fourth Berkeley Symposium on Mathematical Statistics and Probability, ed. JERZY NEYMAN, University of California Press, Berkeley—Los Angeles, Vol. 1, 1961, S. 307—317).

(50) HOEFFDING, W.: "Optimum" Nonparametric Tests (Proceedings of the Second Berkeley Symposium on Mathematical Statistics and Probability, ed. JERZY NEYMAN, University of California Press, Berkeley—Los Angeles 1951, S. 83—92).

(51) HOTELLING, H., and MARGARET R. PABST: Rank Correlation and Tests of Significance Involving No Assumption of Normality (Annals of Mathematical Statistics, Vol. 7, 1936, S. 29—43).

(52) KAARSEMAKER, L., and A. VAN WIJNGAARDEN: Tables for the Use in Rank Correlation (Statistica Neerlandica, Vol. 7, 1953, S. 41—54; sowie Report R 73, Computer Department of the Mathematical Center, Amsterdam).

(53) KENDALL, MAURICE G., and R. M. SUNDRUMS: Distribution-free Methods and Order Properties (Review of the International Statistical Institute, Vol. 3, 1953, S. 124—134).

(54) KENDALL, MAURICE G.: Rank Correlation Methods (New York 1955).

(55) KENDALL, MAURICE G., and A. STUART: Advanced Theory of Statistics (Vol. 1: Distribution Theory; 2. Aufl., London 1963. Vol. 2: Inference and Relationship; 2. Aufl., London 1967. Vol. 3: Design and Analysis of Time Series; 2. Aufl., London 1968).

(56) KLOTZ, J. H.: On the Normal Scores Two-Sample Rank Test (Journal of the American Statistical Association, Vol. 59, 1964, S. 652—664).

(57) KLOTZ, J. H.: Nonparametric Tests for Scale (Annals of Mathematical Statistics, Vol. 33, 1962, S. 498—512, und Vol. 36, 1965, S. 1306—1307).

(58) KOLMOGOROV, A. N.: Sulla Determinazione empirica di una Legge di Distribuzione (Giornale dell'Istituto degli Attuari, Vol. 4, 1933, S. 83—91).

(59) KONIJN, H. S.: On the Power of Certain Test for Independence in Bivariate Populations (Annals of Mathematical Statistics, Vol. 27, 1956, S. 300—323).

(60) KRUSKAL, W. H.: A Nonparametric Test for the Several Sample Problem (Annals of Mathematical Statistics, Vol. 23, 1952, S. 525—540).

(61) KRUSKAL, W. H., and W. A. WALLIS: Use of Rank in One-Criterion Variance Analysis (Journal of the American Statistical Association, Vol. 47, 1952, S. 583—621).

(62) KULLBACK, SOLOMON: Information Theory and Statistics (New York: John Wiley & Sons. 1959).

(62 a) LANCASTER, H. O.: The Chi-squared Distribution (New York: John Wiley & Sons. 1969).

(63) LEHMAN, E. L.: The Power of Rank Tests (Annals of Mathematical Statistics, Vol. 24, 1953, S. 23—43).

(64) LEHMAN, E. L.: Testing Statistical Hypotheses (New York: John Wiley & Sons. 1959).

(65) LI, JEROME C. R.: Introduction to Statistical Inference (Ann Arbor: Edwards Brothers Inc. 1957).

(66) MAC KINNON, W. J.: Table for Both the Sign Test and Distribution-free Confidence Intervals of the Median for Sample Sizes to 1000 (Journal of the American Statistical Association, Vol. 59, 1964, S. 935—956).

(67) MANN, H. B.: Nonparametric Tests against Trends (Econometrica, Vol. 13, 1945, S. 245—259).

(68) MANN, H. B., and A. WALD: On the Choice of the Number of Class Intervals in the Application of the Chi-Square Test (Annals of Mathematical Statistics, Vol. 13, 1942, S. 306—317).

(69) MANN, H. B., and D. R. WHITNEY: On a Test on Whether One of Two Random Variables is Stocastically Larger than the Other (Annals of Mathematical Statistics, Vol. 18, 1947, S. 50—60).

(70) McCORNACK, R. L.: Extended Tables for the Wilcoxon Matched Pairs Signed Rank Statistics (Journal of the American Statistical Association, Vol. 60, 1965, S. 864—871).

(71) McNEMAR, Q.: Note on the Sampling Error of the Difference between Correlated Proportions of Percentages (Psychometrika, Vol. 12, 1947, S. 153—157).

(72) MASSEY, F. J.: A Note on the Power of a Non-parametric Test (Annals of Mathematical Statistics, Vol. 21, 1950, S. 440—443).

(73) MASSEY, F. J.: The Kolmogorov-Smirnov Test of Goodness of Fit (Journal of the American Statistical Association, Vol. 46, 1951, S. 68—78).

(74) MIKULSKI, P. W.: On the Efficiency of Optimal Nonparametric Procedures in the Two Sample Case (Annals of Mathematical Statistics, Vol. 34, 1963, S. 22—32).

(75) MILLER, IRWIN, and JOHN E. FREUND: Probability and Statistics for Engineers (Englewood Cliffs, N. J.: Prentice-Hall Inc. 1965).

(76) MILLER, L. H.: Table of Percentage Points of Kolmogorov Statistics (Journal of the American Statistical Association, Vol. 51, 1956, S. 111—121).

(77) MISES, R. VON: Wahrscheinlichkeitsrechnung (Leipzig—Wien 1931).

(78) MOOD, A. M.: The Distribution Theory of Runs (Annals of Mathematical Statistics, Vol. 11, 1940, S. 367—392).

(79) MOOD, A. M.: On the Asymptotic Efficiency of Certain Nonparametric Two-Sample Tests (Annals of Mathematical Statistics, Vol. 25, 1954, S. 514—522).

(80) MOSTELLER, F.: Note on an Application of Runs to Quality Control Charts (Annals of Mathematical Statistics, Vol. 12, 1941, S. 228—232).

(81) NEUMANN, JOHN VON: Distribution of the Ratio to the Mean Square Successive Difference to the Variance (Annals of Mathematical Statistics, Vol. 12, 1941, S. 367—395).

(82) NEUMANN, JOHN VON: A Further Remark Concerning the Distribution of the Ratio of the Mean Square Successive Difference to the Variance (Annals of Mathematical Statistics, Vol. 13, 1942, S. 86—88).

(83) NEUMANN, JOHN VON, and OSCAR MORGENSTERN: Theory of Games and Economic Behavior (Princeton: Princeton University Press, 3. Aufl. 1953).

(84) NEYMAN, JERZY: Contribution to the Theory of the χ^2-Test (Proceedings of the Berkeley Symposium on Mathematical Statistics and Probability, University of California Press, 1949, S. 239—273).

(85) NEYMAN, JERZY, and E. S. PEARSON: On the Use and Interpretation of Certain Test Criteria for Purposes of Statistical Inference (Biometrika, Vol. 20 A, 1928, Teil I, S. 175—240, Teil II, S. 263—294).

(86) NEYMAN, JERZY, and E. S. PEARSON: On the Problem of the Most Efficient Tests of Statistical Hypotheses (Trans. Royal Soc. London, Series A, Vol. 231, 1933, S. 289—337).

(87) NOETHER, GOTTFRIED E.: On a Theorem of Pitman (Annals of Mathematical Statistics, Vol. 26, 1955, S. 64—68).

(88) NOETHER, GOTTFRIED E.: Two Sequential Tests against Trend (Journal of the American Statistical Association, Vol. 51, 1956, S. 440—450).

(89) NOETHER, GOTTFRIED E.: Elements of Nonparametric Statistics (New York: John Wiley & Sons. 1967).

(90) OWEN, D. B.: Handbook of Statistical Tables (Reading, Mass., 1962).

14*

(91) PAGE, E. B.: Ordered Hypotheses for Multiple Treatment: A Significance Test for Linear Ranks (Journal of the American Statistical Association, Vol. 58, 1963, S. 216—230).

(92) PEARSON, KARL: On the Criterion that a Given System of Deviations from the Probable in the Case of a Correlated System of Variables is Such that it Can be Reasonably Supposed to Have Arisen from Random Sampling (Philos. Mag. Series 5, Vol. 50, 1900, S. 157—172).

(93) PEREZ, ALBERT: Information-theoretic Risk Estimates in Statistical Decisions (Kybernetika, 1967, Heft 3, S. 1—21).

(94) POINCARÉ, H.: Calcul des Probabilités (2. Aufl., Paris 1912).

(95) PRAIRIE, R. R., W. J. ZIMMER, and J. K. BROOKHOUSE: Some Acceptance Sampling Plans Based on the Theory of Runs (Technometrics, Vol. 4, 1962, S. 177—185).

(96) PRATT, J. W.: Remarks on Zeros and Ties in the Wilcoxon Signed Rank Procedures (Journal of the American Statistical Association, Vol. 54, 1959, S. 655—667).

(97) Research Methods in the Behavioral Sciences (Editors: L. FESTINGER and D. KATZ; New York 1953).

(98) RIJKOORT, P. J.: A Generalization of Wilcoxon's Test (Proceedings of the Koninklijke Nederlandse Akademie van Wetenschappen, Series A, Vol. 55, 1952, S. 394—404).

(99) RIZZI, ALFREDO: Su un test non parametrico basato sulle frequenze (Atti della XXI Riunione Scientifica, Società Italiana di Statistica, Rom, 25.—26. November 1961, S. 91—96).

(100) RIZZI, ALFREDO: Sull'uso del test χ^2 (Metron, Vol. XXVII, 1969, No. 3-4, S. 60—81).

(101) RIZZI, ALFREDO: Sulla validità dell'indice di Kolmogorov-Smirnov (Atti della XXVI Riunione Scientifica, Società Italiana di Statistica, Firenze 1969).

(102) SAVAGE, J. R.: Bibliography of Nonparametric Statistics and Related Topics (Journal of the American Statistical Association, Vol. 48, 1953, S. 844—906).

(103) SIEGEL, SIDNEY: Nonparametric Statistics for the Behavioral Sciences (New York: McGraw Hill. 1956).

(104) SLAKTER, M. J.: A Comparison of the Pearson Chi-Square and Kolmogorov Goodness-of-Fit Tests with Respect to Validity (Journal of the American Statistical Association, Vol. 60, 1965, S. 854—858).

(105) SLAKTER, M. J.: Accuracy of an Approximation to the Power of the Goodness-of-Fit Test with Small but Equal Expected Frequences (Journal of the American Statistical Association, Vol. 68, 1968, S. 912—918).

(106) SMIRNOV, N. V.: Sur la Distribution de ω^2 (Comptes Rendus Acad. Sciences Paris, Vol. 202, 1936, S. 449—452).

(107) SMIRNOV, N. V.: On the Distribution of the ω^2 Criterion of von Mises (Rec. Math., NS, Vol. 2, 1937, S. 973—993).

(108) SMIRNOV, N. V.: On the Estimation of the Discrepancy between Empirical Curves of Distribution for Two Independent Samples (Bull. Math. Univ. Moskow, Vol. 2, 1939, No. 2, S. 3—14).

(109) SMIRNOV, N. V.: Approximate Laws of Distribution of Random Variables from Empirical Data (Uspekhi Mathematicheskikh Nauk, Vol. 10, 1944, S. 179–206).

(110) STUART, A.: The Asymptotic Relative Efficiencies of Tests and Derivatives of Their Power Functions (Skand. Aktuarietidskrift, Vol. 37, 1954, S. 163–169).

(111) STUART, A.: The Measurement of Estimation and Test Efficiency (Bulletin of the International Statistical Institute, Vol. 36, 1956, Teil III, S. 79–86).

(112) TANAKA, MASAO: Estimation and Testing Hypotheses for One, Two, or Several Samples from General Multivariate Distributions (Annals of Mathematical Statistics, Vol. 41, 1970, S. 1999–2020).

(113) TEICHROEW, D.: Tables of Expected Values of Order Statistics and Products of Order Statistics for Sample Size Twenty and Less from the Normal Distribution (Annals of Mathematical Statistics, Vol. 27, 1956, S. 410–426).

(114) TERRY, M. E.: Some Rank Order Tests which are Most Powerful against Specific Parametric Alternatives (Annals of Mathematical Statistics, Vol. 23, 1952, S. 346–366).

(115) TOCHER, K. D.: Extension of the Neyman-Pearson Theory of Tests to Discontinous Variantes (Biometrika, Vol. 37, 1950, S. 130–144).

(116) VAN DER WAERDEN, B. L.: Order Tests for the Two-Sample Problem and Their Powers (Proceedings Koninklijke Nederlandse Academie van Wetenschappen, Series A, Vol. 55, 1952, S. 453–458, und Vol. 56, 1953, S. 303–316).

(117) WALD, ABRAHAM: Foundations of a General Theory of Statistical Decision Functions (Econometrica, Vol. 15, 1947, S. 279–313).

(118) WALD, ABRAHAM: Statistical Decision Functions (Annals of Mathematical Statistics, Vol. 20, 1949, S. 165–205).

(119) WALD, ABRAHAM: Statistical Decision Functions (New York: John Wiley & Sons. 1950).

(120) WALD, ABRAHAM, and J. WOLFOWITZ: Confidence Limits for Continuous Distribution Functions (Annals of Mathematical Statistics, Vol. 10, 1939, S. 105–118).

(121) WALD, ABRAHAM, and J. WOLFOWITZ: On a Test whether Two Samples Are from the Same Population (Annals of Mathematical Statistics, Vol. 11, 1940, S. 147–162).

(122) WALD, ABRAHAM, and J. WOLFOWITZ: Note on Confidence Limits for Continuous Distribution Functions (Annals of Mathematical Statistics, Vol. 12, 1941, S. 118–119).

(123) WALSH, J. E.: Handbook of Nonparametric Statistics (Princeton, N. J.: van Nostrand, Vol. 1: 1962, Vol. 2: 1965, Vol. 3: 1968.

(124) WALSH, J. E.: Some Significance Tests for the Median which Are Valid under Very General Conditions (Annals of Mathematical Statistics, Vol. 20, 1949, S. 64–81).

(125) WALSH, J. E.: Applications of Some Significance Tests for the Median which Are Valid under Very General Conditions (Journal of the American Statistical Association, Vol. 44, 1949, S. 342–355).

(126) WESTENBERG, J.: Significance Tests for Median and Interquartile Range in Samples from Continuous Populations of Any Form (Proceedings Koninklijke Nederlandse Akademie van Wetenschappen, Vol. 51, 1948, S. 252—261).

(127) WHITE, C.: The Use of Ranks in a Test of Significance for Comparing Two Treatments (Biometrics, Vol. 8, 1952, S. 33—41).

(128) WILCOXON, F.: Individual Comparisons by Ranking Methods (Biometrics, Vol. 1, 1945, S. 80—83).

(129) WILCOXON, F.: Probability Tables for Individual Comparisons by Ranking Methods (Biometrics, Vol. 3, 1947, S. 119—122).

(130) WILCOXON, F., S. K. KATTI, and ROBERTA A. WILCOX: Critical Values and Probability Levels for the Wilcoxon Signed Rank Test (Lederle Laboratories Division, American Cyanamid Company, Pearl River, New York Department of Statistics, The Florida State University, Tallahassee, Fla., August 1963).

(131) WILKS, S. S.: A Combinatorial Test for the Problem of Two Samples from Continuous Distributions (Proceedings of the Fourth Berkeley Symposium on Mathematical Statistics and Probability, ed. JERZY NEYMAN, University of California Press, Berkeley—Los Angeles, Vol. 1, 1961, S. 707—717).

(132) WILKS, SAMUEL S.: Mathematical Statistics (New York: John Wiley & Sons. 1962). Insbesondere Kapitel 13—16.

(133) WILLIAMS, C. ARTHUR: On the Choice of the Number and Width of Classes for the Chi-Square Test of Goodness of Fit (Journal of the American Statistical Association, Vol. 45, 1950, S. 77—86).

(134) WOLFOWITZ, J.: Additive Partition Functions and a Class of Statistical Hypotheses (Annals of Mathematical Statistics, Vol. 13, 1942, S. 247—279).

(135) YATES, FRANK: Contingency Tables Involving small Numbers and χ^2-Test (Journal of Royal Statist. Soc., Suppl. Vol. 1, 1934, S. 217—235).

Sachverzeichnis